# 消防标准汇编

## 灭火救援卷

## （第3版）

中国标准出版社　编

中国标准出版社

北　京

**图书在版编目(CIP)数据**

消防标准汇编.灭火救援卷/中国标准出版社编.—3版.
—北京:中国标准出版社,2018.11
ISBN 978-7-5066-9005-8

Ⅰ.①消…　Ⅱ.①中…　Ⅲ.①消防—标准—汇编—
中国②灭火—标准—汇编—中国　Ⅳ.①TU 998.1-65

中国版本图书馆 CIP 数据核字(2018)第 116462 号

中国标准出版社出版发行
北京市朝阳区和平里西街甲 2 号(100029)
北京市西城区三里河北街 16 号(100045)
网址 www.spc.net.cn
总编室:(010)68533533　发行中心:(010)51780238
读者服务部:(010)68523946
中国标准出版社秦皇岛印刷厂印刷
各地新华书店经销
*
开本 880×1230 1/16　印张 26.25　字数 787 千字
2018 年 11 月第三版　2018 年 11 月第三次印刷
*
定价 150.00 元

# 出 版 说 明

基于对消防的重视，建国以来我国先后制定和颁布了各类消防法律、法规——包括《中华人民共和国消防法》、消防法规、消防规定、消防技术规范、消防技术标准等，初步形成了法律、法规相结合，行政法规与技术规范、技术标准相配套的消防法制体系。基本上实现了各行各业开展消防工作有法可依、有章可循；将我国的消防监督管理工作纳入了"依法治火"和"依法管火"的法制轨道。

随着国家标准化体制的不断改革，我国消防领域的标准也在不断制修订，以适应科学技术的发展，新技术、新设备及新工艺的应用以及城市生活的现代化。为解决因标准制修订产生的标准供需矛盾，进一步推动消防标准的贯彻实施，加强消防技术监督和消防产品的质量检测工作，中国标准出版社选编了《消防标准汇编》（第3版）。

本汇编是一套内容丰富、方便实用的消防行业应用工具书，不仅可供消防产品科研、设计、生产、维修、检验等人员学习使用，还可为从事消防安全工作的各地公安消防监督机关、标准化部门、工程设计单位、大专院校的专业人员提供良好的借鉴与参考。本汇编分13卷出版，分别为：基础卷、固定灭火卷（上、下）、消防电子卷（上、下）、防火材料卷、耐火构件卷、消防装备卷（上、下）、消防规范卷（上、下）、灭火救援卷及火灾调查卷。本卷为灭火救援卷，收集了截至2018年8月底发布的国家标准6项，行业标准25项。

鉴于本汇编收集的标准发布年代不尽相同，汇编时对标准中所用计量单位、符号未做改动。本汇编收集的国家标准的属性已在目录上标明（GB或GB/T），年号用四位数字表示。鉴于部分国家标准是在国家清理整顿前出版的，故正文部分仍保留原样；读者在使用这些标准时，其属性以目录上标明的为准（标准正文"引用标准"中标注的属性请读者注意查对）。行业标准类同。

编　者

2018 年 8 月

# 目　　录

ICS 13.220.10
C 83

# 中华人民共和国国家标准

GB/T 29175—2012

# 消防应急救援　技术训练指南

Fire emergency rescue—Guidelines for technical training

2012-12-31 发布

2013-10-01 实施

中华人民共和国国家质量监督检验检疫总局
中国国家标准化管理委员会 发布

# 前　言

本标准按照 GB/T 1.1—2009 给出的规则起草。

本标准由中华人民共和国公安部提出。

本标准由全国消防标准化技术委员会灭火救援分技术委员会(SAC/TC 113/SC 10)归口。

本标准起草单位:公安部上海消防研究所。

本标准主要起草人:施巍、张学魁、张磊、魏捍东、朱青、薛林、王治安、何宁、邓樑、苗国典、陈智慧、曹永强、阮桢、孙伯春、赵轶惠。

本标准为首次发布。

# 引　言

　　我国《消防法》规定:公安消防队和专职消防队按照国家规定承担重大灾害事故和其他以抢救人员生命为主的应急救援工作。根据国务院有关规定,公安消防队主要承担地震等自然灾害、建筑施工事故、道路交通事故、空难等生产安全事故、恐怖袭击、群众遇险等社会安全事件的抢险救援任务,同时协助有关专业队伍做好水旱灾害、气象灾害、地质灾害、森林草原火灾、生物灾害、矿山事故、危险化学品事故、水上事故、环境污染、核与辐射事故、突发公共卫生事件等的抢险救援任务。

　　消防应急救援系列国家标准主要是针对公安消防队和专职消防队承担的自然灾害、生产安全事故和社会安全事件等抢险救援任务,以及目前由公安消防队和专职消防队实际承担的危险化学品事故、水灾、风灾、泥石流、水上事故、建筑物倒塌等抢险救援任务而制定的,目的是为了明确消防应急救援的对象,规范消防应急救援装备配备、训练设施建设、技术训练、作业规程和人员资质等。

　　本标准规定的内容是消防应急救援技术训练的要求,其训练项目组成以 GB/T 29176《消防应急救援　通则》中所提出的消防应急救援技术类型为依据,各类技术训练所采用的训练设施在 GB/T 29177《消防应急救援　训练设施要求》中规定。

# 消防应急救援　技术训练指南

## 1　范围

本标准规定了消防应急救援技术训练的术语、定义、技术训练项目和训练要求。

本标准适用于公安消防队和专职消防队的消防应急救援技术训练，其他消防队和应急救援队可参照执行。

## 2　规范性引用文件

下列文件对于本文件的应用是必不可少的。凡是注日期的引用文件，仅注日期的版本适用于本文件。凡是不注日期的引用文件，其最新版本（包括所有的修改单）适用于本文件。

GB/T 5907　消防基本术语　第一部分

GB/T 29176　消防应急救援　通则

GB/T 29177　消防应急救援　训练设施要求

GA/T 967—2011　消防训练安全要则

## 3　术语和定义

GB/T 5907及GB/T 29176界定的术语和定义适用于本文件。

### 3.1

**技术训练　technical training**

为提高消防员应急救援技能和装备操作技术水平而组织开展的训练活动。

## 4　技术训练项目

4.1　根据救援技术类型要求和训练设施的功能，可将消防应急救援技术训练（以下简称技术训练）分为基础技术训练与应用技术训练。

4.2　基础技术训练项目包括：

　　a)　基本能力训练；

　　b)　训练塔及绳索救援技术训练；

　　c)　建筑构件破拆和支撑技术训练；

　　d)　心理行为训练。

4.3　应用技术训练项目包括：

　　a)　危险化学品事故救援技术训练；

　　b)　道路交通事故救援技术训练；

　　c)　建(构)筑物倒塌事故救援技术训练；

　　d)　水域救援技术训练；

　　e)　野外山岳救援技术训练；

　　f)　受限空间救援技术训练；

g) 沟渠救援技术训练；

h) 组合技术训练。

## 5 训练要求

### 5.1 人员要求

5.1.1 训练人员包括：训练组织者、教员、安全员、受训指挥员与受训战斗员。

5.1.2 训练组织者应制定形成文件的技术训练计划，规定训练目的、内容、进度和要求。

5.1.3 教员应向受训指挥员和受训战斗员清晰讲解训练目的、训练内容、训练设施与训练安全要求。

5.1.4 安全员的职责应符合 GA/T 967—2011 中附录 A 中的要求。

5.1.5 受训指挥员应具有一定的组织、协调、判断能力和现场指挥经验，训练中指挥程序清晰、内容完整、分工明确。

5.1.6 受训战斗员应具备基本训练器材的操作能力，训练中服从指挥、按规范正确操作。

### 5.2 基本要求

5.2.1 训练安全应符合 GA/T 967—2011 中的相关要求。

5.2.2 受训战斗员和受训指挥员应根据训练内容合理穿戴个人防护装备，并在使用前进行检查，检查项目应符合 GA/T 967—2011 附录 B 中的要求。

5.2.3 训练设施应符合 GB/T 29177 中的要求。

5.2.4 训练器材应为符合国家相关市场准入规定的合格产品。

5.2.5 受训战斗员在完成基础技术训练的基础上，方可参加应用技术训练。

5.2.6 训练中应有专人做好各类记录，按要求归档。

5.2.7 训练结束后，安全员应清点人数，整理和检查器材。

### 5.3 评价要求

5.3.1 教员应根据训练内容对受训指挥员与受训战斗员进行考核。

5.3.2 对基本能力训练，应分别对每类器材的使用进行训练评价，成绩按合格与不合格两级制评定，其中熟练使用器材并符合操作程序和要求的为合格，反之为不合格。

5.3.3 对心理行为训练，应分别对受训人员的心理适应能力和反应能力进行训练评价，成绩按合格与不合格两级制评定，其中心理适应能力和反应能力符合要求的为合格，反之为不合格。

5.3.4 对其他基础技术和应用技术训练，应分别对每类技术训练项目进行训练评价，成绩按优秀、良好、合格与不合格四级制评定，其中完成 100％训练内容的为优秀、能完成 80％训练内容的为良好、能完成 60％训练内容的为合格、不能完成 60％训练内容的为不合格。

5.3.5 训练组织者可结合训练操法、训练设施和训练器材的特点进一步确定评分细则。

## 6 基础技术训练

### 6.1 基本能力训练

#### 6.1.1 训练目的

受训战斗员能够熟悉各类应急救援器材与个人防护器材的适用场合、功能特点、使用方法、安全事项等内容，能够熟练操作各类应急救援器材，佩戴个人防护器材，具备一定应急救援技能。

#### 6.1.2 训练内容

6.1.2.1 教员通过理论学习、现场演示等方式组织受训战斗员学习各类应急救援器材与个人防护器材的适用场合、功能特点、使用方法、安全事项等内容。

6.1.2.2 教员组织受训战斗员开展各类应急救援器材与个人防护器材的实际操作训练。

6.1.2.3 教员通过理论学习、现场演示等方式组织受训战斗员,开展攀越消防障碍、攻坚技巧等个人技能训练。

### 6.2 训练塔及绳索救援技术训练

#### 6.2.1 训练目的

使受训指挥员能准确实施救援计划,组织搜集、上报现场情况,确定抢险救援技术、战术措施,部署作战任务,组织协同作战,落实安全保障。

使受训战斗员能熟练应用防坠落、牵引、救生、个人防护等器材,掌握锚固、攀登、下降、水平移动、人员输送等绳索救援技术和防护方法。

#### 6.2.2 训练内容

6.2.2.1 教员向受训指挥员与受训战斗员讲解消防训练塔高度、结构、锚固点位置等情况。

6.2.2.2 在地面上,受训战斗员进行结绳、绳索延伸、绳索固定、绳索拆解、绳索收整打包及安全带穿戴等训练。

6.2.2.3 在地面上,受训战斗员使用扁带或多功能吊带等器材,进行建立支点、绑缚、搬运伤员训练。

6.2.2.4 利用消防训练塔,受训战斗员使用绳索、8字环、上升器、下降器、安全钩等器材,进行锚固、攀登、下降、水平移动、制动训练。

6.2.2.5 利用消防训练塔,受训战斗员使用绳索、卷扬机、担架、躯体固定气囊等器材,进行向上救出、向下救出和水平救出训练。

#### 6.2.3 训练安全要求

6.2.3.1 安全员应确保安全绳、安全钩固定点稳定可靠、安装牢固。

6.2.3.2 绳索与物体边缘接触时,应采取措施或使用器材进行保护。

### 6.3 建筑构件破拆和支撑技术训练

#### 6.3.1 训练目的

使受训指挥员能熟悉建筑构件与破拆器材特性,能指导救援人员合理选择破拆器材和支撑方法。

使受训战斗员能熟悉建筑构件与破拆器材特性,掌握破拆建筑构件和支撑空间的技术。

#### 6.3.2 训练内容

6.3.2.1 教员向受训指挥员与受训战斗员讲解建筑构件类型、承重结构等情况。

6.3.2.2 针对金属结构、木结构、砖石砌体以及钢筋混凝土墙体等不同建筑构件类型选择破拆器材。

6.3.2.3 受训战斗员使用所选器材对训练设施中的模拟防盗门、卷帘门、窗户栅栏、钢结构围栏等结构,进行破拆训练。

6.3.2.4 受训战斗员使用钢架、护木、千斤顶、支撑套具等起重支撑器材,对训练设施中由梁柱和各种形状砖石所构成的空间进行支撑训练。

### 6.3.3 训练安全要求

6.3.3.1 训练前,安全员应检查器材各部件连接情况,确保无松动、损坏现象。

6.3.3.2 破拆训练中应做好支撑保护,不应破拆超出作业范围的物体。

6.3.3.3 起重支撑器材应随支撑作业进度调整并补充支撑点,使被支撑对象保持稳固。

## 6.4 心理行为训练

### 6.4.1 训练目的

提高受训战斗员在高空、地下涵洞、烟热等环境下作业的心理适应能力和反应能力。

### 6.4.2 训练内容

主要包括在高空索桥、空中单杠、背摔台、绳网、竖井、悬崖训练区、烟热训练室等训练设施上进行的心理行为训练。

### 6.4.3 训练安全要求

6.4.3.1 训练前,受训战斗员应学习相关心理知识。

6.4.3.2 心理行为训练应由经过专业人员指导,并根据受训者进行针对性训练。

6.4.3.3 进行烟热环境下训练时,安全员在训练前应对正压式消防空气呼吸器进行检查,做好安全防护和现场急救准备工作,训练中应通过控制室对受训战斗员进行实时监测。

6.4.3.4 进行高空训练时,应使用防坠落器材、安全网、保护垫进行保护。

# 7 应用技术训练

## 7.1 危险化学品事故救援技术训练

### 7.1.1 训练目的

使受训指挥员能辨别危险化学品种类,对现场危险等级进行初步评估,指导救援人员合理选择器材,确定危险化学品处置方法。

使受训战斗员能熟练应用侦检、堵漏、输转、洗消、防护等器材,掌握侦检、警戒、稀释、围堵、分流、吸收、输转、堵漏、洗消和救生等救援技术和防护方法。

### 7.1.2 训练内容

7.1.2.1 针对泄漏物质种类、泄漏容器储量、泄漏部位以及现场风速、风向等环境情况,使用侦检器材,进行侦检训练。

7.1.2.2 受训指挥员与受训战斗员进行个人防护装备的穿戴训练。

7.1.2.3 通过识别危险化学品的品名和危害性表现,受训指挥员对现场危险状况进行初步评估。

7.1.2.4 根据侦检结果确定警戒范围,划分危险区和安全区,设置警戒标志和出入口,并根据检测数据,适时调整警戒范围。

7.1.2.5 模拟现场发生危险状况,安全员发出警示信号,现场所有人员进行撤离训练。

7.1.2.6 模拟气体危险品泄漏,受训战斗员使用喷雾水枪、水力排烟机等器材,进行驱散训练。

7.1.2.7 模拟液体危险品泄漏,受训战斗员使用木屑、沙土或吸附垫等器材,进行围堵、分流和吸收训练;泄漏物体可使用水稀释时,进行稀释训练。

7.1.2.8 模拟罐体、管道、阀门、法兰等处的泄漏,受训战斗员使用堵漏器材,进行带压封堵训练。

7.1.2.9 针对泄漏物质,受训战斗员使用输转泵、集污袋等输转器材,进行输转训练。

7.1.2.10 合理设置洗消站,选择正确的洗消方法,进行人员与器材洗消训练。

### 7.1.3 训练安全要求

7.1.3.1 堵漏训练时,泄漏点周围应设置水幕、喷雾水枪等进行保护。

7.1.3.2 输转训练时,管线、设备应良好接地,不应在地面拖拉倒罐输转器材。

7.1.3.3 使用洗消帐篷进行洗消时,应调节好水温;使用水枪进行洗消时,应避免水流冲击伤人。

7.1.3.4 使用洗消剂清洗现场时,避免残液存留,特别是在低洼地、下水道、沟渠等处。

## 7.2 道路交通事故救援技术训练

### 7.2.1 训练目的

使受训指挥员能根据现场情况迅速选择或制定合理的救援方案,准确实施救援计划。

使受训战斗员能熟练应用起重、撑顶、破拆、牵引、个人防护等器材,掌握警戒、起重、撑顶、破拆、牵引、救生等道路交通事故救援技术和防护方法。

### 7.2.2 训练内容

7.2.2.1 教员向受训指挥员与受训战斗员讲解模拟事故车辆类型、救援要点等情况。

7.2.2.2 检查和阻断燃油泄漏,切断电源。

7.2.2.3 针对事故车辆位置、受损或倾覆情况、事故环境和被困人员情况,进行侦检训练。

7.2.2.4 划定警戒区域,设置警戒线。

7.2.2.5 受训战斗员使用起重气垫、支撑套具等器材,进行起重和撑顶训练。

7.2.2.6 受训战斗员使用破拆器材,针对汽车AB柱、车窗、车门、方向盘、安全带、后备箱等重要构件,进行破拆训练。

7.2.2.7 受训战斗员使用抢险救援车、扩张器等器材,进行牵引训练。

7.2.2.8 针对现场被困人员,受训战斗员进行心肺复苏、骨折固定、伤员搬运等基本救生训练。

### 7.2.3 训练安全要求

7.2.3.1 现场作业时,受训战斗员应做好防飞溅、防挤压等防护。

7.2.3.2 起重撑顶训练时,应准确判断受力情况,做好固定和支撑保护。

7.2.3.3 安全员应确保起重气垫、支撑套具、钢索、钩环等器材安放到位、连接稳固。

## 7.3 建(构)筑物倒塌事故救援技术训练

### 7.3.1 训练目的

使受训指挥员能准确实施救援计划组织搜集、上报现场情况,确定抢险救援技、战术措施,部署作战任务,组织协同作战,落实安全保障。

使受训战斗员能熟练应用侦检、排烟、起重、支撑、破拆、个人防护等器材,掌握警戒、侦检、破拆、起重、撑顶、照明、送风、救生等建筑物倒塌事故救援技术和防护方法。

### 7.3.2 训练内容

7.3.2.1 教员向受训指挥员与受训战斗员讲解模拟倒塌建筑物的结构、布局、面积、承重构件等情况。

7.3.2.2 划定警戒区域,设置警戒线。

7.3.2.3 通过外部观察或使用检测设备,进行倒塌建筑结构的安全性判断训练。

7.3.2.4 受训战斗员使用起重气垫、支撑套具、单杠梯、护木等器材,针对出入通道、倾斜墙体等重点位置或不牢固建筑构件,进行起重和撑顶训练。

7.3.2.5 在倒塌建筑物入口处,受训战斗员使用气体探测仪等器材,对内部环境持续进行侦检训练。

7.3.2.6 受训战斗员使用生命探测仪等器材或搜救犬、机器人,进行被困人员侦检训练。

7.3.2.7 受训战斗员使用坑道小型空气输送机、排烟机等送风排烟器材,进行送风排烟训练。

7.3.2.8 受训战斗员进行废墟行走、黑暗摸索前进训练。

7.3.2.9 受训战斗员使用破拆器材,针对倒塌建筑物中的墙体、楼板等构件,进行破拆训练。

7.3.2.10 针对现场被困人员,受训战斗员进行伤情检查、心肺复苏、骨折固定、伤员搬运等基本救生训练。

### 7.3.3 训练安全要求

7.3.3.1 受训战斗员不得进入非作业区,未经许可不应进入结构已经明显松动的建筑内部,不应登上已经受力不均的阳台、楼板、屋顶等部位,不应钻入非稳固支撑的建筑废墟下方。

7.3.3.2 受训战斗员进入倒塌建筑物内部后,安全员应实时监测倒塌建筑物内部气体。

7.3.3.3 倒塌建筑物内部结构复杂或采光不佳时,应标明出入通道和进行现场照明。

7.3.3.4 进行送风训练时,应防止发动机尾气直接进入倒塌建筑内部。

## 7.4 水域救援技术训练

### 7.4.1 训练目的

使受训指挥员能准确实施救援计划组织搜集、上报现场情况,确定抢险救援技、战术措施,部署作战任务,组织协同作战,落实安全保障。

使受训战斗员能熟练应用安全绳、救生抛投器、冲锋舟、个人防护等器材,掌握侦检、警戒、保护、游泳、潜水、横渡、救生等水域救助技术和防护方法。

### 7.4.2 训练内容

7.4.2.1 教员向受训指挥员与受训战斗员讲解训练区水深、水面宽度、水质浑浊程度、现场环境等情况。

7.4.2.2 针对被困人员数量、位置、水流情况、离岸距离等现场环境,进行侦检训练。

7.4.2.3 划定警戒区域,设置警戒线。

7.4.2.4 在岸边,受训战斗员模拟进行水中受困者拖救技术、徒手搬运技术与心肺复苏训练。

7.4.2.5 在岸边,受训战斗员进行通信联络(手语、哨音等)训练。

7.4.2.6 在游泳训练区,模拟突发情况,受训战斗员进行紧急自救训练。

7.4.2.7 在游泳训练区,受训战斗员在岸边和船内使用安全绳、安全钩、救生圈、救生抛投器等器材,进行水面救生训练。在水中,进行游泳和徒手水面救生训练。

7.4.2.8 在基础潜水训练区,受训战斗员进行下潜、水下侦检等基础潜水训练。

7.4.2.9 在激流训练区,受训战斗员使用救生抛投器、绳索、冲锋舟等器材,进行横渡、水面救生和孤岛救助训练。

### 7.4.3 训练安全要求

7.4.3.1 受训战斗员下水前,应做好热身,穿着救生衣,并在安全绳保护下入水。

**7.4.3.2** 冲锋舟、橡皮艇下水应使用安全绳保护,船上人员应穿着救生衣。

**7.4.3.3** 安全员应确保安全绳固定点稳定可靠、安装牢固。

**7.4.3.4** 潜水训练前,安全员应按照 GA/T 967—2011 中附录 C 的要求进行安全检查。

**7.4.3.5** 潜水训练中,安全员应定时与受训战斗员进行联络。

**7.4.3.6** 离水后应立即擦干身体。

### 7.5 野外山岳救援技术训练

#### 7.5.1 训练目的

使受训指挥员能准确实施救援计划组织搜集、上报现场情况,确定抢险救援技术、战术措施,部署作战任务,组织协同作战,落实安全保障。

使受训战斗员能熟练应用防坠落、牵引、救生、个人防护等器材,掌握侦检、攀登、缓降、救生等野外山岳救助技术和防护方法。

#### 7.5.2 训练内容

**7.5.2.1** 教员向受训指挥员与受训战斗员讲解训练设施基本结构、高度、坡度、危险位置、锚固位置等情况。

**7.5.2.2** 在水平地面,受训战斗员使用绳索、背架、担架等器材,进行徒手搬运、背负搬运、担架搬运等训练。

**7.5.2.3** 攀岩训练和悬崖巨石训练的要求如下:
 a) 对被困人员数量、位置、伤情、现场环境,受训战斗员进行侦检训练;
 b) 受训战斗员使用绳带、救援支架、环钩等器材,进行锚固、攀登、缓降、水平移动训练;
 c) 受训战斗员使用担架、躯体固定气囊等器材,进行向上救生、向下救生训练。

#### 7.5.3 训练安全要求

**7.5.3.1** 教员、受训指挥员和受训战斗员应系好安全绳,并采用双保险措施。

**7.5.3.2** 安全员应确保救援支架支撑部位和安全绳、安全钩固定点稳定可靠、安装牢固。

**7.5.3.3** 下降和起吊时,应控制绳索速度并保持匀速。

### 7.6 受限空间救援技术训练

#### 7.6.1 训练目的

使受训指挥员能准确实施救援计划组织搜集、上报现场情况,确定抢险救援技、战术措施,部署作战任务,组织协同作战,落实安全保障。

使受训战斗员能熟练应用侦检、排烟、照明、救生、个人防护等器材,掌握警戒、侦检、送风排烟、照明、破拆、撑顶、输转、救生等受限空间救助技术和防护方法。

#### 7.6.2 训练内容

**7.6.2.1** 教员向受训指挥员与受训战斗员讲解受限空间走向、内部结构、危险位置等情况。

**7.6.2.2** 受训战斗员使用强光照明灯、消防用荧光棒,针对训练设施中的井深、井壁结构等情况,进行侦察训练。

**7.6.2.3** 受训战斗员使用气体探测仪等器材,对井内空气持续进行侦检训练。

7.6.2.4 划定警戒区域,设置警戒线。

7.6.2.5 清理井口周围区域,并对井口实施加固。

7.6.2.6 受训战斗员使用坑道小型空气输送机、排烟机等器材,进行送风排烟训练。

7.6.2.7 进入受限空间后,针对破拆物、救援通道、井内积水,受训战斗员分别进行破拆、撑顶和输转训练。

7.6.2.8 使用安全绳、救援支架、吊桶、担架、躯体固定气囊等器材,受训战斗员对被困人员进行下降提升救援、直立下井救援和悬垂下井救援等救生训练。

### 7.6.3 训练安全要求

7.6.3.1 受训战斗员进入深井内部后,安全员应实时监测深井内部气体。

7.6.3.2 井口周围不应堆放杂物以及发动机等易产生振动的设备。

7.6.3.3 进行送风训练时,应防止发动机尾气直接进入沟渠内部。

7.6.3.4 安全员应确保救援支架支撑部位和安全绳、安全钩固定点稳定可靠、安装牢固。

7.6.3.5 下降和起吊训练时,应控制绳索速度并保持匀速。

## 7.7 沟渠救援技术训练

### 7.7.1 训练目的

使受训指挥员能准确实施救援计划组织搜集、上报现场情况,确定抢险救援技、战术措施,部署作战任务,组织协同作战,落实安全保障。

使受训战斗员能熟练应用侦检、排烟、照明、支撑、救生、个人防护等器材,掌握侦检、警戒、送风、输转、照明、支护、起吊、救生等沟渠救助技术和防护方法。

### 7.7.2 训练内容

7.7.2.1 教员应向受训指挥员与受训战斗员讲解沟渠类型、内部结构、深度、宽度、斜度等情况。

7.7.2.2 受训战斗员使用气体探测仪等器材,对沟渠内空气持续进行侦检训练。

7.7.2.3 受训战斗员使用强光照明灯、消防用荧光棒等照明器材,针对训练设施中的沟渠深度、沟渠壁类型等情况,进行侦察训练。

7.7.2.4 划定警戒区域,设置警戒线,清理沟渠周围区域。

7.7.2.5 使用木板保护沟渠边缘。

7.7.2.6 受训战斗员使用坑道小型空气输送机、排烟机等器材,进行送风排烟训练。

7.7.2.7 受训战斗员使用护木、支撑套具、撑顶器、千斤顶等器材,针对沟渠边缘等危险位置,进行支护训练。

7.7.2.8 受训战斗员使用生命探测仪、工兵铲等器材,进行人员侦检和救生训练。

7.7.2.9 受训战斗员使用安全绳、救援支架、担架等器材,进行起吊、救生训练。

### 7.7.3 训练安全要求

7.7.3.1 受训战斗员进入沟渠内部后,安全员应实时监测沟渠内部气体。

7.7.3.2 沟渠边缘不应堆放杂物以及发动机等易产生振动的设备。

7.7.3.3 进行送风训练时,应防止发动机尾气直接进入沟渠内部。

7.7.3.4 安全员应确保救援支架支撑部位和安全绳、安全钩固定点稳定可靠、安装牢固。

7.7.3.5 下降和起吊训练时,应控制绳索速度并保持匀速。

## 7.8 组合训练

可根据需求组织开展包含不同救援技术类型的组合训练,训练内容与训练安全要求可按 7.1 至 7.7 的项目进行组合实施。

ICS 13.220.10
C 83

# 中华人民共和国国家标准

GB/T 29176—2012

# 消防应急救援 通则

Fire emergency rescue—General rules

2012-12-31 发布

2013-10-01 实施

中华人民共和国国家质量监督检验检疫总局
中国国家标准化管理委员会 发布

# 前　言

本标准按照 GB/T 1.1—2009 给出的规则起草。

本标准由中华人民共和国公安部提出。

本标准由全国消防标准化技术委员会灭火救援分技术委员会(SAC/TC 113/SC 10)归口。

本标准起草单位:公安部上海消防研究所。

本标准主要起草人:朱青、魏捍东、施巍、薛林、张学魁、王治安、阮桢、何宁、曹永强、杨昀、赵轶惠、张磊。

本标准为首次发布。

# 引　言

　　我国《消防法》规定:公安消防队和专职消防队按照国家规定承担重大灾害事故和其他以抢救人员生命为主的应急救援工作。根据国务院有关规定,公安消防队主要承担地震等自然灾害、建筑施工事故、道路交通事故、空难等生产安全事故、恐怖袭击、群众遇险等社会安全事件的抢险救援任务,同时协助有关专业队伍做好水旱灾害、气象灾害、地质灾害、森林草原火灾、生物灾害、矿山事故、危险化学品事故、水上事故、环境污染、核与辐射事故、突发公共卫生事件等的抢险救援任务。

　　消防应急救援系列国家标准主要是针对公安消防队和专职消防队承担的自然灾害、生产安全事故和社会安全事件等抢险救援任务,以及目前由公安消防队和专职消防队实际承担的危险化学品事故、水灾、风灾、泥石流、水上事故、建筑物倒塌等抢险救援任务而制定的,目的是为了明确消防应急救援的对象,规范消防应急救援装备配备、训练设施建设、技术训练、作业规程和人员资质等。

　　本标准规定的内容是消防应急救援系列标准通用的规定,其术语和定义、原则和基本要求、适用灾害事故类别、救援技术类型等,是其他消防应急救援标准的基础和依据。

# 消防应急救援　通则

## 1　范围

本标准规定了消防应急救援的术语和定义、原则和基本要求、适用灾害事故类别以及救援技术类型等。

本标准适用于公安消防队和专职消防队的消防应急救援,其他消防队和应急救援队可参照执行。

## 2　规范性引用文件

下列文件对于本文件的应用是必不可少的。凡是注日期的引用文件,仅注日期的版本适用于本文件。凡是不注日期的引用文件,其最新版本(包括所有的修改单)适用于本文件。

GB/T 5907　消防基本术语　第一部分

GB 13690　化学品分类和危险性公示　通则

## 3　术语和定义

GB/T 5907 中界定的以及下列术语和定义适用于本文件。

### 3.1

**消防应急救援**　**fire emergency rescue**

公安消防队和专职消防队依据国家法律法规,针对除火灾之外的影响人身安全、财产安全、公共安全的生产安全事故、自然灾害、社会安全事件等灾害事故,所进行的以抢救人员生命为主的抢险救援活动。

### 3.2

**处置技术**　**disposal technology**

在消防应急救援活动中使用的专业技术与方法的组合。

### 3.3

**危险化学品事故救援**　**hazardous materials accident rescue**

对已发生或潜在的危险化学品事故进行处置的救援活动。

### 3.4

**机械设备事故救援**　**machinery accident rescue**

对人员操作的生产类机械设备或输送人员的运营类机械设备所引起的生产安全事故中遇险人员的处置救援活动。

### 3.5

**建(构)筑物倒塌救援**　**structural collapse rescue**

从倒塌的各类建(构)筑物中搜索和救援遇险人员和重要物资的活动。

### 3.6

**水域救援**　**water rescue**

从水中搜索和救援遇险人员和重要物资的活动。

3.7

**野外救援**　wild rescue

在山岳、洞穴等人迹罕至、交通条件不便或后勤保障困难的陆地环境下,进行的解救遇险人员的活动。

3.8

**受限空间救援**　confined space rescue

在人员或设备出入、人员呼吸、现场作业空间、通风照明等条件受到一定限制的空间环境下进行的救援活动。

3.9

**沟渠救援**　trench rescue

从坑道或沟渠中进行解救遇险人员的活动。

3.10

**侦检**　detection

通过观察、询问,或使用侦检器材检测,在现场查明灾害事故情况的行动。

3.11

**警戒**　guard

为保证消防应急救援活动的顺利进行或为避免潜在危害造成人员伤亡,通过设置标志和障碍物,控制灾害事故现场进出车辆和人员的行动。

3.12

**稀释**　dilution

在危险化学品事故现场所采取的降低泄漏物质浓度的行动。

3.13

**堵漏**　leaking stoppage

使用专业器材和方法,对危险化学品的泄漏所开展的封堵行动。

3.14

**输转**　transition

将危险化学品从危险区域回收或转移的行动。

3.15

**救生**　lifesaving

针对遇险人员所采取的解救及现场紧急救治的行动。

3.16

**洗消**　decontamination

对受污染对象所采取的清洗、消毒、去污和灭菌等行动。

3.17

**破拆**　forcible entry

对建(构)筑物或构件,车船、飞机等交通工具以及机械设备等,进行拆除或局部分离的行动。

3.18

**起重**　lifting

使用起重机械或装置抬升物体的行动。

3.19

**撑顶**　shoring

为防止建(构)筑物及构件倒塌或车船、飞机等交通工具倾覆,所采取的支撑或顶撑的行动。

## 4 消防应急救援的原则和基本要求

### 4.1 原则

消防应急救援应遵循救人第一、科学施救的原则。

### 4.2 基本要求

承担消防应急救援的公安消防队和专职消防队应人员专业、装备齐全、训练科学、作业规范。

开展消防应急救援,应做到快速反应,合理调派力量,正确判断灾情,科学决策部署,及时采取有效措施营救遇险人员,控制灾情发展,最大限度地减少事故危害。

## 5 适用灾害事故类别

### 5.1 危险化学品事故

按 GB 13690 规定的常用危险化学品分类,危险化学品事故可分为:
a) 爆炸品事故;
b) 压缩气体和液化气体事故;
c) 易燃液体事故;
d) 易燃固体、自燃物品和遇湿易燃物品事故;
e) 氧化剂和有机过氧化物事故;
f) 有毒品事故;
g) 放射性物品事故;
h) 腐蚀品事故。

### 5.2 交通事故

交通事故可分为:
a) 公路交通事故;
b) 铁路交通事故;
c) 内河湖泊船舶事故;
d) 空难事故;
e) 轨道交通事故。

### 5.3 建(构)筑物倒塌事故

建(构)筑物倒塌事故可分为:
a) 地面建(构)筑物倒塌事故;
b) 地下建(构)筑物倒塌事故。

### 5.4 自然灾害

自然灾害可分为:
a) 地震及其次生灾害;
b) 水灾及其次生灾害;
c) 风灾及其次生灾害;

d) 泥石流及其次生灾害。

## 5.5 社会救助事件

社会救助事件可分为：
a) 机械挤压事件；
b) 水域遇险事件；
c) 山地遇险事件；
d) 井下遇险事件；
e) 高空遇险事件；
f) 电梯遇险事件；
g) 污水池遇险事件。

## 6 消防应急救援技术类型

### 6.1 分类

消防应急救援技术类型可分为危险化学品事故处置技术、机械设备事故处置技术、建（构）筑物倒塌事故处置技术、水域救援处置技术、野外救援处置技术、受限空间救援处置技术和沟渠救援处置技术等。消防应急救援技术类型与适用灾害事故类别主要对应关系见表1。

### 6.2 危险化学品事故处置技术

主要包括侦检、警戒、稀释、堵漏、输转、救生、洗消等技术与方法，适用于危险化学品事故处置和社会救助事件处置等。

### 6.3 机械设备事故处置技术

主要包括警戒、破拆、起重、撑顶、牵引、救生等技术与方法，适用于交通事故处置、危险化学品事故处置和社会救助事件处置等。

### 6.4 建（构）筑物倒塌事故处置技术

主要包括警戒、侦检、破拆、起重、撑顶、救生等技术与方法，适用于建（构）筑物倒塌事故处置、危险化学品事故处置和自然灾害处置等。

### 6.5 水域救援处置技术

主要包括侦检、警戒、水面搜救、救生等技术与方法，适用于交通事故处置、自然灾害处置和社会救助事件处置等。

### 6.6 野外救援处置技术

主要包括侦检、攀登、缓降、救生等技术与方法，适用于社会救助事件处置、自然灾害处置和交通事故处置等。

### 6.7 受限空间救援处置技术

主要包括警戒、侦检、照明、破拆、撑顶、救生、送风排烟等技术与方法，适用于建（构）筑物倒塌事故处置、自然灾害处置和社会救助事件处置等。

## 6.8 沟渠救援处置技术

主要包括警戒、侦检、送风排烟、缓降、起吊、支护、救生等技术与方法,适用于交通事故处置、自然灾害处置和社会救助事件处置等。

**表 1 消防应急救援技术类型与适用灾害事故类别主要对应关系**

| 适用灾害事故类别 | | 消防应急救援技术类型 | | | | | | |
|---|---|---|---|---|---|---|---|---|
| | | 危险化学品事故处置技术 | 机械设备事故处置技术 | 建(构)筑物倒塌事故处置技术 | 水域救援处置技术 | 野外救援处置技术 | 受限空间救援处置技术 | 沟渠救援处置技术 |
| 危险化学品事故 | 爆炸品事故 | √ | √ | √ | | | | |
| | 压缩气体和液化气体事故 | √ | √ | √ | | | | |
| | 易燃液体事故 | √ | √ | | | | | |
| | 易燃固体、自燃物品和遇湿易燃物品事故 | √ | √ | | | | | |
| | 氧化剂和有机过氧化物事故 | √ | | | | | | |
| | 有毒品事故 | √ | | | | | | |
| | 放射性物品事故 | √ | √ | | | | | |
| | 腐蚀品事故 | √ | √ | | | | | |
| 交通事故 | 公路交通事故 | | √ | | | | √ | √ |
| | 铁路交通事故 | | √ | | | | | |
| | 内河湖泊船舶事故 | | √ | | √ | | | |
| | 空难事故 | | √ | | √ | | | |
| | 轨道交通事故 | | √ | | | | √ | √ |
| 建(构)筑物倒塌事故 | 地面建(构)筑物倒塌事故 | | | √ | | | √ | |
| | 地下建(构)筑物倒塌事故 | | | √ | | | √ | |
| 自然灾害 | 地震及其次生灾害 | | | √ | √ | √ | √ | √ |
| | 水灾及其次生灾害 | | | √ | √ | | | |
| | 风灾及其次生灾害 | | | √ | √ | √ | √ | √ |
| | 泥石流及其次生灾害 | | | √ | | √ | √ | √ |

表 1（续）

| 适用灾害事故类别 | | 消防应急救援技术类型 | | | | | | |
|---|---|---|---|---|---|---|---|---|
| | | 危险化学品事故处置技术 | 机械设备事故处置技术 | 建（构）筑物倒塌事故处置技术 | 水域救援处置技术 | 野外救援处置技术 | 受限空间救援处置技术 | 沟渠救援处置技术 |
| 社会救助事件 | 机械挤压事件 | | √ | | | | | |
| | 水域遇险事件 | | | | √ | | | |
| | 山地遇险事件 | | | | | √ | | |
| | 井下遇险事件 | | | | | | √ | √ |
| | 高空遇险事件 | | √ | | | | √ | |
| | 电梯遇险事件 | | √ | | | | √ | |
| | 污水池遇险事件 | √ | | | | | √ | |
| 注："√"为存在对应关系。 | | | | | | | | |

ICS 13.220.10
C 83

# 中华人民共和国国家标准

GB/T 29177—2012

## 消防应急救援　训练设施要求

Fire emergency rescue—Requirements for training facilities

2012-12-31 发布

2013-10-01 实施

中华人民共和国国家质量监督检验检疫总局
中国国家标准化管理委员会　发布

# 前　言

本标准按照 GB/T 1.1—2009 给出的规则起草。

本标准由中华人民共和国公安部提出。

本标准由全国消防标准化技术委员会灭火救援分技术委员会(SAC/TC 113/SC 10)归口。

本标准起草单位：公安部上海消防研究所。

本标准主要起草人：曹永强、王治安、阮桢、魏捍东、薛林、朱青、张磊、高宁宇、陈永胜、孟庆刚、张国立、苗国典、李国辉、施巍、赵铁惠。

本标准为首次发布。

# 引　言

我国《消防法》规定:公安消防队和专职消防队按照国家规定承担重大灾害事故和其他以抢救人员生命为主的应急救援工作。根据国务院有关规定,公安消防队主要承担地震等自然灾害、建筑施工事故、道路交通事故、空难等生产安全事故、恐怖袭击、群众遇险等社会安全事件的抢险救援任务,同时协助有关专业队伍做好水旱灾害、气象灾害、地质灾害、森林草原火灾、生物灾害、矿山事故、危险化学品事故、水上事故、环境污染、核与辐射事故、突发公共卫生事件等的抢险救援任务。

消防应急救援系列国家标准主要是针对公安消防队和专职消防队承担的自然灾害、生产安全事故和社会安全事件等抢险救援任务,以及目前由公安消防队和专职消防队实际承担的危险化学品事故、水灾、风灾、泥石流、水上事故、建筑物倒塌等抢险救援任务而制定的,目的是为了明确消防应急救援的对象,规范消防应急救援装备配备、训练设施建设、技术训练、作业规程和人员资质等。

本标准规定的内容是消防应急救援训练设施的要求,训练设施组成以 GB/T 29176《消防应急救援通则》中所列消防应急救援技术类型为依据,各类训练设施与 GB/T 29175《消防应急救援　技术训练指南》中的技术训练要求相对应。

# 消防应急救援 训练设施要求

## 1 范围

本标准规定了消防应急救援训练设施的术语和定义、建设原则、组成、设置和要求。

本标准适用于公安消防队和专职消防队的消防应急救援训练设施建设,其他消防队和应急救援队可参照执行。

## 2 规范性引用文件

下列文件对于本文件的应用是必不可少的。凡是注日期的引用文件,仅注日期的版本适用于本文件。凡是不注日期的引用文件,其最新版本(包括所有的修改单)适用于本文件。

GB/T 5907　消防基本术语　第一部分

GB/T 29176　消防应急救援　通则

JTG B01　公路工程技术标准

## 3 术语和定义

GB/T 5907 和 GB/T 29176 中界定的以及下列术语和定义适用于本文件。

### 3.1

**消防应急救援训练设施　training facility for fire emergency rescue**

用于进行消防应急救援训练和教学的所有场区、建筑、装置和设备的总称。

## 4 建设原则

### 4.1 合理性原则

消防应急救援训练设施(以下简称训练设施)的建设应根据当地实际情况,统一规划,合理设置。

### 4.2 实用性原则

训练设施的建设应符合当地消防应急救援的实际需求,满足应急救援训练任务的实用性要求。

### 4.3 综合性原则

训练设施的建设应充分考虑资金、土地和器材装备等资源的合理配套使用,并在满足应急救援训练的基础上,综合考虑灭火训练等功能。

### 4.4 安全性原则

训练设施应符合国家相关安全规定,并采取必要的技术措施确保训练安全和运行可靠。

## 5 组成与设置

训练设施的组成与设置应符合表 1 的要求。

表 1 训练设施的组成与设置

| 序号 | 训练设施 | 消防站 | 省、市级培训基地 |
|---|---|---|---|
| 1 | 基础技术训练设施 | √ | √ |
| 2 | 训练塔 | √ | |
| 3 | 建筑构件破拆和支撑训练设施 | √ | |
| 4 | 烟热训练室 | √ | √ |
| 5 | 危险化学品泄漏事故处置训练设施 | √ | √ |
| 6 | 道路交通事故处置训练设施 | √ | √ |
| 7 | 建（构）筑物倒塌事故处置训练设施 | | √ |
| 8 | 水域救助训练设施 | | √ |
| 9 | 野外山岳救助训练设施 | | √ |
| 10 | 受限空间救助训练设施 | | √ |
| 11 | 沟渠救助训练设施 | | √ |
| 12 | 心理行为训练设施 | | √ |
| 注："√"为设置该类设施。 | | | |

## 6 要求

### 6.1 基础技术训练设施

#### 6.1.1 构成和功能

基础技术训练设施用于应急救援中个人项目的基本操作训练,结合训练塔和心理行为训练设施还可以开展攻坚班组训练。包括:基本防护、消防障碍、攻坚技巧等各类技术训练。应急救援基础技术训练设施应设有操作平台、板障、独木桥、轮胎、石墩以及辅助设备等。

#### 6.1.2 建设要求

6.1.2.1 基础技术训练设施应设在平整训练场地上,场地尺寸不应小于 110 m×8 m。可根据训练需要建设具有 400 m 环形跑道的训练场地。

6.1.2.2 操作平台上应设有绳索固定锚点,设置保护滑轮、安全钩等,用于绳索训练和防坠落保护。

### 6.2 训练塔

#### 6.2.1 构成和功能

训练塔用于模拟多层或高层建筑,能够开展绳索救援训练、消防梯训练和徒手攀登训练等技术训练。训练塔宜设有楼梯、模拟窗口、单人和双人翻窗固定设施、落水管、攀登墙角、水带晾晒装置等。建有综合训练楼的地区,综合训练楼应能包含训练塔的训练功能,并设置相应的固定建筑消防设施。

#### 6.2.2 建设要求

6.2.2.1 训练塔占地面积不应小于 80 m²,层数不应少于四层,高层建筑物较多的城市,层数可适当增加。

6.2.2.2 训练塔的门窗可为木质框架,木质窗台上应装有用于绳索和消防梯训练的设计结构。

6.2.2.3 训练塔应设置绳索训练的锚点。锚点可以是梁、柱、楼梯栏杆或预埋的金属环。

### 6.2.3 安全要求

6.2.3.1 训练塔应设有避雷装置。

6.2.3.2 训练塔接触绳索的部位宜采用木质材料,防止绳索磨损。

6.2.3.3 训练塔中所有楼梯应有防滑以及防积水设计。

6.2.3.4 在训练塔顶层或较高楼层应设置保护滑轮、安全钩和绳索等,用于高空训练时的防坠落保护。

### 6.3 建筑构件破拆和支撑训练设施

#### 6.3.1 构成和功能

建筑构件破拆和支撑训练设施用于训练消防员利用各种破拆和支撑器材,采取不同的技术手段和战术方法,迅速高效地破拆建筑材料,并能够进行建筑构件的支撑训练。建筑构件破拆和支撑训练设施宜设有模拟防盗门、卷帘门、窗户栅栏、钢结构围栏、梁柱、各种形状砖石、各种形式墙体,包括:木结构墙体、砖石砌体以及钢筋混凝土墙体等,宜设置提升装置等辅助设施。

#### 6.3.2 建设要求

6.3.2.1 建筑构件破拆和支撑训练设施占地面积不应小于 100 m²。所有训练用建筑构件的设计和布置应与实际情况相符合。

6.3.2.2 建筑构件破拆和支撑训练设施中用于破拆和支撑的梁柱、墙体、围栏、门等宜建成可更换的结构,形成各种形状的支撑空间。

#### 6.3.3 安全要求

6.3.3.1 建筑构件破拆和支撑训练设施中应充分考虑现场被破拆和支撑结构的不稳定部位,进行支撑加固或预先破拆,移开会造成危险的构件。

6.3.3.2 建筑构件破拆和支撑训练设施内不得有可燃物和易燃物,防止破拆训练时被引燃。

### 6.4 烟热训练室

#### 6.4.1 构成和功能

烟热训练室宜设有控制室、体能训练间、烟热训练通道和发烟升温装置。其结构可分为长廊式和网栅隔断式,可选用计算机自动控制、半自动控制和手动控制。可模拟高温和浓烟环境,开展体力承受能力、心理适应能力、通过障碍能力的测试和训练以及使用空气呼吸器的训练。

#### 6.4.2 建设要求

6.4.2.1 长廊式烟热训练室占地面积应不小于 110 m²,建筑面积应不小于 80 m²,体能训练间面积应不小于 30 m²,排烟时间应小于 5 min,温度控制在 36 ℃～70 ℃,通道长度应大于 60 m。

6.4.2.2 网栅隔断式烟热训练室占地面积应不小于 90 m²,建筑面积应不小于 60 m²,体能训练间面积应不小于 30 m²,排烟时间应小于 3 min,温度控制在 36 ℃～70 ℃。

#### 6.4.3 安全要求

6.4.3.1 烟热训练室应设有应急照明、监控、对讲、排烟装置和紧急救援通道。可以通过闭路电视或热成像仪等装置观察受训人员的训练情况,确定受训人员所处位置。

6.4.3.2 烟热训练室中应使用确定成分的无毒烟气。可专门设计并安装发烟装置产生烟气。

## 6.5 危险化学品泄漏事故处置训练设施

### 6.5.1 构成和功能

危险化学品泄漏事故处置训练设施用于模拟危险化学品生产、储存或运输设备出现的泄漏情况,可模拟罐、釜、塔、管道、阀门、法兰等不同部位,液相、气相等不同形式,矩形、沙眼、孔洞、裂缝、断裂等不同形状的泄漏,开展侦检、警戒、稀释、堵漏、输转、洗消、救生训练以及实战演练。危险化学品泄漏事故处置训练设施宜设有模拟危险化学品泄漏装置包括:储罐、釜、塔、管道、阀门、法兰、增压装置、控制系统和辅助设施。

### 6.5.2 建设要求

6.5.2.1 危险化学品泄漏事故处置训练设施占地面积不应小于 600 m²。危险化学品泄漏装置的泄漏压力和流量应能够满足训练要求。

6.5.2.2 危险化学品泄漏事故处置训练设施应设置废料、废液降解回收装置以及油水分离、污水处理设施。

### 6.5.3 安全要求

6.5.3.1 危险化学品泄漏事故处置训练设施应设有视频监控系统、手动紧急断料开关和应急避险及稀释措施。

6.5.3.2 当使用危险化学品进行训练时,危险化学品泄漏事故处置训练设施应设置有毒有害气体探测装置。

## 6.6 道路交通事故处置训练设施

### 6.6.1 构成和功能

道路交通事故处置训练设施用于模拟车辆相撞、颠覆事故现场,开展破拆、起重、撑顶、牵引、救生等技术训练。道路交通事故处置训练设施宜建有公路平交道口、模拟汽车和辅助设施。

### 6.6.2 建设要求

6.6.2.1 道路交通事故处置训练设施占地面积不应小于 400 m²,公路线长度不应小于 50 m。

6.6.2.2 模拟公路可按照 JTG B01 中二级公路进行建设。

### 6.6.3 安全要求

6.6.3.1 模拟汽车应采用不同的固定形式,进行稳妥固定,以防止训练时出现不受控制的车辆倾翻、移动的情况。

6.6.3.2 模拟汽车的燃料箱应注满水。

## 6.7 建(构)筑物倒塌事故处置训练设施

### 6.7.1 构成和功能

建(构)筑物倒塌事故处置训练设施用于模拟钢筋混凝土结构建筑倒塌、房梁断裂、墙体开裂和因建筑倒塌造成的人员被困、埋压等现场,开展侦检、破拆、起重、撑顶、救生等技术训练和实战演练。建筑倒塌事故处置训练设施宜建有钢筋混凝土梁、架、楼板、砖石等建筑倒塌废墟、多层建筑残垣、监控设施以及辅助设施。

### 6.7.2 建设要求

6.7.2.1 建(构)筑物倒塌事故处置训练设施占地面积不应小于 400 m²。建筑残垣不宜低于 3 层普通建筑物。

6.7.2.2 建(构)筑物倒塌事故处置训练设施应建有多种模拟人员被困的生存空间,包括:单斜式、V 型式、多层间夹式等。

6.7.2.3 建(构)筑物倒塌事故处置训练设施中用于破拆训练的砌体宜建成可更换的结构,应便于起重和牵引。

### 6.7.3 安全要求

6.7.3.1 建(构)筑物倒塌事故处置训练设施内不应有不受控制的二次倒塌或对人员产生伤害的潜在危险。

6.7.3.2 建(构)筑物倒塌事故处置训练设施宜设有视频监控、通信联络以及应急广播等设施。

## 6.8 水域救助训练设施

### 6.8.1 构成和功能

水域救助训练设施用于模拟人员溺水和洪水等多种水域环境救援情况,开展游泳训练、船上救援训练、潜水基础训练和救生等技术训练。水域救助训练设施一般包括游泳、基础潜水、激流训练区以及辅助设施。

### 6.8.2 建设要求

6.8.2.1 游泳和基础潜水训练区可合并建设,其尺寸不应小于 25 m×15 m。其中基础潜水训练区面积不应小于 30 m²,水深应为 10 m～20 m。基础潜水训练区应设置出入水扶梯,水下可设置阶梯式或斜坡式涵洞。

6.8.2.2 激流训练区的河道长度不应小于 100 m,水流速度不宜低于 0.5 m/s,水深不宜小于 1.2 m。可设计有转弯、堤坝以及各种不同的障碍物。

### 6.8.3 安全要求

6.8.3.1 水域救助训练区应设有必要的安全防护设施,包括:救生圈、救生杆、救生绳、氧气袋和急救设备。

6.8.3.2 基础潜水训练区应在水上设置救护观望岗,并应设置水上和水下照明设施、水下观察窗或水下及涵洞视频监控系统、通信联络以及广播设施。

6.8.3.3 激流训练区的河道两岸应设置安全保护锚点,以固定滑轮、安全钩、安全绳等。

## 6.9 野外山岳救助训练设施

### 6.9.1 构成和功能

野外山岳救助训练设施用于模拟悬崖峭壁、突兀怪石等,能够利用攀登、缓降、救生等器材装备,实施山岳救助技术模拟训练。野外山岳救助训练设施宜建有模拟悬崖、巨石以及攀岩训练设施等。

### 6.9.2 建设要求

6.9.2.1 野外山岳救助训练设施占地面积不宜小于 1 000 m²,可依托自然山体建设。

6.9.2.2 攀岩训练设施高度不应低于 10 m,可依托或毗邻训练塔或楼房的承重墙体进行建设,也可单独建设。

### 6.9.3 安全要求

6.9.3.1 野外山岳救助训练设施应设置安全保护锚点,包括:安全钩、安全环、滑轮、绳索,也可设置安全网或在地面上设置保护垫。

6.9.3.2 野外山岳救助训练设施应设置视频监控系统。

## 6.10 受限空间救助训练设施

### 6.10.1 构成和功能

受限空间救助训练设施用于模拟竖井、斜井、横坑等狭小空间,利用呼吸保护、防坠落、照明等器材装备进行警戒、侦检、照明、破拆、撑顶、救生、送风等训练。受限空间救助训练设施宜设有模拟深井、破拆障碍物、安全门等。

### 6.10.2 建设要求

6.10.2.1 模拟深井既可建设为单体的模拟工业储罐或机井,也可以建设为综合性模拟深井,将垂直竖井、横井以及斜井组合,模拟城市的地下管道设施。

6.10.2.2 单体模拟深井占地面积不应小于 20 m²,深度不应小于 7 m。可建在地上或地下,建在地上的模拟深井可依托训练塔建设。

6.10.2.3 综合性模拟深井占地面积不应小于 300 m²,管道长度不宜小于 80 m。可依托建筑垮塌事故处置训练设施进行建设,在出入口和适当的位置设计有可更换的破拆障碍物,井口和管道的截面可采用圆形、方形等不同形状。

### 6.10.3 安全要求

6.10.3.1 模拟深井应在底部和适当位置设置观察门或安全门。

6.10.3.2 模拟深井中应设置视频监控、照明系统、送风设备以及应急广播。

6.10.3.3 竖井的井口平台上应设置安全保护锚点,可以固定安全保护滑轮、栓绳金属环以及下降器,接触绳索的部位采用木质材料。

## 6.11 沟渠救助训练设施

### 6.11.1 构成和功能

沟渠救助训练设施用于模拟工程或公路坍塌事故、坠井事故时需要进行挖掘救援的情况,能够开展警戒、侦检、送风、缓降、起吊、支护、救生等救援技术训练。沟渠救助训练设施宜建有壕沟、水坑、沟口平台以及辅助设施。

### 6.11.2 建设要求

6.11.2.1 沟渠救助训练设施占地面积不应小于 100 m²,壕沟深度不应低于 2.5 m,宽度不应低于 5 m,长度不应低于 10 m。

6.11.2.2 壕沟应在地面上进行挖掘,可在沟底灌注一定深度的水,以模拟特殊的坍塌事故现场环境。

### 6.11.3 安全要求

6.11.3.1 壕沟的挖掘斜度和侧壁类型应根据训练区土壤类型、壕沟的宽度和深度进行选取和设计,避免在训练中出现坍塌。

6.11.3.2 沟渠救助训练设施的选址应考虑地下水层和地下断层的深度,宜远离高层建筑及强振动源。

## 6.12 心理行为训练设施

### 6.12.1 构成与功能

心理行为训练设施用于模拟高空工作环境,开展空中横渡索桥、攀爬绳网、信任背摔等心理适应能力和反应能力训练。心理行为训练设施宜设有高空索桥、空中单杠、背摔台、绳网等器材。

### 6.12.2 建设要求

心理行为训练设施占地面积不应小于 300 $m^2$。

### 6.12.3 安全要求

高空索桥及空中单杠下应安装防坠落安全网,背摔台下应配有保护垫。

ICS 13.220.10
C 83

# 中华人民共和国国家标准

GB/T 29178—2012

# 消防应急救援　装备配备指南

Fire emergency rescue—Guidelines for equipment allocation

2012-12-31 发布

2013-10-01 实施

中华人民共和国国家质量监督检验检疫总局
中国国家标准化管理委员会　　发布

34

# 前　言

本标准按照 GB/T 1.1—2009 给出的规则起草。

本标准由中华人民共和国公安部提出。

本标准由全国消防标准化技术委员会灭火救援分技术委员会(SAC/TC 113/SC 10)归口。

本标准起草单位:公安部上海消防研究所。

本标准主要起草人:薛林、阮桢、赵轶惠、魏捍东、朱青、王治安、孙伯春、孟庆刚、施巍、张磊、杨昀、曹永强。

本标准为首次发布。

# 引　言

　　我国《消防法》规定：公安消防队和专职消防队按照国家规定承担重大灾害事故和其他以抢救人员生命为主的应急救援工作。根据国务院有关规定，公安消防队主要承担地震等自然灾害、建筑施工事故、道路交通事故、空难等生产安全事故、恐怖袭击、群众遇险等社会安全事件的抢险救援任务，同时协助有关专业队伍做好水旱灾害、气象灾害、地质灾害、森林草原火灾、生物灾害、矿山事故、危险化学品事故、水上事故、环境污染、核与辐射事故、突发公共卫生事件等的抢险救援任务。

　　消防应急救援系列国家标准主要是针对公安消防队和专职消防队承担的自然灾害、生产安全事故和社会安全事件等抢险救援任务，以及目前由公安消防队和专职消防队实际承担的危险化学品事故、水灾、风灾、泥石流、水上事故、建筑物倒塌等抢险救援任务而制定的，目的是为了明确消防应急救援的对象，规范消防应急救援装备配备、训练设施建设、技术训练、作业规程和人员资质等。

　　本标准提出了消防应急救援装备的配备原则，规定了针对不同灾害事故类别的消防应急救援装备配备要求，可为公安消防队和专职消防队应急救援装备的采购及优化配置提供指导依据。

# 消防应急救援　装备配备指南

## 1　范围

本标准规定了消防应急救援装备配备的术语和定义、配备原则和配备要求。

本标准适用于公安消防队和专职消防队的消防应急救援装备配备,其他消防队和应急救援队可参照执行。

## 2　规范性引用文件

下列文件对于本文件的应用是必不可少的。凡是注日期的引用文件,仅注日期的版本适用于本文件。凡是不注日期的引用文件,其最新版本(包括所有的修改单)适用于本文件。

GB/T 5907　消防基本术语　第一部分

GB/T 29176　消防应急救援　通则

## 3　术语和定义

GB/T 5907 和 GB/T 29176 中界定的以及下列术语和定义适用于本文件。

### 3.1

**消防应急救援装备**　equipment for fire emergency rescue

用于消防应急救援作业的各类车辆及器材装备。

### 3.2

**典型灾害事故**　typical disaster and accident

发生频率高或发生概率高、潜在危险性大的灾害事故。

## 4　配备原则

### 4.1　针对性

消防应急救援装备的配备应针对救援任务的特点、典型灾害事故的类别,并综合考虑当地的自然条件和经济发展水平,且装备性能应满足消防应急救援的需要。

### 4.2　配套性

消防应急救援装备的配备应确保系统配套、搭配合理、功能齐全、数量充足。

### 4.3　高效性

消防应急救援装备的配备应优先选择性能先进、轻便高效、功能多样、通用性强的装备,应定期对已配装备的有效性、使用效能等方面进行检查评估,及时淘汰过期和低效能装备。

## 4.4 统筹性

消防应急救援装备的配备应在省、自治区和直辖市范围内统一筹划,同类装备应尽量统一和兼容,消防应急救援工作中必不可少但使用频率低、价格昂贵的大(重)型装备应统筹配置。

## 5 配备要求

5.1 所配备的消防应急救援装备应为符合国家相关市场准入规定的合格产品。

5.2 应根据不同灾害事故类别,选择配备消防应急救援车辆类型,以及防护、侦检、救生、警戒、破拆、堵漏、输转、洗消、照明、送风、排烟、通信等类装备及其他器材设备,装备配备要求见表1～表10。

5.3 可针对本地区的典型灾害事故或其他特殊处置需求,选择配备本标准中未列出的消防直升机、消防船艇、水下搜救器、消防机器人等新型或特种装备。

**表 1 消防应急救援车辆类装备配备要求**

| 装备名称 | 灾害事故类别 | | | | | | | |
|---|---|---|---|---|---|---|---|---|
| | 危险化学品事故 | 交通事故 | 建(构)筑物倒塌事故 | 自然灾害 | | | | 社会救助事件 |
| | | | | 水灾及其次生灾害 | 泥石流及其次生灾害 | 地震及其次生灾害 | 风灾及其次生灾害 | |
| 水罐消防车 | √ | | | | | | | √ |
| 泡沫消防车 | √ | √ | | | | | | |
| 举高喷射消防车 | √ | | √ | | | √ | | |
| 登高平台消防车 | | √ | √ | | | √ | √ | √ |
| 云梯消防车 | | | √ | | | √ | √ | √ |
| 抢险救援消防车 | √ | √ | √ | √ | √ | √ | √ | |
| 排烟消防车 | √ | | | | | √ | | |
| 照明消防车 | √ | √ | √ | √ | √ | √ | √ | √ |
| 化学救援消防车 | √ | | | | | | | |
| 洗消消防车 | √ | | | | | | | |
| 侦检消防车 | √ | | | | | | | |
| 通信指挥消防车 | √ | √ | √ | √ | √ | √ | √ | √ |
| 器材消防车 | √ | √ | √ | √ | √ | √ | √ | |
| 供液消防车 | √ | | √ | | | √ | √ | √ |
| 供气消防车 | √ | | | | | | | |
| 自装卸式消防车 | √ | | √ | √ | √ | √ | √ | |
| 运兵车 | | | √ | √ | √ | √ | √ | |
| 装备抢修车 | | | | | √ | √ | | |
| 加油车 | | | | | √ | √ | | |
| 注:"√"表示相应灾害事故类别应配备的装备,表2～表10同。 | | | | | | | | |

表 2 消防应急救援防护类装备配备要求

| 装备名称 | 灾害事故类别 | | | | | | | |
|---|---|---|---|---|---|---|---|---|
| | 危险化学品事故 | 交通事故 | 建(构)筑物倒塌事故 | 自然灾害 | | | | 社会救助事件 |
| | | | | 水灾及其次生灾害 | 泥石流及其次生灾害 | 地震及其次生灾害 | 风灾及其次生灾害 | |
| 抢险救援头盔 | | √ | √ | √ | √ | √ | √ | √ |
| 抢险救援服 | | √ | √ | √ | √ | √ | √ | √ |
| 抢险救援腰带 | | √ | √ | √ | √ | √ | √ | √ |
| 抢险救援靴 | | √ | √ | √ | √ | √ | √ | √ |
| 抢险救援手套 | | √ | √ | √ | √ | √ | √ | √ |
| 消防员化学防护服 | √ | | | | | √ | | |
| 防蜂服 | | | | | | | | √ |
| 防爆服 | √ | | | | | | | |
| 防静电服装 | √ | | | | | | | |
| 内置纯棉手套 | | | √ | | √ | √ | | √ |
| 消防护目镜 | | √ | √ | | √ | √ | √ | √ |
| 消防用防坠落装备 | √ | √ | √ | √ | √ | √ | √ | √ |
| 潜水装具 | | | | √ | | | | √ |
| 消防专用救生衣 | | | | √ | | | √ | √ |
| 消防员降温背心 | √ | √ | √ | | | | √ | |
| 正压式消防空气呼吸器 | √ | | √ | | | √ | | √ |
| 正压式消防氧气呼吸器 | | | √ | | | √ | | √ |
| 强制送风呼吸器 | √ | | √ | | | √ | | √ |
| 移动供气源 | √ | | | | | √ | | √ |
| 消防员呼救器 | √ | √ | √ | √ | √ | √ | √ | √ |
| 佩戴式防爆照明灯 | √ | √ | √ | √ | √ | √ | √ | √ |
| 手提式强光照明灯 | √ | √ | √ | √ | √ | √ | √ | √ |
| 消防用荧光棒 | √ | | √ | | √ | √ | √ | √ |
| 防爆手持电台 | √ | √ | √ | √ | √ | √ | √ | √ |
| 消防单兵定位装置 | √ | | √ | √ | | √ | √ | √ |

表 3 消防应急救援侦检类装备配备要求

| 装备名称 | 灾害事故类别 | | | | | | | |
|---|---|---|---|---|---|---|---|---|
| | 危险化学品事故 | 交通事故 | 建(构)筑物倒塌事故 | 自然灾害 | | | | 社会救助事件 |
| | | | | 水灾及其次生灾害 | 泥石流及其次生灾害 | 地震及其次生灾害 | 风灾及其次生灾害 | |
| 有毒气体探测仪 | √ | | √ | | | √ | | √ |
| 军事毒剂侦检仪 | √ | | √ | | | | | |
| 可燃气体检测仪 | √ | √ | √ | | | √ | | √ |
| 无线复合气体探测仪 | √ | | | | | √ | | √ |
| 水质分析仪 | | | | √ | √ | √ | √ | √ |
| 电子气象仪 | √ | | | √ | √ | √ | √ | |
| 生命探测仪 | | √ | √ | | √ | √ | | √ |
| 消防用红外热像仪 | | √ | √ | √ | √ | √ | √ | √ |
| 漏电探测仪 | | | √ | | | √ | √ | √ |
| 电子酸碱测试仪 | √ | | | | | | | √ |
| 测温仪 | √ | | | | | | | |
| 激光测距仪 | √ | | √ | √ | √ | √ | | √ |
| 便携危险化学品检测片 | √ | | | | | √ | | |
| 金属探测仪 | | | | | | | | √ |
| 爆炸物探测仪 | √ | | √ | | | √ | | |
| 侦察机器人 | √ | | √ | | | | √ | |
| 余震预测报警仪 | | | | | | √ | | |
| 搜救犬 | | | √ | | | √ | | √ |

表 4 消防应急救援救生类装备配备要求

| 装备名称 | 灾害事故类别 | | | | | | | |
|---|---|---|---|---|---|---|---|---|
| | 危险化学品事故 | 交通事故 | 建(构)筑物倒塌事故 | 自然灾害 | | | | 社会救助事件 |
| | | | | 水灾及其次生灾害 | 泥石流及其次生灾害 | 地震及其次生灾害 | 风灾及其次生灾害 | |
| 躯(肢)体固定气囊 | | √ | √ | | | √ | √ | √ |
| 婴儿呼吸袋 | √ | | | | | | | √ |
| 救生照明线 | | | √ | | | √ | | √ |
| 救援担架 | √ | √ | √ | √ | √ | √ | √ | √ |

表 4（续）

| 装备名称 | 灾害事故类别 | | | | | | | |
| --- | --- | --- | --- | --- | --- | --- | --- | --- |
| | 危险化学品事故 | 交通事故 | 建(构)筑物倒塌事故 | 自然灾害 | | | | 社会救助事件 |
| | | | | 水灾及其次生灾害 | 泥石流及其次生灾害 | 地震及其次生灾害 | 风灾及其次生灾害 | |
| 伤员固定抬板 | √ | √ | | √ | | √ | √ | √ |
| 消防救生气垫 | | | | | | | | √ |
| 救生缓降器 | | | | | | | √ | √ |
| 医药急救箱 | √ | √ | √ | √ | √ | | √ | √ |
| 医用简易呼吸器 | √ | √ | √ | | √ | √ | | |
| 气动起重气垫 | √ | √ | √ | | | | | √ |
| 救援支架 | | | √ | | | √ | | √ |
| 救生抛投器 | | | | √ | √ | | | √ |
| 水面漂浮救生绳 | | | | √ | | | √ | √ |
| 机动橡皮舟 | | | | √ | | | | √ |
| 敛尸袋 | √ | √ | √ | | | | √ | √ |
| 救生软梯 | | | | | | | | √ |
| 自喷荧光漆 | √ | √ | √ | √ | | √ | | √ |

表 5 消防应急救援警戒类装备配备要求

| 装备名称 | 灾害事故类别 | | | | | | | |
| --- | --- | --- | --- | --- | --- | --- | --- | --- |
| | 危险化学品事故 | 交通事故 | 建(构)筑物倒塌事故 | 自然灾害 | | | | 社会救助事件 |
| | | | | 水灾及其次生灾害 | 泥石流及其次生灾害 | 地震及其次生灾害 | 风灾及其次生灾害 | |
| 警戒标志杆 | √ | √ | √ | √ | √ | √ | √ | √ |
| 锥型事故标志柱 | | √ | | | | | | √ |
| 隔离警示带 | √ | √ | √ | √ | √ | √ | √ | √ |
| 出入口标志牌 | √ | √ | √ | | | √ | | √ |
| 危险警示牌 | √ | | √ | √ | √ | √ | √ | √ |
| 闪光警示灯 | √ | √ | √ | √ | √ | √ | √ | √ |
| 手持扩音器 | √ | √ | √ | √ | √ | √ | √ | √ |

表 6　消防应急救援破拆类装备配备要求

| 装备名称 | 灾害事故类别 | | | | | | | |
|---|---|---|---|---|---|---|---|---|
| | 危险化学品事故 | 交通事故 | 建(构)筑物倒塌事故 | 自然灾害 | | | | 社会救助事件 |
| | | | | 水灾及其次生灾害 | 泥石流及其次生灾害 | 地震及其次生灾害 | 风灾及其次生灾害 | |
| 剪切器 | | √ | √ | | | √ | √ | √ |
| 扩张器 | | √ | √ | | | √ | √ | √ |
| 剪扩器 | | √ | √ | | | √ | √ | √ |
| 救援顶杆 | | √ | √ | | | √ | √ | √ |
| 液压万向剪切钳 | | √ | √ | | | √ | √ | √ |
| 组合式液压破拆工具组 | | √ | √ | √ | | √ | √ | √ |
| 手动破拆工具组 | | √ | √ | √ | | √ | √ | √ |
| 双轮异向切割锯 | | √ | √ | | | √ | √ | √ |
| 机动链锯 | | √ | √ | | | √ | √ | √ |
| 无齿锯 | | √ | √ | | | √ | √ | √ |
| 气动切割刀 | | √ | | | | | | √ |
| 便携式防盗门破拆工具组 | | √ | | | | √ | | √ |
| 冲击钻 | | √ | √ | | | √ | √ | √ |
| 凿岩机 | | √ | | | | √ | √ | √ |
| 玻璃破碎器 | | √ | √ | | | √ | √ | √ |
| 手持式钢筋速断器 | | √ | √ | | | √ | √ | √ |
| 便携式汽油金属切割器 | | √ | √ | | | √ | √ | √ |
| 多功能刀具 | √ | √ | √ | √ | √ | √ | √ | √ |
| 多功能挠钩 | | | √ | √ | √ | √ | √ | √ |
| 穿透式破拆水枪 | | √ | | | | √ | | √ |
| 绝缘剪断钳 | | √ | | | | | | √ |
| 毁锁器 | | | | | | | | √ |
| 重型支撑套具 | | √ | √ | | √ | √ | √ | √ |
| 液压千斤顶 | | √ | √ | | √ | √ | √ | √ |

表 7 消防应急救援堵漏类装备配备要求

| 装备名称 | 灾害事故类别 | | | | | | | |
|---|---|---|---|---|---|---|---|---|
| | 危险化学品事故 | 交通事故 | 建(构)筑物倒塌事故 | 自然灾害 | | | | 社会救助事件 |
| | | | | 水灾及其次生灾害 | 泥石流及其次生灾害 | 地震及其次生灾害 | 风灾及其次生灾害 | |
| 内封式、外封式、捆绑式堵漏袋 | √ | | | | | | | |
| 金属堵漏套管 | √ | | | | | | | √ |
| 堵漏枪 | √ | | | | | | | |
| 阀门堵漏套具 | √ | | | | | | | √ |
| 注入式堵漏工具 | √ | | | | | | | |
| 粘贴式堵漏工具 | √ | | | | | | | |
| 电磁式堵漏工具 | √ | | | | | | | |
| 强磁堵漏工具 | √ | | | | | | | |
| 木制堵漏楔 | √ | | | | | | | √ |
| 气动吸盘式堵漏器 | √ | | | | | | | |
| 无火花工具 | √ | √ | | | | | | |

表 8 消防应急救援输转、洗消类装备配备要求

| 装备名称 | 灾害事故类别 | | | | | | | |
|---|---|---|---|---|---|---|---|---|
| | 危险化学品事故 | 交通事故 | 建(构)筑物倒塌事故 | 自然灾害 | | | | 社会救助事件 |
| | | | | 水灾及其次生灾害 | 泥石流及其次生灾害 | 地震及其次生灾害 | 风灾及其次生灾害 | |
| 手动隔膜抽吸泵 | √ | | | | | | | |
| 防爆输转泵 | √ | | | | | | | |
| 黏稠液体抽吸泵 | √ | | | | | | | |
| 排污泵 | √ | | | √ | √ | | √ | √ |
| 有毒物质密封桶 | √ | | | | | | | √ |
| 围油栏 | √ | | | | | | | |
| 吸附垫 | √ | √ | | | | | | √ |
| 集污袋 | √ | | | | | | | √ |
| 洗消器 | √ | | | | √ | √ | | |
| 洗消药剂 | √ | | | | √ | √ | | |
| 公众洗消站 | √ | | | | √ | √ | | |
| 单人洗消帐篷 | √ | | | | √ | √ | | |

表 9　消防应急救援照明、送风、排烟、通信类装备配备要求

| 装备名称 | 灾害事故类别 | | | | | | | |
|---|---|---|---|---|---|---|---|---|
| | 危险化学品事故 | 交通事故 | 建（构）筑物倒塌事故 | 自然灾害 | | | | 社会救助事件 |
| | | | | 水灾及其次生灾害 | 泥石流及其次生灾害 | 地震及其次生灾害 | 风灾及其次生灾害 | |
| 移动照明灯组 | √ | √ | √ | √ | √ | √ | √ | √ |
| 移动发电机 | √ | √ | √ | √ | √ | √ | √ | √ |
| 移动排烟机 | √ | | | | | | | √ |
| 坑道小型空气输送机 | √ | | √ | | | √ | | √ |
| 消防排烟机器人 | √ | | | | | | | √ |
| 卫星电话 | | | | √ | √ | √ | √ | |
| 基地转信台 | | | | √ | √ | √ | | |
| GPS 导航仪 | | | | √ | √ | √ | √ | |

表 10　消防应急救援其他装备配备要求

| 装备名称 | 灾害事故类别 | | | | | | | |
|---|---|---|---|---|---|---|---|---|
| | 危险化学品事故 | 交通事故 | 建（构）筑物倒塌事故 | 自然灾害 | | | | 社会救助事件 |
| | | | | 水灾及其次生灾害 | 泥石流及其次生灾害 | 地震及其次生灾害 | 风灾及其次生灾害 | |
| 移动式储水装置 | √ | | | | | √ | | √ |
| 空气充填泵 | √ | | | | | √ | | |
| 电源逆变器 | √ | √ | √ | √ | √ | √ | √ | √ |
| 搜救标记 | √ | | √ | | | √ | √ | √ |
| 装备维保工具箱 | √ | √ | √ | √ | √ | √ | √ | √ |
| 行军帐篷 | | | √ | √ | √ | √ | √ | |
| 指南针 | | | √ | √ | √ | √ | √ | |
| 护肘护膝（硬） | | √ | √ | √ | √ | √ | √ | |
| 雨衣 | | | | √ | √ | √ | √ | √ |
| 睡袋 | | | | √ | √ | √ | | |
| 饮用水 | | | | √ | √ | √ | | |

表 10（续）

| 装备名称 | 灾害事故类别 | | | | | | | |
|---|---|---|---|---|---|---|---|---|
| | 危险化学品事故 | 交通事故 | 建（构）筑物倒塌事故 | 自然灾害 | | | | 社会救助事件 |
| | | | | 水灾及其次生灾害 | 泥石流及其次生灾害 | 地震及其次生灾害 | 风灾及其次生灾害 | |
| 净水器 | | | | √ | √ | √ | | |
| 野外个人（小组）炊具 | | | | √ | √ | √ | | |
| 暖风机 | | | | √ | √ | √ | | |
| 压缩干粮 | | | | √ | √ | √ | | |

ICS 13.220.10
C 83

# 中华人民共和国国家标准

GB/T 29179—2012

## 消防应急救援 作业规程

Fire emergency rescue—Code of practice for operation

2012-12-31 发布

2013-10-01 实施

中华人民共和国国家质量监督检验检疫总局
中国国家标准化管理委员会 发布

# 前　言

本标准按照 GB/T 1.1—2009 给出的规则起草。

本标准由中华人民共和国公安部提出。

本标准由全国消防标准化技术委员会灭火救援分技术委员会(SAC/TC 113/SC 10)归口。

本标准起草单位:公安部上海消防研究所。

本标准主要起草人:魏捍东、施巍、吴立志、王治安、朱青、薛林、高宁宇、陈永胜、苗国典、李国辉、姜连瑞、赵轶惠、邓樑、张磊、曹永强。

本标准为首次发布。

# 引　言

我国《消防法》规定:公安消防队和专职消防队按照国家规定承担重大灾害事故和其他以抢救人员生命为主的应急救援工作。根据国务院有关规定,公安消防队主要承担地震等自然灾害、建筑施工事故、道路交通事故、空难等生产安全事故、恐怖袭击、群众遇险等社会安全事件的抢险救援任务,同时协助有关专业队伍做好水旱灾害、气象灾害、地质灾害、森林草原火灾、生物灾害、矿山事故、危险化学品事故、水上事故、环境污染、核与辐射事故、突发公共卫生事件等的抢险救援任务。

消防应急救援系列国家标准主要是针对公安消防队和专职消防队承担的自然灾害、生产安全事故和社会安全事件等抢险救援任务,以及目前由公安消防队和专职消防队实际承担的危险化学品事故、水灾、风灾、泥石流、水上事故、建筑物倒塌等抢险救援任务而制定的,目的是为了明确消防应急救援的对象,规范消防应急救援装备配备、训练设施建设、技术训练、作业规程和人员资质等。

本标准规定的内容是消防应急救援的作业规程要求,主要依据 GB/T 29176《消防应急救援　通则》中所提出的消防应急救援技术类型制定。

# 消防应急救援 作业规程

## 1 范围

本标准规定了消防应急救援作业的术语和定义，以及作业程序和作业规程。

本标准适用于公安消防队和专职消防队的消防应急救援作业，其他消防队和应急救援队可参照执行。

## 2 规范性引用文件

下列文件对于本文件的应用是必不可少的。凡是注日期的引用文件，仅注日期的版本适用于本文件。凡是不注日期的引用文件，其最新版本（包括所有的修改单）适用于本文件。

GB/T 5907 消防基本术语 第一部分

GB/T 29176 消防应急救援 通则

## 3 术语和定义

GB/T 5907、GB/T 29176 界定的以及下列定义和术语适用于本文件。

3.1

**基本程序 basic procedure**

消防应急救援行动过程中实施的从接警出动到清场撤离的一系列步骤。

3.2

**作业规程 code of practice for operation**

针对特定消防应急救援技术确立的规范性程序。

3.3

**锚点 anchor point**

在绳索救援系统中用于承受实际或潜在荷载的部件。

3.4

**锚固系统 anchor system**

由一个或多个锚点组成的为绳索救援系统组件提供结构性连接的系统。

3.5

**边缘保护 edge protection**

绳索救援系统中用于保护软质部件免受锐利物体或粗糙边缘损伤的方式或方法。

## 4 作业程序

### 4.1 基本程序

消防应急救援作业的基本程序包括：侦察检测、警戒疏散、安全防护、人员搜救、险情排除、现场清理。

### 4.2 侦察检测

通过各种手段,掌握灾害事故的特性、规模、危险程度,确定不同区域的危险等级;查明遇险人员的位置、数量、施救疏散路线;查明贵重物资设备的位置、数量;了解灾害事故现场及其周边的道路、水源、建(构)筑物结构以及电力、通信、气象等情况。

### 4.3 警戒疏散

依据侦检结果科学合理设置警戒区域,采取禁火、停电及禁止非救援人员进入等安全措施,疏散事故区域内的非救援人员。设立现场安全员,全程观察监测现场危险区域和部位可能发生的危险迹象。

### 4.4 安全防护

根据现场实际情况的危险性,按等级佩戴个人防护装备。

### 4.5 人员搜救

通过侦察检测手段确定遇险人员数量、位置,采取送风、破拆、起重、支撑、牵引、起吊等方法救助人员。

### 4.6 险情排除

分析评估现场危险因素,确定救援行动方案,组织力量排除现场存在或潜在的险情。

### 4.7 现场清理

检查清理现场,移交现场,清点人数,整理装备,安全撤离。

## 5 作业规程

### 5.1 分类

消防应急救援技术分类作业规程对应 GB/T 29176《消防应急救援 通则》中的应急救援技术类型,主要分为危险化学品事故救援作业规程、机械设备事故救援作业规程、建(构)筑物倒塌救援作业规程、水域救援作业规程、野外救援作业规程、受限空间救援作业规程和沟渠救援作业规程等类。

### 5.2 适用范围

5.2.1 作业规程与适用灾害事故类别之间的对应关系如表1所示。

5.2.2 危险化学品事故主要包括:火灾事故、爆炸事故以及泄漏事故等,本标准主要针对危险化学品泄漏事故的消防应急救援作业。

### 5.3 人员要求

消防应急救援人员需经过专业培训并通过相应考核。

### 表 1 作业规程与适用灾害事故类别对应关系表

| 适用灾害事故类别 | 作业规程 | | | | | | |
|---|---|---|---|---|---|---|---|
| | 危险化学品事故救援作业规程 | 机械设备事故救援作业规程 | 建(构)筑物倒塌救援作业规程 | 水域救援作业规程 | 野外救援作业规程 | 受限空间救援作业规程 | 沟渠救援作业规程 |
| 危险化学品事故 | √ | √ | √ | | | | |
| 交通事故 | | √ | | √ | √ | √ | √ |
| 建(构)筑物倒塌事故 | | | √ | | | √ | |
| 自然灾害 | | | √ | √ | √ | √ | √ |
| 社会救助事件 | √ | √ | | √ | √ | √ | √ |

## 5.4 危险化学品事故救援作业规程

### 5.4.1 侦察检测

侦察检测主要包含以下程序：
a) 人员及车辆应从上风或侧上风方向接近事故现场；
b) 了解事故类别,借助各类侦检设备,掌握泄漏物质种类、泄漏物质储量、泄漏部位、泄漏速度以及现场风速、风向等环境情况；
c) 了解遇险人员数量、位置和伤亡情况；
d) 了解先期疏散抢救人员、已经采取的处置措施、内部消防设施配备及运行等情况；
e) 查明拟定警戒区内的人员数量、地形地物、电源、火源及交通道路情况；
f) 掌握现场及周边的消防水源位置、储量和给水方式；
g) 评估现场救援处置所需的人力、器材装备及其他资源。

### 5.4.2 警戒疏散

警戒疏散主要包含以下程序：
a) 分析评估泄漏扩散范围和可能引发爆炸燃烧的危险因素及其后果；
b) 先行警戒或根据侦察检测情况确定警戒范围,划分重危区、轻危区、安全区,设置警戒标志和出入口；
c) 根据实际情况疏散泄漏区域和扩散可能波及范围内的非救援人员；
d) 动态监测现场情况,适时调整警戒范围；
e) 规定安全撤离信号。

### 5.4.3 安全防护

安全防护主要包含以下程序：
a) 根据侦察检测情况,确定安全防护等级,为进入重危区、轻危区的救援人员配备呼吸防护装备、化学防护服装等个人防护装备；
b) 安全员对救援人员的安全防护进行检查,做好记录。

### 5.4.4 人员搜救

人员搜救主要包含以下程序：

a) 评估现场情况，分析救助过程中可能存在的危险因素，确定救援行动方案；

b) 搜救人员携带器材装备进入搜救区域；

c) 采取正确的救助方式，将遇险人员疏散、转移至安全区；

d) 对救出人员进行必要的紧急救助后，移交医疗急救部门进行救护。

### 5.4.5 险情排除

险情排除主要包含以下程序：

a) 技术支持。对事故状况进行分析，为制定抢险救援方案提供技术支持。

b) 禁绝火源。切断事故区域内的强弱电源，熄灭火源，停运高热设备，落实防静电措施，使用无火花工具作业。

c) 现场供水。确定供水方案，选用可靠高效的供水车辆和装备，采取合理的供水方式和方法，保证消防用水量。

d) 稀释防爆。启用固定、半固定消防设施及移动消防装备，驱散积聚、流动的气体，稀释气体浓度，防止形成爆炸性混合物；对于液体泄漏，采用泡沫覆盖方式，降低泄漏的液相危险化学品的蒸发速度，缩小气云范围；对高温高压装置进行冷却抑爆。

e) 关阀堵漏。检查阀门情况，若阀门尚未损坏，可协助技术人员或在技术人员指导下，关闭阀门切断泄漏源；根据罐体、管道、阀门、法兰等的泄漏情况，采取相应堵漏方法实施堵漏。

f) 输转倒罐。在确保现场安全的条件下，合理采用惰性气体置换、压力差倒罐等方式转移事故容器中的危险化学品；对水面上的泄漏液体使用防爆抽吸泵、吸附垫等进行吸附、输转，或用分解剂降解驱散。

g) 主动点燃。当泄漏的气体物料有毒，或者容易积聚形成爆炸性混合气体，有可能造成人员中毒或爆炸等情况下，在确保安全的条件下可对具备点燃条件的泄漏气体实施主动点燃。

h) 洗消处理。在危险区和安全区交界处设置洗消站，对遇险人员进行洗消；行动结束后，对救援人员和器材装备进行洗消。

### 5.4.6 现场清理

现场清理主要包含以下程序：

a) 少量液体泄漏可用砂土、水泥粉、煤灰等吸附、掩埋；大量液体泄漏可用防爆泵抽吸或使用无火花容器收集，集中处理；

b) 用分解剂、蒸气或惰性气体清扫现场，特别是低洼地、下水道、沟渠等处，确保不留残液(气)；

c) 妥善处理污水污液，防止二次污染；

d) 对事故现场复查，确认现场已无遇险人员；

e) 做好登记统计，核实获救人数；

f) 清点救援人员，收集、整理器材装备；

g) 撤除警戒，做好移交，安全撤离。

## 5.5 机械设备事故救援作业规程

### 5.5.1 侦察检测

侦察检测主要包含以下程序：

a) 了解事故类别、事故现场及周边区域的道路、交通、水源等情况；

b) 了解遇险人员的位置、数量和伤亡情况；

c) 了解事故机械设备的主要特性；

d) 评估现场救援处置所需的人力、器材装备及其他资源。

### 5.5.2 警戒疏散

警戒疏散主要包含以下程序：

a) 根据侦察检测情况确定警戒范围，划定警戒区，设置警戒标志；

b) 疏散非救援人员，禁止无关车辆、人员进入现场；

c) 实施现场管理，视情况实行交通管制。

### 5.5.3 安全防护

安全防护主要包含以下程序：

a) 针对事故特点，采用相应的防护措施；

b) 救援人员应穿戴好个人防护装备；

c) 安全员对救援人员的安全防护进行检查，做好记录。

### 5.5.4 人员搜救及险情排除

人员搜救及险情排除主要包含以下程序：

a) 分析现场情况，充分考虑救助过程中可能存在的危险因素，确定救援行动方案；

b) 利用破拆、起重、撑顶、牵引等器材装备，采用合理的施救方法，救助遇险人员脱离困境；

c) 对事故造成燃油泄漏的，在破拆时应采用喷雾水枪实施掩护或喷射泡沫覆盖泄漏区域，防止因金属碰撞或破拆时产生的火花引起油蒸汽爆炸燃烧；

d) 遇险人员救出后交由医疗急救人员进行救护。

### 5.5.5 现场清理

现场清理主要包含以下程序：

a) 做好登记统计，核实获救人数；

b) 清点救援人员，收集、整理器材装备；

c) 撤除警戒，做好移交，安全撤离。

## 5.6 建（构）筑物倒塌救援作业规程

### 5.6.1 侦察检测

侦察检测主要包含以下程序：

a) 了解事故类别、事故现场及周边区域的道路、交通、水源等情况；

b) 了解遇险人员的位置、数量和伤亡情况；

c) 了解倒塌建筑的结构、布局、面积、高度、层数、使用性质、修建时间，发生倒塌的原因等情况；

d) 查明是否造成可燃气体管道泄漏、自来水管道破裂、停电等；

e) 通过外部观察和仪器检测，判断倒塌建筑结构的整体安全性，未倒塌部分是否还有再次倒塌的危险；

f) 评估现场救援处置所需的人力、器材装备及其他资源。

### 5.6.2 警戒疏散

警戒疏散主要包含以下程序：

a) 根据侦察检测情况确定警戒范围，划定警戒区，设置警戒标志；

b) 疏散非救援人员，禁止无关车辆、人员进入现场；

c) 实施现场管理，动态监测现场情况；

d) 规定安全撤离信号。

### 5.6.3 安全防护

安全防护主要包含以下程序：

a) 针对事故特点，采用相应的防护措施；

b) 救援人员应穿戴好个人防护装备；

c) 安全员对救援人员的安全防护进行检查，做好记录。

### 5.6.4 人员搜救及险情排除

人员搜救及险情排除主要包含以下程序：

a) 分析现场情况，充分考虑救助过程中可能存在的危险因素，确定救援行动方案；

b) 迅速清除障碍，开辟通道，建立抢险救援平台或前沿阵地；

c) 评估二次坍塌的可能性，采取救援气垫、方木、角钢等进行支撑保护；

d) 进一步侦察探测，确定遇险人员具体位置；

e) 尝试与遇险人员建立联系，如有呼吸问题，通过风机送风或吊放氧气（空气）瓶等方式，确保遇险人员能够正常呼吸；

f) 采用挖掘、破拆、起吊、起重、撑顶等方法进行施救，特殊情况下可调集工程机械到现场协助救援；

g) 对搜救区域、危险建筑结构或危险点、遇险人员位置等进行标记；

h) 遇险人员如受伤或不能行动，可采用躯/肢体固定气囊、包扎带等紧急包扎，使用多功能担架、伤员固定抬板等转移伤员，并交由医疗急救人员进行救护。

### 5.6.5 现场清理

现场清理主要包含以下程序：

a) 对事故现场复查，确认现场已无遇险人员；

b) 做好登记统计，核实获救人数；

c) 清点救援人员，收集、整理器材装备；

d) 撤除警戒，做好移交，安全撤离。

## 5.7 水域救援作业规程

### 5.7.1 侦察检测

侦察检测主要包含以下程序：

a) 了解事故类别、事故现场及周边区域的道路、交通等情况；

b) 了解溺水或受困人员情况，包括：溺水或受困时间、地点、人数等；

c) 了解水域温度、深度、水面宽度、水流方向、流速、水质浑浊程度、水面行驶船只等情况；

d) 了解岸边地形、地貌、建筑物等情况；

e) 了解前往溺水地点及孤岛的有效途径和方法；

f) 评估现场救援处置所需的人力、器材装备及其他资源。

### 5.7.2 警戒疏散

警戒疏散主要包含以下程序：

a) 根据侦察检测情况确定警戒范围，划定警戒区，设置警戒标志；

b) 疏散非救援人员，禁止无关船只、车辆、人员进入现场；

c) 实施现场管理，动态监测现场情况。

### 5.7.3 安全防护

安全防护主要包含以下程序：

a) 救援人员必须穿好救生衣、身系安全绳、戴水域救援头盔，携带口哨、灯具、切割装备等，在岸上人员的保护下入水；

b) 若需潜水救人时，须由专业潜水员着潜水服下水，并采取相应的安全措施；

c) 冲锋舟、橡皮艇下水时必须用安全绳保护；

d) 寒冷天气须考虑救援人员的防寒保暖；

e) 安全员对救援人员的安全防护进行检查，做好记录。

### 5.7.4 人员搜救及险情排除

人员搜救及险情排除主要包含以下程序：

a) 分析现场情况，充分考虑救助过程中可能存在的危险因素，确定救援行动方案。

b) 孤岛救援时，应优先考虑采用合理方式建立救生通道。冲锋舟、橡皮艇沿救生通道到达孤岛实施救援。如距离远、河水深、水流急，应使用较大船舶靠近孤岛，再施放冲锋舟救人。冲锋舟要用安全绳进行保护。

c) 溺水者救援时，根据实际情况划定搜索区域，利用冲锋舟、橡皮艇实施搜索，救援过程中应有保护措施。

d) 坠入水域车辆救援时，首先要击破车窗或打开车门救助车内人员，然后调用大型吊车到场，将落水车辆吊上路面。

e) 冰面塌陷人员掉入冰窖时，救援人员要穿戴救生衣、系安全绳，做好防寒保暖措施。

f) 上述救援过程中如需潜水抢救人员生命，须派受过专业训练的潜水队员下水作业，其他潜水作业应主要依托地方专业潜水队伍。

g) 被救上岸的溺水者，应迅速移交医疗急救人员进行救护。

### 5.7.5 现场清理

现场清理主要包含以下程序：

a) 对事故现场复查，确认现场已无遇险人员；

b) 做好登记统计，核实救援人数；

c) 清点人员，收集、整理器材装备；

d) 撤除警戒，做好移交，安全撤离。

## 5.8 野外救援作业规程

### 5.8.1 侦察检测

侦察检测主要包含以下程序：

a) 了解灾害事故类别,查明遇险人员所处位置,周围的地形、地貌、障碍物,以及有无救援器材的使用条件等情况;

b) 了解遇险人员的位置、数量和伤亡情况;

c) 掌握现场的天气、地质等情况;

d) 评估现场救援处置所需的人力、器材装备及其他资源。

### 5.8.2 警戒疏散

警戒疏散主要包含以下程序:

a) 根据侦察检测情况确定警戒范围,划定警戒区,设置警戒标志;

b) 疏散非救援人员,禁止无关车辆、人员进入现场;

c) 实施现场管理,动态监测现场情况。

### 5.8.3 安全防护

安全防护主要包含以下程序:

a) 救援人员个人防护装备佩戴齐全,携带野外通讯设备;

b) 救援人员应配备满足个人紧急用医疗救护包;

c) 救援人员应准备足够的食物和水;

d) 救援人员应携带地图、指南针、导航仪等装置,获取所需的地理信息;

e) 安全员对救援人员的安全防护进行检查,做好记录。

### 5.8.4 人员搜救及险情排除

人员搜救及险情排除主要包含以下程序:

a) 分析现场情况,充分考虑救助过程中可能存在的危险因素,确定救援行动方案;

b) 进一步侦察探测,确定遇险人员具体位置;

c) 采用正确的救援技术方法救出遇险人员;

d) 遇险人员如受伤或不能行动,可采用躯/肢体固定气囊、包扎带等紧急包扎,使用多功能担架、伤员固定抬板等转移伤员,交由医疗急救人员进行救护;

e) 情况危急、救援难度大时,请求调用飞机支援。

### 5.8.5 现场清理

现场清理主要包含以下程序:

a) 对事故现场复查,确认现场已无遇险人员;

b) 做好登记统计,核实获救人数;

c) 清点救援人员,收集、整理器材装备;

d) 撤除警戒,做好移交,安全撤离。

## 5.9 受限空间救援作业规程

### 5.9.1 侦察检测

侦察检测主要包含以下程序:

a) 了解事故类别、事故现场及周边区域的道路、交通、水源等情况;

b) 了解遇险人员的位置、数量和伤亡情况;

c) 了解受限空间的结构、设施等情况;

d) 检测受限空间内空气状况;

e) 评估现场救援处置所需的人力、器材装备及其他资源。

### 5.9.2 警戒疏散

警戒疏散主要包含以下程序:

a) 根据侦察检测情况确定警戒范围,划定警戒区,设置警戒标志;

b) 疏散非救援人员,禁止无关车辆、人员进入现场;

c) 实施现场管理,动态监测现场情况。

### 5.9.3 安全防护

安全防护主要包含以下程序:

a) 救援人员须佩戴有他救接头的呼吸器,携带备用逃生面罩、通信、照明以及绳索等器材装备。进行井下救援时,如井下有水,救援人员应着救生衣或潜水服装,并使用移动供气源。

b) 安全员对救援人员的安全防护进行检查,做好记录。

c) 与进入受限空间内的救援人员保持联系,时时掌握情况并做好接应准备。

### 5.9.4 人员搜救及险情排除

人员搜救及险情排除主要包含以下程序:

a) 分析现场情况,充分考虑救助过程中可能存在的危险因素,确定救援行动方案;

b) 对所需进入空间的空气进行持续性或者经常性地监测;

c) 进一步侦察探测,确定遇险人员具体位置;

d) 尝试与遇险人员建立联系,如有呼吸问题,通过风机送风或吊放氧气(空气)瓶等方式,确保遇险人员能够正常呼吸;

e) 采用破拆、撑顶、绳索救援等方法救助遇险人员;

f) 遇险人员如受伤或不能行动,可采用躯/肢体固定气囊、包扎带等紧急包扎,使用多功能担架、伤员固定抬板等转移伤员,交由医疗急救人员进行救护。

### 5.9.5 现场清理

现场清理主要包含以下程序:

a) 对事故现场复查,确认现场已无遇险人员;

b) 做好登记统计,核实获救人数;

c) 清点救援人员,收集、整理器材装备;

d) 撤除警戒,做好移交,安全撤离。

## 5.10 沟渠救援作业规程

### 5.10.1 侦察检测

侦察检测主要包含以下程序:

a) 了解事故类别、事故现场及周边区域的道路、交通等情况;

b) 了解遇险人员的位置、数量和伤亡情况;

c) 了解沟渠的土壤性质、结构与设施等情况;

d) 检测沟渠内的空气状况;

e) 评估现场救援处置所需的人力、器材装备及其他资源。

### 5.10.2 警戒疏散

警戒疏散主要包含以下程序：

a) 根据侦察检测情况确定警戒范围，划定警戒区，设置警戒标志；

b) 疏散非救援人员，禁止无关车辆、人员进入现场；

c) 实施现场管理，动态监测现场情况，若有二次坍塌的危险，应及时报警并撤离。

### 5.10.3 安全防护

安全防护主要包含以下程序：

a) 进入顶部敞开的沟渠的救援人员，须穿戴防护服装，携带照明、通信、绳索等器材装备；进入地下沟渠的救援人员须穿戴防护服装，佩戴有他救接头的呼吸器，携带备用逃生面罩、通信、照明以及绳索等器材装备；

b) 安全员对救援人员的安全防护进行检查，做好记录；

c) 与进入内部的救援人员保持联系，时时掌握情况并做好接应准备。

### 5.10.4 人员搜救及险情排除

人员搜救及险情排除主要包含以下程序：

a) 分析现场情况，充分考虑救助过程中可能存在的危险因素，确定救援行动方案；

b) 对所需进入空间的空气进行持续性或者经常性地监测；

c) 进一步侦察探测确定遇险人员具体位置；

d) 尝试与遇险人员建立联系，如有呼吸问题，通过风机送风或吊放氧气（空气）瓶等方式，确保遇险人员能够正常呼吸；

e) 采用挖掘、破拆、支护、绳索救援等方法救助遇险人员，特殊情况下可调集工程机械到现场协助救援；

f) 遇险人员如受伤或不能行动，可采用躯/肢体固定气囊、包扎带等紧急包扎，使用多功能担架、伤员固定抬板等转移伤员，交由医疗急救人员进行救护。

### 5.10.5 现场清理

现场清理主要包含以下程序：

a) 对事故现场复查，确认现场已无遇险人员；

b) 做好登记统计，核实获救人数；

c) 清点救援人员，收集、整理器材装备；

d) 撤除警戒，做好移交，安全撤离。

ICS 13.22.10
C 83

# 中华人民共和国国家标准

GB/T 35547—2017

## 乡 镇 消 防 队

Rural fire department

2017-12-29 发布

2018-07-01 实施

中华人民共和国国家质量监督检验检疫总局
中国国家标准化管理委员会 发布

# 前　言

本标准按照 GB/T 1.1—2009 给出的规则起草。

本标准由中华人民共和国公安部提出。

本标准由全国消防标准化技术委员会(SAC/TC 113)归口。

本标准负责起草单位：公安部消防局。

本标准参加起草单位：广东省公安消防总队、重庆市公安消防总队、浙江省公安消防总队、吉林省公安消防总队、贵州省公安消防总队、福建省公安消防总队、内蒙古自治区公安消防总队、中国城市建设研究院建筑院。

本标准主要起草人：司戈、王宝伟、张国庆、靳威、李金明、王富尧、李大超、姜小勤、李汕、赵胜权、马金桩、潘宏。

# 引　言

乡镇消防队在乡镇、农村承担火灾扑救、应急救援和其他消防安全工作,是覆盖城乡的灭火救援力量体系的重要组成部分。为适应新型城镇化建设,充分体现乡镇、农村的实际情况和阶段性特点,分类指导各地推进乡镇消防队建设管理,制定本标准。

# 乡 镇 消 防 队

## 1 范围

本标准规定了乡镇消防队的术语和定义、总则、选址、建队要求、项目构成、房屋建筑、建设用地、装备配备、人员配备、执勤管理。

本标准适用于地方人民政府建立的乡镇专职消防队、志愿消防队,村民委员会、居民委员会建立的志愿消防队可参照使用。

## 2 规范性引用文件

下列文件对于本文件的应用是必不可少的。凡是注日期的引用文件,仅注日期的版本适用于本文件。凡是不注日期的引用文件,其最新版本(包括所有的修改单)适用于本文件。

GB/T 3181　漆膜颜色标准

GB 8108　车用电子警报器

GB 13954　警车、消防车、救护车、工程救险车标志灯具

GB 50011　建筑抗震设计规范

GB 50015　建筑给水排水设计规范

GB 50016　建筑设计防火规范

GB 50313　消防通信指挥系统设计规范

GBZ 221　消防员职业健康标准

建标 152　城市消防站建设标准

GA 856(所有部分)　合同制消防员制式服装

## 3 术语和定义

下列术语和定义适用于本文件。

3.1

**乡镇消防队　rural fire department**

地方人民政府建立的在乡镇、农村承担火灾扑救、应急救援和其他消防安全工作的消防组织。

3.1.1

**乡镇专职消防队　rural career fire department**

专职消防员占半数以上,承担乡镇、农村火灾扑救和其他消防安全工作,并按照国家规定承担重大灾害事故和其他以抢救人员生命为主的应急救援工作的消防组织。

3.1.2

**乡镇志愿消防队　rural volunteer fire department**

志愿消防员占半数以上,承担乡镇、农村火灾扑救、应急救援和其他消防安全工作的消防组织。

3.2

**乡镇消防员　rural firefighter**

在乡镇消防队从事火灾扑救、应急救援和其他消防安全工作的人员。

3.2.1

**乡镇专职消防员 rural career firefighter**

在乡镇消防队专职从事火灾扑救、应急救援和其他消防安全工作的人员。

3.2.2

**乡镇志愿消防员 rural volunteer firefighter**

在乡镇消防队志愿从事火灾扑救、应急救援和其他消防安全工作的人员。

## 4 总则

4.1 乡镇消防队应纳入城镇体系规划、镇（乡）规划及消防专项规划，统筹建设，规范管理。

4.2 乡镇消防队应承担以下任务：

    a) 火灾扑救和应急救援；

    b) 消防安全检查和消防宣传教育培训；

    c) 地方政府和有关部门交办的其他消防安全工作。

4.3 乡镇消防队的建设管理，应遵循安全实用、经济合理和利于执勤值班、方便生活的原则。

## 5 选址

5.1 乡镇消防队应设在辖区内的适中位置和便于车辆迅速出动的临街地段，并宜设在独立的院落内。

5.2 乡镇消防队的消防车辆出入口两侧宜设置交通信号灯、标志、标线或隔离设施，距医院、学校、幼儿园、托儿所、影剧院、商场、体育场馆、展览馆等公共建筑的主要疏散出口和公交站台以及加油站、加气站等易燃易爆危险场所的距离不应小于 100 m。

5.3 乡镇消防队辖区内有生产、贮存危险化学品单位的，乡镇消防队应设置在常年主导风向的上风或侧风处，其边界距生产、贮存危险化学品单位不宜小于 300 m。

5.4 乡镇消防队的消防车库门应朝向道路并后退红线不小于 12 m，满足消防车辆的转弯半径要求。

5.5 乡镇消防队的消防车出动通道不应为上坡。

## 6 建队要求

### 6.1 分类分级

6.1.1 乡镇消防队分为乡镇专职消防队和乡镇志愿消防队两类。

6.1.2 乡镇专职消防队分为一级乡镇专职消防队和二级乡镇专职消防队。

### 6.2 适用

6.2.1 距公安消防队较远的乡镇，应按 6.2.2～6.2.4 的规定建立乡镇消防队。经济发达、城镇化水平较高地区的乡镇消防队，以及相邻乡镇联合建立的乡镇消防队，宜按照建标 152 建设管理。

    注：距公安消防队较远，是指公安消防队接到出动指令后到达该乡镇的时间超过 5 min。

6.2.2 符合下列情况之一的，应建立一级乡镇专职消防队：

    a) 建成区面积超过 2 km² 或者建成区内常住人口超过 10 000 人的全国重点镇；

    b) 建成区面积超过 4 km² 或者建成区内常住人口超过 20 000 人的其他乡镇；

    c) 易燃易爆危险品生产、经营单位或劳动密集型企业集中的其他乡镇；

    d) 中国历史文化名镇。

6.2.3 符合下列情况之一的，应建立二级乡镇专职消防队：

a) 6.2.2 a)以外的其他全国重点镇；

b) 省级重点镇、中心镇；

c) 建成区面积 2 km² ～ 4 km² 或者建成区内常住人口 10 000 ～ 20 000 人的其他乡镇；

d) 经济较为发达、人口较为集中的其他乡镇。

6.2.4 属于 6.2.2 和 6.2.3 规定以外的乡镇，应建立乡镇志愿消防队。

## 7 项目构成

7.1 乡镇消防队的建设项目由场地、房屋建筑、装备等组成。

7.2 乡镇消防队的场地，主要是指室外训练场。

7.3 乡镇消防队的房屋建筑，包括业务用房、业务附属用房和辅助用房。其中，业务用房包括：消防车库、通信值班室、器材库、体能训练室、清洗（烘干）室、训练塔等；业务附属用房包括：备勤室、会议（学习）室；辅助用房包括：餐厅、厨房、浴室、厕所、盥洗室。

7.4 消防车库的车位数应符合表1的规定，每个车位的面积宜为 60 m²，并可根据需要增设备用车位。

表 1 车库的车位数量
单位为个

| 一级乡镇专职消防队 | 二级乡镇专职消防队 | 乡镇志愿消防队 |
| --- | --- | --- |
| 3 | 2 | 1 |

7.5 乡镇消防队可根据需要增设消防安全管理办公室、消防宣传教育陈列室等用房。

7.6 乡镇消防队的场地和房屋建筑，可在满足使用功能需要的前提下与其他单位合用。

## 8 房屋建筑

8.1 乡镇消防队业务用房、业务附属用房和辅助用房的使用面积可参照表2确定。

表 2 业务用房、业务附属用房和辅助用房的使用面积
单位为平方米

| 房屋类别 | 名称 | 一级乡镇专职消防队 | 二级乡镇专职消防队 | 乡镇志愿消防队 |
| --- | --- | --- | --- | --- |
| 业务用房 | 消防车库 | 180 | 120 | 60 |
| | 通信值班室 | 10～20 | 10～20 | 10～20 |
| | 器材库 | 50～70 | 30～50 | 10～30 |
| | 体能训练室 | 20～40 | 20～30 | 20～30 |
| | 清洗（烘干）室[a] | 20～40 | 20～30 | 10～20 |
| | 训练塔[a] | 120 | 120 | 120 |
| 业务附属用房 | 备勤室 | 50～90 | 30～50 | 20～30 |
| | 会议（学习）室 | 40 | 30 | 10～20[a] |
| 辅助用房 | 餐厅、厨房 | 40 | 30 | 10～20[a] |
| | 浴室 | 20 | 15 | 10 |
| | 厕所、盥洗室 | 20 | 15 | 10 |
| 合计 | | 430～520 | 300～360 | 140～190 |
| [a] 该项要求可根据当地实际情况自行确定。 | | | | |

8.2　乡镇消防队的建筑面积应符合下列规定：

a)　一级乡镇专职消防队 600 m²～700 m²；

b)　二级乡镇专职消防队 400 m²～500 m²；

c)　乡镇志愿消防队 200 m²～250 m²。

注：设有表 2 中选项用房或者消防安全管理办公室、消防宣传教育陈列室等用房和备用车位时，可适当增加建筑面积。

8.3　建筑构造应符合下列规定：

a)　一级乡镇专职消防队宜采用独立设置的单层或多层建筑。二级乡镇专职消防队、乡镇志愿消防队附设在其他单层或多层建筑内时应自成一区，并设专用出入口。

b)　乡镇消防队建筑的防火设计，应符合 GB 50016 的有关规定。建筑物的耐火等级不应低于二级；附设在其他建筑物中的，应采用耐火极限不低于 2.00 h 的隔墙和不低于 1.50 h 的楼板与其他部位隔开，并有独立的功能分区。

c)　乡镇消防队建筑物位于抗震设防烈度为 6 度～9 度地区的，应按乙类建筑进行抗震设计，并应按本地区设防烈度提高 1 度采取抗震构造措施。其中，位于抗震设防烈度 8 度～9 度地区乡镇消防队的消防车库的框架、门框、大门等影响消防车出动的重点部位，应按 GB 50011 的有关规定进行抗震变形验算。

d)　乡镇消防队建筑物内的走道、楼梯等供出动用通道的净宽，单面布房时不应小于 1.4 m，双面布房时不应小于 2.0 m，楼梯梯段净宽不应小于 1.4 m。通道和楼梯两侧的墙面应平整、无突出物，地面应采用防滑材料。楼梯踏步高度宜为 0.15 m～0.16 m，宽度宜为 0.28 m～0.30 m，楼梯两侧应设扶手，楼梯倾角不应大于 30°。

e)　乡镇消防队建筑外观、装修、采暖通风空调和给排水设施的设置，应符合下列规定：

——建筑外观应主题鲜明，造型庄重简洁，宜采用体现消防工作特点的装修风格，具有明确的标识性和可识别性，并应与周边环境相协调；

——内装修应适应乡镇消防员的生活和训练需要，并宜采用色彩明快和容易清洗的装修材料；

——位于采暖地区的乡镇消防队应按国家有关规定设置采暖设施，最热月平均温度超过 25 ℃ 地区的乡镇消防队备勤室、通信值班室、餐厅、体能训练室等宜设空调等降温设施，或预留安装空调等降温设施的位置；

——乡镇消防队建筑的生活给排水设计，应按 GB 50015 的有关规定执行；

——乡镇消防队的训练场或消防车库内宜设置取水用的室外消火栓或墙壁消火栓。

f)　乡镇消防队建筑的供电负荷等级不宜低于二级，应设火灾报警受理电话和电视、网络、广播系统，并按照规定设置应急照明系统。

8.4　消防车库应保障消防车辆停放、出动和维护保养需要，并符合下列条件：

a)　应布置在建筑物正面一层便于车辆迅速出动的部位；

b)　车库内消防车外缘之间的净距不应小于 2.0 m，消防车外缘至边墙、柱表面的距离不应小于 1.0 m，消防车外缘至后墙表面的距离不应小于 2.5 m，消防车外缘至前门垛的距离不应小于 1.0 m，车库的净高不应小于 4.5 m，且不应小于所配消防车最大车高加 0.3 m；

c)　车库门应按每个车位独立设置，并宜设自动开启装置。车库门的宽度不应小于 3.5 m，高度不应小于 4.3 m；

d)　宜设 1 个修理间和 1 个检修地沟。修理间应采用防火墙、防火门与其他部位隔开，并不宜靠近通信值班室；

e)　应设置车辆充气、充电和废气排放的设施；

f)　内外地面及沟、管盖板的承载能力应按最大吨位消防车的满载轮压进行设计，车库应设倒车定位、限高装置；

g) 地面和墙面应便于清洗,地面应有排水设施。

8.5 通信值班室设置应符合下列规定:

a) 宜设置在消防车库旁边,火警受理终端台应设在便于观察消防车辆出动情况的位置;

b) 地面应设置防水层,并应铺设防静电地板;

c) 墙面应设置不少于 5 个电源插座,且不宜设置在同一墙面上;

d) 火警电话呼入线路和设备、供电、防雷与接地、综合布线、防静电、照度、室内温、湿度等应符合 GB 50313 的有关规定。

8.6 器材库设置应符合下列规定:

a) 宜设置在一楼,各存储分区之间的通道和间隔应合理设置;

b) 应通风良好并保持干燥,门窗应开关灵活、密封性好;

c) 地面应采用耐磨、不起灰砂、强度较高的面层材料,并应采取防潮措施。

8.7 体能训练室设置应符合下列规定:

a) 净高不宜低于 2.8 m;

b) 地面宜选用耐擦洗的木地板或橡胶底座的塑料地板;

c) 墙面、顶棚和地面宜采取隔声、减噪、隔振措施;

d) 训练设施的配置应保障两组人员同时开展训练。

8.8 备勤室设置应符合下列规定:

a) 应有良好的朝向,宜靠近卫生间,且应有通往消防车库的直接通道,通道净宽不应小于 2.0 m;

b) 不应设在 3 层或 3 层以上;

c) 单个备勤室的床位数不宜超过 8 个,条件许可时宜在备勤室内设置独立的卫生间;

d) 备勤室内两个单床长边之间的距离不应小于 0.6 m,两床床头之间的距离不应小于 0.1 m,两排床或床与墙之间的走道宽度不应小于 1.2 m;

e) 应按人数设置固定的个人用品柜。

8.9 餐厅、厨房宜设置于首层,并宜有通往消防车库的通道。餐厅的门宽、门高应满足紧急情况下快速出动的要求,并应向外开启,地面应采取防滑措施。

8.10 浴室、盥洗室应与备勤室处于同一楼层,浴室内宜设有独立的更衣区域,并设置必要的取暖、通风和给排水设施。

8.11 厕所应设前室或经盥洗室进入,前室和盥洗室的门不宜与备勤室相对。卫生设备的数量参见 GBJ 36 的内容,并设 1 个女厕位。

8.12 清洗(烘干)室应有良好的通风,并应设置地漏。

8.13 训练塔宜设置在靠近训练场地尽端的位置。

# 9 建设用地

9.1 乡镇消防队的建设用地面积,应根据建筑占地面积、绿地、道路和室外训练场地面积等确定。

9.2 乡镇消防队的建设用地面积应符合下列规定:

a) 一级乡镇专职消防队 1 000 m² ~ 1 200 m²;

b) 二级乡镇专职消防队 700 m² ~ 850 m²;

c) 乡镇志愿消防队 350 m² ~ 500 m²。

注:设有表 2 中选项用房或者消防安全管理办公室、消防宣传教育陈列室和备用车位以及篮球场等活动场地时,可适当增加建设用地面积。

## 10 装备配备

10.1 乡镇消防队的装备,包括灭火救援装备、通信装备、训练装备和通用装备等。

10.2 乡镇消防队的装备配备,应满足扑救本辖区内火灾和应急救援的需要。经济发达、城镇化水平较高地区的乡镇消防队和相邻乡镇联合建立的乡镇消防队,宜按照建标152配备装备。

10.3 乡镇消防队的消防车辆配备,应符合表3的规定。水罐消防车的载水量不应小于1.5 t。

表3 乡镇消防队配备车辆 单位为辆

| 消防车种类 | 一级乡镇专职消防队 | 二级乡镇专职消防队 | 乡镇志愿消防队 |
|---|---|---|---|
| 水罐消防车 | ≥1 | ≥1 | ≥1ᵃ |
| 其他灭火消防车或专勤消防车 | 1 | 1ᵃ | 1ᵃ |
| 消防摩托车 | 2ᵃ | 1ᵃ | 1 |
| ᵃ 该项要求可根据当地实际情况自行确定。 | | | |

10.4 乡镇消防队水罐消防车的随车器材配备不应低于表4的规定,可根据实际情况选配其他装备。消防摩托车应根据需要配备相应随车器材。消防枪炮、输水器材及附件等主要灭火器具的工作压力及流量应相匹配。

表4 水罐消防车随车器材配备标准

| 序号 | 器 材 名 称 | 数 量 |
|---|---|---|
| 1 | 直流水枪 | 4 支 |
| 2 | 多功能消防水枪 | 2 支 |
| 3 | 水带 | 240 m～400 m |
| 4 | 水带挂钩 | 6 个 |
| 5 | 水带包布 | 4 个 |
| 6 | 水带护桥 | 4 个 |
| 7 | 分水器 | 2 个 |
| 8 | 异型接口 | 4 个 |
| 9 | 异径接口 | 4 个 |
| 10 | 机动消防泵(手抬泵或浮艇泵) | 1 台 |
| 11 | 集水器 | 1 个 |
| 12 | 吸水管 | 8 m |
| 13 | 吸水管扳手 | 2 把 |
| 14 | 消火栓扳手 | 2 把 |
| 15 | 多功能挠钩 | 1 套 |
| 16 | 强光照明灯 | 4 具 |

表 4（续）

| 序号 | 器 材 名 称 | 数 量 |
|------|-----------|-------|
| 17 | 消防斧 | 2把 |
| 18 | 单杠梯 | 1架 |
| 19 | 两节拉梯 | 1架 |
| 20 | 手动破拆工具组 | 1套 |
| 21 | 干粉灭火器 | 3具 |

10.5 乡镇消防队可结合实际配备抢险救援器材和其他装备，配备标准不宜低于表5的规定。

表 5 抢险救援器材配备标准

| 序号 | 器 材 名 称 | 数 量 |
|------|-----------|-------|
| 1 | 手持扩音器 | 1个 |
| 2 | 各类警示牌 | 1套 |
| 3 | 闪光警示灯 | 2个 |
| 4 | 隔离警示带 | 5盘 |
| 5 | 液压破拆工具组 | 1套 |
| 6 | 机动链锯 | 1具 |
| 7 | 无齿锯 | 1具 |
| 8 | 绝缘剪断钳 | 2把 |
| 9 | 救生缓降器 | 2个 |
| 10 | 消防过滤式自救呼吸器 | 10具 |
| 11 | 救援支架 | 1组 |
| 12 | 医药急救箱 | 1个 |
| 13 | 两节拉梯 | 1架 |
| 14 | 消防专用救生衣 | 6件 |
| 15 | 外壳内充式救生圈 | 6个 |
| 16 | 气动起重气垫 | 1套 |

10.6 乡镇消防员防护装备的配备参见 GA 621 的内容，并不应低于表6的规定；正压式消防空气呼吸器的配备数量可适当减少，但应保证本队乡镇专职消防员和同一时间参加值班备勤的乡镇志愿消防员每人一具。

表 6 乡镇消防员防护装备配备标准

| 序号 | 器 材 名 称 | 配备标准 | |
|------|-----------|---------|---------|
| | | 数量 | 备份比例 |
| 1 | 消防头盔 | 1顶/人 | 4∶1 |
| 2 | 消防员灭火防护服 | 1套/人 | 2∶1 |

表 6（续）

| 序号 | 器 材 名 称 | 配备标准 | |
| --- | --- | --- | --- |
| | | 数量 | 备份比例 |
| 3 | 消防手套 | 2 副/人 | 2：1 |
| 4 | 消防安全腰带 | 1 根/人 | 4：1 |
| 5 | 消防员灭火防护靴 | 1 双/人 | 4：1 |
| 6 | 消防通用安全绳 | 4 根/队 | 1：1 |
| 7 | 正压式消防空气呼吸器 | 1 具/人 | 5：1 |
| 8 | 佩戴式防爆照明灯 | 1 个/人 | 6：1 |
| 9 | 消防员呼救器 | 1 个/人 | 4：1 |
| 10 | 方位灯 | 1 个/人 | 4：1 |
| 11 | 消防轻型安全绳 | 1 根/人 | 4：1 |
| 12 | 消防腰斧 | 1 把/人 | 5：1 |
| 13 | 抢险救援头盔 | 1 顶/人 | 4：1 |
| 14 | 抢险救援手套 | 1 副/人 | 4：1 |
| 15 | 抢险救援服 | 1 套/人 | 4：1 |
| 16 | 抢险救援靴 | 1 双/人 | 4：1 |
| 17 | 消防员灭火防护头套 | 1 个/人 | 2：1 |
| 18 | 消防坐式半身安全吊带或<br>消防全身式安全吊带 | 2 根/队 | 2：1 |
| 19 | 手提式强光照明灯 | 4 具/队 | 1：1 |
| 20 | 消防护目镜 | 1 个/人 | 5：1 |
| 21 | 消防员防蜂服 | 2 套/队 | 1：1 |

10.7 乡镇消防队应结合实际选择配备通信摄影摄像器材，并不宜低于表 7 的规定。

表 7 乡镇消防队通信摄影摄像器材配备标准

| 类别 | 器 材 名 称 | 配备标准 |
| --- | --- | --- |
| 通信器材 | 基地台[a] | 1 台/队 |
| | 车载台 | 1 台/车 |
| | 对讲机 | 2 台/班 |
| | | 1 台/人 |
| 摄影摄像器材 | 数码相机 | 1 台/队 |
| | 摄像机[a] | 1 台/队 |
| [a] 该项要求可根据当地实际情况自行确定。 | | |

10.8 乡镇消防队的消防水带、灭火剂等易损耗装备，应按照不低于投入执勤配备量 1：1 的比例保持库存备用量。

## 11 人员配备

### 11.1 人员数量

乡镇专职消防员和乡镇志愿消防员的数量不应低于表8的规定。

表 8 乡镇消防员数量
单位为名

| 项目 | 一级乡镇专职消防队 | 二级乡镇专职消防队 | 乡镇志愿消防队 |
|---|---|---|---|
| 乡镇消防员 | ≥15 | ≥10 | ≥8 |
| 其中乡镇专职消防员 | ≥8 | ≥5 | ≥2 |

### 11.2 人员构成

11.2.1 乡镇消防队应设正、副队长各1名。

11.2.2 乡镇消防队每班次的执勤人员配备,可按执勤消防车每台平均定员4名确定,其中包括1名班(组)长和1名驾驶员,其他人员配备应按有关规定执行。

11.2.3 乡镇消防队应明确1名通信员、1名安全员;乡镇志愿消防队的通信员可兼任安全员。

### 11.3 岗位职责

11.3.1 乡镇消防队的队长、副队长应履行以下职责:
 a) 组织指挥火灾扑救和应急救援;
 b) 组织制定和落实执勤、管理制度,掌握人员和装备情况,组织开展灭火救援业务训练、落实安全措施;
 c) 组织熟悉所在乡镇、农村的道路、水源和单位情况以及灭火救援预案,掌握常见火灾及其他灾害事故的特点及处置对策,组织建立业务资料档案;
 d) 组织开展消防安全检查、消防宣传教育培训;
 e) 及时报告工作中的重要情况;
 f) 副队长协助队长工作,队长离开工作岗位时履行队长职责。

11.3.2 乡镇消防队的班(组)长应履行以下职责:
 a) 组织指挥本班(组)开展火灾扑救和应急救援;
 b) 掌握所在乡镇、农村的道路、水源、单位情况和常见火灾及其他灾害事故的处置程序及行动要求,熟悉灭火救援预案;
 c) 熟悉装备性能和操作使用方法,落实维护、保养;
 d) 组织开展消防安全检查、消防宣传教育培训;
 e) 管理本班(组)人员,确定任务分工。

11.3.3 乡镇消防队的驾驶员应履行以下职责:
 a) 熟悉所在乡镇、农村的道路、水源、单位情况,熟悉灭火救援预案;
 b) 熟悉消防车辆的构造及车载固定灭火救援装备的技术性能,掌握操作使用方法,能够排除一般故障;
 c) 负责消防车辆和车载固定灭火救援装备的维护保养,及时补充油、水、电、气和灭火剂。

11.3.4 乡镇消防队的通信员应履行以下职责:
 a) 接收灾害事故报警求助或地方政府、公安机关及其消防机构的指令,立即发出出动信号,并做好记录；

    b) 熟练使用和维护通信装备，及时发现故障并报修；

    c) 掌握所在乡镇、农村的道路、水源、单位情况，熟记通信用语和有关单位、部门的联系方法；

    d) 及时整理灭火与应急救援工作档案；

    e) 及时向值班队长报告工作中的重要情况。

**11.3.5** 乡镇消防队的战斗员应履行以下职责：

    a) 根据职责分工，完成火灾扑救和应急救援任务；

    b) 熟悉所在乡镇、农村的道路、水源和单位情况；

    c) 保持个人防护装备和负责保养装备完整好用，掌握装备性能和操作使用方法；

    d) 参加消防安全检查、消防宣传教育培训。

**11.3.6** 乡镇消防队的安全员应履行以下职责：

    a) 掌握有关安全常识和防护技能；

    b) 熟悉各类防护装备操作和检查方法，检查安全防护器材和安全防护措施；

    c) 掌握现场警戒、安全撤离方法和要求，遇有突发险情及时发出撤离信号、清点核查人数等。

## 11.4 从业条件和待遇

**11.4.1** 乡镇消防员应具有初中以上文化程度，身体健康，年满18周岁。

**11.4.2** 乡镇消防员上岗前应经健康体检，身体条件应符合GBZ 221的规定。

**11.4.3** 乡镇专职消防员应取得与其岗位职责相适应的国家职业资格。

**11.4.4** 乡镇专职消防员的工资待遇应与其承担的高危险性职业相适应，并按照有关规定落实社会保险、人身意外伤害保险、工作津贴和补助、伤残抚恤待遇等；乡镇志愿消防员应享受必要的交通、食宿津贴。

# 12 执勤管理

## 12.1 日常管理

**12.1.1** 乡镇专职消防队由地方政府或者公安机关管理，达到建标152标准的，可委托公安机关消防机构管理。乡镇志愿消防队由乡镇政府或者公安派出所管理。

**12.1.2** 乡镇专职消防队的经费保障宜参照事业单位管理。

**12.1.3** 乡镇消防员应经培训考核合格后上岗，并每年进行在岗培训和考核。乡镇专职消防员的培训时间不少于240标准学时，学习消防法律法规、火灾预防和扑救及应急救援业务，开展体能和消防技能训练；乡镇志愿消防员的培训时间和培训内容由省或市级公安机关消防机构参照国家职业技能标准确定。

**12.1.4** 乡镇消防队应建立健全日常管理制度，落实考核奖惩。

**12.1.5** 乡镇消防队应建立安全防事故制度，定期开展安全防事故检查，及时消除不安全因素。

**12.1.6** 乡镇专职消防员应按照GA 856的要求统一着装。

## 12.2 执勤训练

**12.2.1** 乡镇消防队应建立值班备勤制度，分班编组执勤，确保24 h值班（备勤），值班驾驶员数量不应少于执勤消防车总数。乡镇志愿消防队每班应保证至少3名人员在队值班，包括队长、驾驶员、通信员（安全员），其他值班人员可在队外备勤。

**12.2.2** 乡镇消防队可参照《公安消防部队执勤战斗条令》、《公安消防部队灭火救援业务训练与考核大纲（试行）》建立执勤训练制度，开展业务训练，规范执勤行动。

12.2.3 乡镇消防队应建立器材装备检查保养制度,定期检查、及时维护保养。

12.2.4 乡镇消防队接到灾害事故报警求助或地方政府、公安机关及其消防机构的指令后,应立即出动赶赴现场处置;乡镇消防队受非公安机关消防机构调派出动的,应及时将出动信息报告当地公安机关消防机构。

12.2.5 乡镇消防队宜接入当地 119 消防通信指挥系统,接受当地公安机关消防机构的统一调度。

## 12.3 称谓和标识

12.3.1 乡镇消防队的称谓:××(市、县、区)××乡(镇)专职(志愿)消防队。

12.3.2 乡镇消防队的消防车辆(艇)应纳入特种车(艇)管理范围,按特种车辆(艇)上牌,警报器和标志灯具配备应符合 GB 8108 和 GB 13954 的规定;车身应喷涂符合 GB/T 3181 规定的 R03 大红色,在显著位置喷涂"消防"字样或标志图案;车辆前门适当位置设置车辆编号。

12.3.3 乡镇消防员灭火防护服、抢险救援服的背面和消防头盔、抢险救援头盔的侧面统一喷涂"××(乡镇名称简称)乡(镇)消防"。

参 考 文 献

[1] GBJ 36　宿舍建筑设计规范
[2] GA 621　消防员个人防护装备配备标准
[3] 公安消防部队执勤战斗条令.公安部,2009 年 5 月 16 日.
[4] 公安消防部队灭火救援业务训练与考核大纲(试行).公安部消防局,2009 年 6 月 3 日.

ICS 13.220.01
C 80

# 中华人民共和国公共安全行业标准

GA/T 620—2006

# 消防职业安全与健康

Fire department occupational safety and health

2006-04-28 发布
2006-06-01 实施

中华人民共和国公安部  发 布

# 前　言

本标准参考了美国消防协会标准 NFPA 1500《消防职业安全与健康》(2002 版)。

本标准的附录 A、附录 B、附录 C、附录 D、附录 G 为规范性附录，附录 E、附录 F 为资料性附录。

本标准由公安部消防局提出。

本标准由全国消防标准化技术委员会第九分技术委员会归口。

本标准由北京市公安局消防局起草。

本标准主要起草人：骆原、崔荣华、胡锐、陈国良、王鹏翔、赵英然、袁春、曹建旺、孙文中、谭林峰、于永林、李跃生、李翔、李建春、张建国、郭晓峰、庞淑芹。

本标准为首次发布。

# 引　言

　　随着社会经济的发展,我国消防组织的职责从火灾扑救扩展到执行抢险救援任务和提供社会服务等诸多方面。随着消防服务范围的逐步扩大,消防员所承担的职业安全风险也不断增多,作为一个频繁从事高危作业的群体,他们在执行火灾扑救和抢险救援任务以及日常训练时不得不经常和高温、有毒烟气、有毒危险品、有坍塌危险的建筑物、爆炸物等危险源发生频繁接触,很容易发生伤残事故和患各类职业病。我国消防组织急需有一部行业性职业安全与健康标准,为消防员的人身安全、装备安全提供科学的管理体系和规范性的技术指导,以促进消防组织的稳定和战斗力的提高。

　　制定本标准的目的是为了在消防组织的训练、灭火、抢险救援及特殊行动中引进预防为主的管理理念,消除各种事故和疾病隐患,严格控制风险,减少、防止意外事故的发生,降低消防员伤残和患职业病的可能性,同时为消防员个人及群体的健康管理提供可遵循的制度和准则。

　　本标准兼顾了我国现役制公安消防部队和非现役制消防队伍的实际情况和特点,与公安消防部队已下达或颁布的安全与健康管理规章制度协调一致。

# 消防职业安全与健康

## 1 范围

本标准规定了消防职业安全与健康的术语和定义,辨识了消防组织在日常训练和进行灭火救援作业时可能遭遇的危险因素,并针对这些危险因素提出了相应的预防和控制措施,同时也为消防组织的群体及个人健康的管理提出了方案和要求。

本标准适用于公安消防部队在从事日常训练、火灾扑救、抢险救援、紧急事件处理以及其他相关活动时的职业安全与健康管理,地方政府专职消防队、企业专职消防队、民间消防组织和消防保安队等其他形式的消防组织可参照执行。

本标准包含了消防职业安全与健康管理的最低要求,鼓励消防组织在采用本标准时按比本标准更高的要求执行。

## 2 规范性引用文件

下列文件中的条款通过本标准的引用而成为本标准的条款。凡是注日期的引用文件,其随后所有的修改单(不包括勘误的内容)或修订版均不适用于本标准,然而,鼓励根据本标准达成协议的各方研究是否可使用这些文件的最新版本。凡是不注日期的引用文件,其最新版本适用于本标准。

GB 3836.3　爆炸性气体环境用电气设备　第 3 部分:增安型"e"

GB 6246　有衬里消防水带性能要求和试验方法

GB 7000.13　手提灯安全要求

GB 7956　消防车消防性能要求和试验方法

GB 8181　消防水枪

GB 8982　医用氧

GB/T 12553　消防船消防性能要求和试验方法

GB/T 16180　职工工伤与职业病致残程度鉴定

GB/T 17906　液压破拆工具通用技术条件

GB/T 18664　呼吸防护用品的选择、使用与维护

GA 6　消防员灭火防护靴

GA 7　消防手套

GA 10　消防员灭火防护服

GA 44　消防头盔

GA 88　消防隔热服性能要求及试验方法

GA 124　正压式消防空气呼吸器

GA 137　消防梯通用技术条件

GA 138　消防斧

GA 401　消防员呼救器

GA 494　消防用防坠落装备

GA 621　消防员个人防护装备配备标准

GA 622　消防特勤队(站)装备配备标准

MT 867　隔绝式正压氧气呼吸器

## 3 术语和定义

下列术语和定义适用于本标准。

3.1

**消防组织 firefighting organization**

实施灭火战斗、抢险救援、社会服务和其他相关活动的各级公安消防部队、地方政府专职消防队、企业专职消防队、民间消防组织和消防保安队的统称。

3.2

**消防员 fireman**

隶属于消防组织,履行消防组织的职责和任务的人员。

3.3

**风险 risk**

危险性事件发生的可能性及其对人员和财产造成的损伤或损害严重度的结合。

3.4

**风险管理 risk management**

为了最大限度的减少风险对某个机构的有害影响,对该机构的资源和活动进行策划、组织、指导和控制的过程。

3.5

**训练安全员 training safety observer**

由训练指挥官指定,负责观察训练现场的安全状态、对受训人员实施安全保护措施的人员。

3.6

**现场安全员 incident safety observer**

由现场总指挥指定,负责观察灭火救援现场的安全状态,为现场作业人员提供安全保障的人员。

3.7

**退役 retirement**

对于安全技术性能不符合执勤训练和灭火救援工作的要求,但具备展示、教学价值的装备的处理方式。

3.8

**报废 end-of-life disposal**

对于安全技术性能既不符合执勤训练和灭火救援工作的要求,又不具备展示、教学价值,维修成本接近装备原值或经过维修仍不能保证安全使用性能必须作解体销毁或原材料回收的装备的处理方式。

3.9

**暴露 exposure**

人员、动物、环境和设备与危险品接触并受到危险品侵害的过程。暴露的严重程度取决于暴露持续的时间和危险品的浓度。

3.10

**危险源 hazard**

可能导致伤害、疾病、财产损失、环境破坏或这些情况组合的根源或状态。

3.11

**危险区 hazard zone**

直接环绕事件发生现场的区域,这个区域的范围应足以防止区域内的危险源对该区域以外的人员造成不利影响。区域的外围线为作业线,只有参与事件处理行动、且佩戴有全套防护装备的人员才能进入这个区域。

3.12

**安全区 safe zone**

直接环绕危险区的区域,该区域内的人员和装备为进入危险区的人员提供支援。区域的外围线为安全线,区域中设有进入危险区的通道入口以及人员和装备的洗消站。进入此区域的仅限于与事件处理有关的人员,且佩戴有适当的防护装备。

3.13

**警戒区 limited access zone**

直接环绕安全区的区域,现场指挥部、休息区建立在此区域内。区域的外围线为警戒线,用以控制无关人员进入现场。

3.14

**事件 incident**

导致或可能导致事故的情况。

3.15

**事故 accident**

造成死亡、疾病、伤害、损坏或其他损失的意外情况。

3.16

**现场总指挥 incident commander**

负责总体指挥某个紧急事件处理的公安消防总(支、大)队值班首长或者到场的最高首长。

3.17

**紧急撤退 emergency retreat**

在危险区内作业的消防员收到紧急撤退信号后立即停止所有正在进行的作业,选择最有利路线迅速撤退至安全区的过程。

3.18

**核查清点 personnel accountability**

作业前、作业中和作业后确认参与现场作业人员的数量、位置和职责的过程。

3.19

**有限空间 confined space**

存在危险源(包括危险品、有害气体、含氧量不足的空气环境等)、入口狭小且内部空间受到限制和约束的封闭、半封闭设备、设施及场所。

3.20

**院前处理 pre-hospital care**

在到达医院前对受到意外伤害的伤员或危重病人采取的急救措施,目的是减少伤残或痛苦,为进一步救治奠定基础。

## 4 职业安全与健康管理

### 4.1 总则

4.1.1 消防组织应书面规定其组织结构、成员资格、所承担的任务和职责,授权可以实施的行动范围以及训练要求等。

4.1.2 消防组织应制定各类事故的处置预案和在事故现场采用的标准化操作规程并定期加以修订完善。

4.1.3 消防组织应为其所有成员提供职业安全与健康保障。

4.1.4 消防组织应把预防和减少消防员意外事故、伤害、职业病的发生列为其重要目标和任务。

4.1.5 消防组织应辨识消防员可能遭遇的风险因素,制定并贯彻执行相应的职业安全与健康管理规章制度。

4.1.6 消防组织应向消防员提供与其所承担的职责和任务相配合的职业安全与健康教育和技能培训，使消防员树立风险意识，提高自我保护能力。

4.1.7 消防组织应遵守所有涉及消防员职业安全与健康的现行法律和法规。

4.1.8 消防组织的所有成员应自觉服从职业安全与健康管理。

## 4.2 机构和职责

4.2.1 消防组织的主管领导应统一负责职业安全与健康的管理工作。

4.2.2 消防组织应指定下属职能部门或人员具体承担职业安全与健康的管理工作，其主要职责包括：

    a) 制定和贯彻执行职业安全与健康管理规章制度和标准化操作规程，检查和监督其实施效果，并将结果上报消防组织主管领导；

    b) 制定和实施促使消防组织达到本标准各项要求的职业安全与健康年度工作计划，并且每年对消防组织达到本标准要求的程度进行检查和评估；

    c) 制定和贯彻执行风险管理计划，评估其有效性，并定期加以修订完善；

    d) 制定和贯彻执行标准化的事故调查与处理程序；

    e) 制定和贯彻纠正和预防措施，防止事故的重复发生；

    f) 向消防员提供与其所承担的职责和任务相配合的职业安全与健康教育并进行考核；

    g) 向消防组织主管领导提交关于职业安全与健康的建议和意见；

    h) 负责与职业安全与健康管理工作有关的通知、联络、沟通和协调事宜。

## 4.3 风险管理计划

4.3.1 风险管理计划由消防组织的职业安全与健康管理部门负责制定、实施、评估和定期修订。风险管理计划的内容、制定步骤和工作例表见附录 A。

4.3.2 消防员有责任和义务配合执行风险管理计划。

## 4.4 记录

4.4.1 消防组织应建立独立的数据记录系统，并应永久性保存所有的意外事故、伤害、疾病、传染病记录或与工作有关的死亡事故记录。

4.4.2 消防组织应为每个成员建立和保存一份永久性的健康档案。

4.4.3 消防组织应为每个成员建立训练记录，此记录应包含训练日期、训练科目、完成情况等内容。

4.4.4 消防组织应为所有用于紧急行动或训练的车辆和装备建立检查、保养、维修和服务记录。

4.4.5 消防组织应保存个人防护装备的定期检查和测试记录。

4.4.6 消防组织应保存对消防站设施的定期检查记录。

4.4.7 消防组织应记录和保存为消除安全和健康隐患或纠正不安全作业行为而采取的措施和提出的建议。

4.4.8 消防组织应记录和保存为实施安全和健康操作规程和事故预防方案而采取的措施和提出的建议。

4.4.9 职业安全与健康管理部门应至少每年向消防组织主管领导提交一份关于消防组织事故、职业性伤害、疾病、死亡和暴露的情况报告。

## 4.5 事故调查与处理

4.5.1 消防职业安全与健康管理部门应调查所有的职业性伤害、疾病、暴露和死亡事故或其他涉及消防组织成员的潜在危险情况，并应调查所有与消防车辆、装备和消防站设施有关的事故。调查记录应依照本标准 4.4 的要求存档。

4.5.2 消防职业安全与健康管理部门应制定事故上报和调查规程，并定期进行复核。

4.5.3 消防职业安全与健康管理部门应根据事故调查报告提出纠正和预防措施，并上报消防组织主管领导。

## 5 训练和教育

### 5.1 总则

5.1.1 消防员应接受与其所承担的职责和任务相适应的安全教育,并应接受考核评估。未达到要求的消防员不允许参与执行灭火救援任务。

5.1.2 消防员应掌握配发的个人防护装备的适用范围、操作规程、维护保养方法、退役和报废标准。

5.1.3 消防员应掌握人员核查清点操作程序,并接受训练。

5.1.4 消防员应掌握在遭遇危险或装备失效的情况下的紧急撤退操作程序。

5.1.5 消防组织应制定训练安全制度和安全措施,明确训练安全教育、训练器材的检查和维护等具体内容。

5.1.6 消防员的体能训练应依据《公安消防部队灭火救援业务训练大纲》中规定的"新兵体能训练标准"、"士兵(士官)体能训练标准"、"大(中)队警官体能训练标准"、"总(支)队机关警官体能训练标准"进行。

5.1.7 消防员灭火救援业务训练应依据《公安消防部队灭火救援业务训练大纲》进行。

5.1.8 在高原、高温、高湿度、强紫外线、寒冷等气候环境中,消防员的训练要求可在《公安消防部队灭火救援业务训练大纲》中规定的训练标准基础上做适当调整,训练中应采取相应的防护措施。

5.1.9 消防组织在确定消防员的训练频度时,以防止出现技能生疏为最低标准。

5.1.10 当操作规程、规章制度或装备器材等发生改变时,消防员应及时接受针对性训练。

5.1.11 消防组织应为从事特勤作业的消防员提供防生化污染、防核辐射、防爆炸、高空救援和水下救援等方面的专业培训。

### 5.2 训练安全教育

5.2.1 消防组织应将训练安全教育作为重点内容写入训练计划之中。

5.2.2 消防组织应就训练内容、典型经验和事故教训对受训人员进行训练前的安全知识教育。

### 5.3 训练安全措施

5.3.1 消防组织应根据以下内容制定和执行训练安全措施:

    a) 受训人员经历、健康情况、体能体力、技术战术掌握程度、训练水平和思想情况、训练过程中的心理活动等;

    b) 不同训练内容的特定安全要求;

    c) 场地大小、受训人数、建筑物的内部结构、气候条件等对训练、器材装备的安全程度的影响。

5.3.2 在所有训练科目的实施过程中,消防组织应安排训练安全员在合理位置对受训人员进行专门保护。

### 5.4 训练前准备

#### 5.4.1 训练前检查

5.4.1.1 训练管理者应认真检查训练场地,确保场地平整干净,并根据训练内容,划出清晰标记。

5.4.1.2 训练管理者应认真检查训练用建筑,排除危险源。

5.4.1.3 训练管理者应在训练前要求受训人员对训练着装和器材装备进行自查和互查,发现问题应及时解决或迅速调整训练方案。

#### 5.4.2 准备活动

5.4.2.1 训练管理者应根据科目、场地、器材、气候等条件确定准备活动的内容。

5.4.2.2 准备活动应使受训人员全身各主要关节韧带和肌肉群都得到充分活动,时间以(15～20)min、身体觉得发热、微出汗为宜。

### 5.5 体能训练

5.5.1 训练管理者应掌握正确的训练方法,使受训人员避免产生运动性损伤或出现训练事故。

**5.5.2** 训练管理者应合理控制受训人员的训练负荷量和训练强度,不允许进行超强度训练。

**5.5.3** 大强度体能训练结束后,应进行足够强度和时间的恢复性训练。

### 5.6 登高训练

**5.6.1** 训练管理者应掌握正确的训练方法,并根据受训人员的特点采取循序渐进和区别对待的原则,合理安排训练量,实施心理疏导,并确保安全措施到位。

**5.6.2** 训练前应对消防安全带、消防安全绳、与消防安全带和消防安全绳配套使用的承载部件(包括安全钩、上升器、下降器、抓绳器、便携式固定装置、滑轮装置等)、拉梯、担架、云梯、训练塔等个人防护装备和训练器材设施进行例行安全检查。

**5.6.3** 训练安全员在实施保护时应精力集中,及时发出危险通告,制止不安全训练行为,同时注意防止被掉落器材砸伤。

### 5.7 实战演练

**5.7.1** 实战演练方案中应包括安全作业措施和事故应急预案。

**5.7.2** 演练前训练管理者应使受训人员熟悉操作规程、演练场地的地形地貌以及演练用建筑的内部构造,并做好危险地带标识。

**5.7.3** 在往返演练现场的过程中,消防车驾驶员和乘员应遵守本标准6.3~6.4的有关要求。

**5.7.4** 参与实战演练的消防员应佩戴能够提供充分保护的个人防护装备。

**5.7.5** 实战演练的实施应符合本标准第10章中的相关安全作业要求。

**5.7.6** 实战演练中,训练管理者应按本标准10.16的要求执行核查清点操作规程。

## 6 消防车辆

### 6.1 总则

**6.1.1** 消防组织在确定消防车辆的型号和规格以及进行采购、操作、维护、检查和修理时,应优先考虑安全和健康因素。

**6.1.2** 消防站车辆的配备应符合《城市消防站建设标准》的要求,消防特勤队(站)的车辆配备应符合GA 622的要求。

**6.1.3** 消防组织采购和使用的消防车辆应符合GB 7956的要求,并通过对于消防车产品的强制性认证。

**6.1.4** 消防组织应制定消防车辆的安全管理规定和安全操作规程。

**6.1.5** 在高原、高温、高寒、雨雪等特殊气候环境中以及盘山和隧道等特殊路况条件下应根据具体情况制定相应的行车安全措施。

**6.1.6** 消防车辆的退役和报废应执行相关的国家技术标准。

### 6.2 驾驶员

**6.2.1** 消防组织应制定和实施消防车辆驾驶员的选拔、培训、复训和淘汰制度。

**6.2.2** 消防组织应制定和实施对于消防车辆驾驶员职业技能的评定考核和年审制度。

**6.2.3** 消防组织应定期对消防车辆驾驶员进行安全行车教育。

**6.2.4** 消防组织应保障驾驶员和其所驾驶的消防车辆之间的搭配相对固定。

### 6.3 行车安全

#### 6.3.1 出动安全

##### 6.3.1.1 出动前

    a) 消防员应根据各自的任务对车辆装载的器材设备进行检查、整理和固定;

    b) 消防水罐车和泡沫车应拧紧罐盖,且不应在水罐未注满的状态下出动;

    c) 车门、器材箱卷帘门或撞门、翻板式脚踏板等应关牢或锁好。

#### 6.3.1.2 出动时

a) 消防员应注意防止拌、摔倒或与其他人员相撞;

b) 消防员应在着装整齐后登车,无关人员不允许登车;

c) 驾驶员应在乘员全部就位、系好安全带、并接到出动命令的情况下启动车辆;

d) 驾驶员应先关车门,后启动车辆,车辆已开动或未停稳前,不允许乘员上、下车;

e) 驾驶员应注意避让车库前的行人和车辆;

f) 两台以上的消防车辆同时出动时,应按预定程序依次出动;

g) 消防摩托车的驾驶员和乘员应佩戴头盔和护目装备。

### 6.3.2 途中安全

6.3.2.1 驾驶员在行车时应遵守《中华人民共和国道路交通安全法》和相关规定。

6.3.2.2 行车途中,消防员不允许坐在车厢上部、车尾部、侧部等车辆的外部暴露位置,不应将身体的任何部位伸出车外。

6.3.2.3 战勤员应提前告知驾驶员行车路线,并协助驾驶员观察路况,及时提醒驾驶员安全行车。

6.3.2.4 车辆通过交叉路口,或因视线死角妨碍观察行车路线时,应减速或暂停行驶,先观察再通行。

6.3.2.5 通过无人职守的铁路道口前应停车,先观察再通行。

6.3.2.6 出警过程中,需要通过禁行区域时,应在确保安全的前提下快速通过。

6.3.2.7 消防车在出警过程中应保持安全车距。遇有雨、雪、雾、路面结冰、视线不清或坡度大等情况时,应增大车距、减速行驶。会车时应防止路边树木、电线杆、墙壁等障碍物擦伤消防车或人员。

6.3.2.8 消防车辆在行驶过程中应注意避让道路上方的障碍物。登高车转弯时应注意防止云梯或曲臂突出驾驶室的部位碰撞障碍物。

6.3.2.9 消防车到达现场时,不宜在道路中心停车或上下人。

6.3.2.10 在交叉路口、禁行道路等危险区域行车时,应使用扩音器告知有消防车通过。

6.3.2.11 在狭窄或有空中障碍的道路上行车时,应有人员下车引导车辆。

### 6.3.3 返回安全

6.3.3.1 返回前,现场安全员应清点人数,并检查车上器材装备放置是否牢固、器材箱门是否关好锁住。

6.3.3.2 车辆调头时,现场安全员应处于车辆右后侧部,明确向驾驶员指示距离、高度和障碍物等情况。

## 6.4 操作安全

6.4.1 消防水罐车停靠天然水源边取水时,应手动刹车,并在车轮下垫入防滑、防沉陷物。排气取水时,发动机转速应控制在操作规程规定的范围之内。

6.4.2 扑救火灾时,消防车应选择停靠在便于迅速撤退的位置,且应停在上风或侧风方向,并以车尾对着火灾区域,避免停放在地势低凹处和有可能被起火建筑上的坠落物砸伤的地带。

6.4.3 举高消防车架设时应根据地面和上方情况选择适当的停车位置,避开松软、高低不平的地面和空中障碍物,并与高压电线、天然水源保持安全距离。触地支脚应避开强度不足、可能塌陷的部位。

6.4.4 带有支腿的消防车辆停靠时与建筑物或构造物的间距应大于支腿全跨度的二分之一。

6.4.5 消防员在云梯工作斗或升降斗以及登高平台内进行灭火救援时,均应佩戴消防头盔和消防防坠落装备,并将安全绳、钩挂于指定部位。

6.4.6 操作登高平台消防车和云梯消防车时,不允许超过工作斗或升降斗、附梯上的额定载荷。进行射水作业时,梯上水管或水带内水的重量也应计入载荷。

6.4.7 在操作消防车辆进行高空作业时应考虑风速的影响,当风速超过车辆使用说明书所规定的限制时,不应升梯作业。

6.4.8 当火场热辐射强烈,波及到举高消防车时,应打开自保水幕喷头或其他射水装置冷却保护工作斗和梯身。喷水保护不足时应及时收梯后撤。

6.4.9 在停放和操作举高车时应注意躲避高空坠落物,当着火建筑物坠落物体增加或有坍塌迹象时,应及时收梯后撤。

6.4.10 消防车辆在驶入易燃易爆液体、气体的生产、储存或泄露场所之前,其排气管上应安装火花熄灭器等阻火装置,并应停放在该类场所警戒区外上风或侧风方向的安全地带。

6.4.11 消防照明车上应喷涂防触电和防漏电警示标志,车内应保持通风干燥,作业时操作人员应佩戴绝缘手套和绝缘胶鞋。

6.4.12 使用外界电源的消防照明车在接通外界电源之前应断开所有用电负荷,接通外界电源之后再开始各类操作。

6.4.13 使用消防照明车的发电机发电或引入外来电源之前,必须先做好接地。熄灯停机时,应先灭磁后停机。

### 6.5 车载装备

6.5.1 消防组织在确定车载装备的型号和规格以及进行采购、操作、维护、检查和修理时,应优先考虑安全和健康因素。

6.5.2 消防特勤队(站)的车载装备配备应符合 GA 622 的要求。

6.5.3 消防梯应符合 GA 137 的要求。

6.5.4 消防斧应符合 GA 138 的要求。

6.5.5 消防水带应符合 GB 6246 的要求。

6.5.6 消防水枪应符合 GB 8181 的要求。

6.5.7 液压破拆工具应符合 GB/T 17906 的要求。

6.5.8 防爆照明灯具和电子侦检器材应符合 GB 3836.3 的要求。

6.5.9 手提式强光照明灯应符合 GB 7000.13 的要求。

6.5.10 车载装备应分类放置在车内各自的位置,且应以机械方式固定并用器材标牌标识。

6.5.11 消防组织应建立详细的车载装备目录。

6.5.12 车载装备应每周至少检查一次,使用后应立即检查并恢复至执勤战备状态。

6.5.13 每年至少应依照产品说明和相关规定对车载装备进行一次性能测试。

6.5.14 有缺陷或无法修复的车载装备应退役或报废。

### 6.6 维护保养

6.6.1 消防车辆应由专人负责管理、保养和使用,并应建立管理使用档案,对其出厂日期、技术数据、使用情况、机械故障、维修保养、性能变化、报废日期等进行详细登记。

6.6.2 消防组织应书面规定消防车辆日常、每次出动归队后的例行保养内容。

6.6.3 消防组织应依据消防车辆的行驶里程、车辆状况确定保养等级和相应的保养内容。

6.6.4 保养消防车辆时,应同时对其车载装备进行保养。

6.6.5 消防组织应按国家有关维修标准和底盘、上装生产厂家的相应技术规范对经过修理的消防车进行检验。

6.6.6 消防组织应书面规定消防车辆的年度检验标准,并对消防车辆实施年度检验。

## 7 消防船

### 7.1 总则

7.1.1 消防船应根据航行水域的特点,按照 GB/T 12553、《钢质海船入级与建造规范》、《钢质内河船舶入级与建造规范》的要求建造和配置,且应符合中华人民共和国船舶检验局的相关规范和规定。

7.1.2 消防船应配备医疗急救设备、紧急无线电示位装置以及能够短距离传递声音信号的扩音装置。

7.1.3 消防船应配备曳光弹、照明弹等船用烟火报警装置,且应贮存在防潮、防止意外发射的容器之中。

7.1.4 消防船应根据其最大承载人数配备足够数量的救生筏和救生圈。

7.1.5 消防船应配备能够收听天气、海事预报的无线电接收装置。

7.1.6 消防船应配备能够向乘员通报船只进水、失火和需要弃船等紧急事态的船内报警装置。

## 7.2 操作驾驶人员

7.2.1 应持有中华人民共和国交通部海事局颁发的船员证。

7.2.2 数量和构成应满足《中华人民共和国船舶最低安全配员规则》的相关要求。

7.2.3 消防组织应根据《中华人民共和国船员培训管理规则》的要求对消防船操作驾驶人员进行上岗和专业培训。

## 7.3 航行安全

7.3.1 消防船在航行时应遵守《中华人民共和国内河交通安全管理条例》、《中华人民共和国海上交通安全法》的规定。

7.3.2 消防船在避让它船时应遵守《中华人民共和国内河避碰规则》或《1972年国际海上避碰规则》。

7.3.3 遇有浓雾、暴雨等能见度不良天气时,应采取开航行灯、雷达搜索、保持安全航速、加强瞭望、鸣号、备车、备锚等安全行船措施。

7.3.4 遇能见度严重不良时,应择地抛锚或靠泊,并将船位、四周环境和已采取的措施通报航运监管部门。

# 8 消防航空器

## 8.1 总则

8.1.1 飞行管理应遵照执行《中华人民共和国民用航空法》。

8.1.2 训练和作业飞行应遵照执行《中华人民共和国飞行基本规则》和《中国民用航空空中交通管理规则》。

8.1.3 航空通信应遵照执行《中国民用航空无线电管理规定》。

8.1.4 新建消防航空队站的选址宜设在城乡接合部或近郊区、居民相对较少、利于起飞降落的地方。

## 8.2 驾驶员

8.2.1 应满足中国民用航空总局关于民用航空器飞行员的体格要求。

8.2.2 应遵照《中国民用航空飞行人员训练管理规定》要求接受训练。

8.2.3 应持有由中国民用航空总局颁发的中国民用航空器驾驶员执照。

## 8.3 飞行安全

8.3.1 消防航空器的乘员数量和承载重量不允许超过其额定值。

8.3.2 消防航空器的乘员座椅应配有四点固定装置。

8.3.3 执行飞行任务前,应检查航空器上的无线电、通信、领航设备和救生装备,确定合适的备降机场并携带足够的航行备用燃油。

8.3.4 在寒冷地区作业的消防航空器应配备防冰和除冰设备。起飞前,应清除机翼(旋翼)、尾翼(尾桨)螺旋桨或操纵面等处的冰、雪、霜。

8.3.5 消防航空器应在安全高度和规定天气条件下飞行,飞行中应注意避免遭遇雷击、冰击、鸟击等。

8.3.6 消防航空器在起动、滑行、飞移、起降过程中应避免与障碍物相撞,不允许从电线下方穿过。

# 9 消防员个人防护装备

## 9.1 总则

9.1.1 消防组织应按GA 621为消防员配备个人防护装备。

9.1.2 消防组织采购的个人防护装备应通过对于该类消防产品的强制性认证。

9.1.3 消防员应该在存在危险或潜在危险的环境中使用个人防护装备。

9.1.4 消防员在使用个人防护装备前,应接受关于其使用、保管和维护知识方面的培训。

9.1.5 个人防护装备应贮存在通风、透气、干燥、清洁的环境中,且不应与腐蚀性物体接触。

9.1.6 消防组织应及时对个人防护装备进行清洁、晾干、润滑、紧固、更换零部件等日常维护和保养。

9.1.7 消防组织应定期对个人防护装备的安全性能进行检查和测试,不合格的个人防护装备应退役或报废。

9.1.8 消防组织应制定并指定专人负责执行个人防护装备的管理和维护保养制度。

9.1.9 消防组织对个人防护装备管理人员应进行定期培训。

9.1.10 对个人防护装备的检查、测试、维护和保养应记录存档。

### 9.2 防护服装

#### 9.2.1 灭火防护服

9.2.1.1 灭火防护服应符合 GA 10 的要求。

9.2.1.2 灭火防护服的穿着应按使用说明书进行。

9.2.1.3 消防员穿着灭火防护服时,其上衣与裤子之间应至少有 5 cm 的重叠部分。重叠部分的最小尺寸应在穿戴者身上测得,在不佩戴自给式呼吸器的情况下以如下两种方式测量:

    a) 直立,两手并拢,尽量高的举过头顶;

    b) 直立,两手并拢,举过头顶,身体向前、侧(左侧或右侧)倾斜 90°。

9.2.1.4 消防员在着装时,应同时穿着其他防护装备以保护脚、手和头部等部位。

9.2.1.5 灭火防护服的维护保养应按照其技术资料、使用说明书进行。

#### 9.2.2 消防隔热服

9.2.2.1 消防隔热服应符合 GA 88 的要求。

9.2.2.2 消防隔热服的穿着应按使用说明书进行。

9.2.2.3 消防隔热服的尺寸大小应符合本标准 9.2.1.3 的要求。

9.2.2.4 着装时,应避免使隔热服与火焰或熔化的金属直接接触。

9.2.2.5 消防隔热服不应在危险化学品泄漏事故和放射性事故中使用。

9.2.2.6 消防隔热服的维护保养应按照其技术资料、使用说明书进行。

#### 9.2.3 避火服

9.2.3.1 避火服的穿着应按使用说明书进行。

9.2.3.2 避火服的尺寸大小应符合本标准 9.2.1.3 的要求。

9.2.3.3 避火服应与空气呼吸器、通讯器材配套使用。

9.2.3.4 穿着避火服前应认真检查有无破损。

9.2.3.5 穿着避火服进入火场前必须扣紧所有封闭部位,包括上衣下摆处的收紧带。

9.2.3.6 穿着避火服在火区进行长时间作业时,应以水枪或水炮喷水保护。

9.2.3.7 避火服的维护保养应按照其技术资料、使用说明书进行。

#### 9.2.4 化学防护服

9.2.4.1 消防员在有气态、液态、烟雾状和固态化学品存在的环境中作业时应穿着化学防护服。

9.2.4.2 消防员应根据所要防护的化学品的种类和特性选择穿戴合适的化学防护服。

9.2.4.3 对于全密封化学防护服应定期和在使用前后做气密性检查。

9.2.4.4 全密封化学防护服不应在灭火作业中使用。

9.2.4.5 保护能力降低或失效的化学防护服应予退役或报废。

9.2.4.6 化学防护服的维护保养应按照其技术资料、使用说明书进行。

### 9.3 呼吸保护装备

#### 9.3.1 呼吸保护装备的选择

9.3.1.1 消防组织应按 GB/T 18664 为消防员选择配备合适的呼吸保护装备。

9.3.1.2 消防组织应对预期的作业环境进行评估,确认作业人员可能受到的不良影响,为消防员选择配备能够减轻这种不良影响、佩戴舒适的呼吸保护装备。

9.3.1.3 消防组织应对消防员使用呼吸保护装备的能力进行医学评估。消防员如有心肺系统病史或对全封闭呼吸保护装备存在严重心理应激反应或过敏反应,应免于参与执行必须使用呼吸保护装备的作业任务。

#### 9.3.2 正压式消防空气呼吸器

##### 9.3.2.1 总则

9.3.2.1.1 消防组织采购的正压式消防空气呼吸器应符合 GA 124 的要求。

9.3.2.1.2 消防组织应按 GA 621 的要求为消防员配备正压式消防空气呼吸器和备用气瓶,并应设置正压式消防空气呼吸器充气站和维修检验室,配备专人负责呼吸器的充气、管理、维护、检验等工作。

9.3.2.1.3 在缺氧、存在或可能存在危险性气体的环境中作业时,消防员应佩戴正压式消防空气呼吸器。

9.3.2.1.4 在使用正压式消防空气呼吸器前,应按照附录 B 的 B.1.1 的要求检查其使用可靠性。

9.3.2.1.5 佩戴正压式消防空气呼吸器的消防员不允许破坏呼吸器气密防护的完整性。

9.3.2.1.6 正压式消防空气呼吸器不允许做潜水呼吸器使用。

9.3.2.1.7 正压式消防空气呼吸器在储存时应处于战备状态,并应防止因操作不当、过热、过冷、湿气等因素而遭受损坏。

9.3.2.1.8 正压式消防空气呼吸器的使用、维护和保养应按照其技术资料、使用说明书进行。

##### 9.3.2.2 呼吸用空气

9.3.2.2.1 用于充填正压式消防空气呼吸器气瓶的空气质量应达到以下要求:

    a) 氧气含量(体积百分比):20%~22%;

    b) 一氧化碳<$20 \times 10^{-6}$;

    c) 二氧化碳<$1\,000 \times 10^{-6}$;

    d) 油、粉尘颗粒<$1\,mg/m^3$;

    e) 在呼吸器管路内部压力条件下,露点小于呼吸器使用地区年平均最低气温6℃;在大气压力条件下,露点小于—54℃;

    f) 无异味。

9.3.2.2.2 不允许在灭火救援现场使用移动式充气设备为正压式消防空气呼吸器的气瓶充气。

9.3.2.2.3 消防组织应根据本标准 9.3.2.2.1 的要求至少每季度对气瓶充气系统提供的呼吸用空气样本进行一次检测。

##### 9.3.2.3 检查和保养

9.3.2.3.1 正压式消防空气呼吸器应进行每周一次的例行检查和每半年一次的定期检查,检查项目及注意事项见附录 B。

9.3.2.3.2 对使用期未满 10 年的气瓶,应每 3 年进行一次水压试验;超过 10 年的气瓶,应每 2 年进行一次水压试验。检验应交付有检验资质的机构实施,如果发现渗漏现象或残余变形率超过 5%,应予以报废。

9.3.2.3.3 维修检验正压式消防空气呼吸器和检验气瓶时应认真填写记录卡片,并粘贴检验合格证或标记,标明检验单位和检验日期。维修检验档案和记录卡片应存档保留 3 年以上。

9.3.2.3.4 充装好的气瓶应存放在贮存室,码放整齐,高度不应超过 1.2 m,禁止阳光曝晒,与热源距离大于 1.5 m。

### 9.3.3 氧气呼吸器

#### 9.3.3.1 总则

9.3.3.1.1 消防组织采购的氧气呼吸器应符合 MT 867 的要求。

9.3.3.1.2 消防组织应按照 GA 621 的要求为消防员配备氧气呼吸器和备用气瓶,并应设置氧气呼吸器维修检验室,配备专人负责管理、维护、检验等工作。

9.3.3.1.3 在空气呼吸器不能提供足够保护的高原缺氧地区,消防员可使用氧气呼吸器提供呼吸保护。

9.3.3.1.4 除高原缺氧地区以外,氧气呼吸器不宜用于灭火作业中的呼吸保护。

9.3.3.1.5 使用氧气呼吸器之前,应检查气瓶压力、整体气密性是否符合要求,以及二氧化碳吸收罐内是否存放的是新更换的二氧化碳吸收剂。

9.3.3.1.6 氧气呼吸器在使用和贮存过程中不允许沾染油脂。

9.3.3.1.7 氧气呼吸器的检查、使用、维护和贮存应按照其技术资料、使用说明书的要求进行。

#### 9.3.3.2 呼吸用氧气

9.3.3.2.1 用于充填氧气瓶的氧气应达到 GB 8982 所规定的技术指标。

9.3.3.2.2 消防组织应根据本标准 9.3.3.2.1 的要求至少每季度对气瓶充气系统提供的呼吸用氧气样本进行一次检测。

#### 9.3.3.3 维护和保管

9.3.3.3.1 每次使用氧气呼吸器后应重新换装二氧化碳吸收剂,并换上已充气的备用气瓶。

9.3.3.3.2 每次使用氧气呼吸器后应对其配件进行清洗、消毒和干燥处理。

9.3.3.3.3 氧气呼吸器及配件应避免日光的直射照射,且应防止受到粉尘或其他有毒有害物质的污染。

9.3.3.3.4 氧气呼吸器的贮存温度应在 5℃～30℃ 之间,相对湿度在 40%～80% 范围内,离取暖设备的距离应大于 1.5 m,贮存室内的空气中不允许有腐蚀性气体存在。

### 9.3.4 面罩的佩戴合适度和气密性

9.3.4.1 消防组织应为消防员选择适合的密闭型面罩。

9.3.4.2 消防组织应每年对消防员所佩戴面罩的密封能力及佩戴合适度进行定性或定量测试。

9.3.4.3 消防员在佩戴面罩之前应预先刮净胡须并剪除有可能夹在面罩与面部皮肤之间的毛发。

9.3.4.4 消防员不应佩戴任何破坏面罩气密性的物品(如视力矫正眼镜、头饰等)。

9.3.4.5 如果佩戴者的面部特征(如疤痕、皮肤褶皱、突出的颧骨等)影响面部与面罩的密合时,应选择与面部特征无关的面罩。

9.3.4.6 佩戴头面部保护装备不应破坏面罩的气密性。

## 9.4 头部保护装备

9.4.1 消防员佩戴的消防头盔应符合 GA 44 的要求。

9.4.2 使用头盔前,应检查帽壳、面罩、披肩有无损伤。

9.4.3 消防员在有飞溅的碎片、熔融金属、液体化学品或腐蚀性液体,或有化学品蒸气或高亮度光辐射存在的环境中作业时,应佩戴合适的面罩或护目镜。

9.4.4 消防组织应制定识别、减少或消除工作环境噪音的安全措施。

9.4.5 工作环境噪音超过 90 dB 时,应配戴耳塞、耳罩等听力保护装置。

## 9.5 手、脚部保护装备

9.5.1 消防员佩戴的手部保护装备应符合 GA 7 的要求。

9.5.2 消防员佩戴的脚部保护装备应符合 GA 6 的要求。

9.5.3 消防员在作业中必须佩戴消防手套、灭火防护靴,并与个人防护服装协同使用。

9.5.4 消防组织应在配发消防手套和灭火防护靴时向消防员说明其使用局限性(如对特定的化学危险品、病毒、病原菌等不起保护作用)。

#### 9.6 消防用防坠落装备

9.6.1 消防员使用的消防安全绳、消防安全带，以及安全钩、上升器、下降器、抓绳器、便携式固定装置、滑轮装置等辅助设备应符合 GA 494 的要求。

9.6.2 消防用防坠落装备仅限于在灭火救援相关作业中使用。

9.6.3 不应将消防用防坠落装备与明火接触或暴露在高温环境中。

9.6.4 应按产品说明书的要求对消防用防坠落装备进行妥善维护和保管。

9.6.5 使用前应按作业载荷要求选择合适的消防用防坠落装备。

9.6.6 应建立消防用防坠落装备使用档案，每次使用前后，应由专门人员按照产品说明书中的检查程序进行检查，并将检查结果记录存档。经鉴别存在安全隐患的消防用防坠落装备应放弃使用，并予退役或报废。

9.6.7 应防止消防用防坠落装备受到磨损，不允许在地面上拖拉和踩踏消防用防坠落装备，在使用中应避免接触尖锐、粗糙、腐蚀性或可能对消防用防坠落装备造成损伤的物体。

9.6.8 消防安全绳在使用中如必须经过墙角、窗框、建筑外沿等凸出部位，为避免消防安全绳与建筑构件直接接触应采用绳索护套、护轮或护垫等辅助装备对消防安全绳进行保护。

9.6.9 消防安全绳水平负重牵引时，无关人员应站在消防安全绳任何一端45°角以外的作业线上。

9.6.10 使用消防用防坠落装备前应检查与之配套的辅助设备的可靠性。

9.6.11 经受过冲击负荷、超载负荷和坠落负荷的消防用防坠落装备及辅助设备应予退役或报废。

#### 9.7 消防员呼救器

9.7.1 消防员使用的呼救器应符合 GA 401 的要求。

9.7.2 消防员进入危险区时应配备呼救器，且确认呼救器处于开启状态。

9.7.3 消防员应至少每周和在每次使用之前对呼救器进行测试，并且应依照产品说明书的要求进行维护。

#### 9.8 退役和报废

9.8.1 对于不符合防护性能要求或达到退役、报废年限的个人防护装备应及时予以退役和报废。

9.8.2 有下列情形之一的个人防护装备应予退役：

    a) 自出厂日起计算已达到设计寿命的；

    b) 主要防护指标已达不到安全技术要求的；

    c) 同厂家、同种类产品因设计和质量原因在使用过程中造成过人员伤亡事故的；

    d) 使用过的一次性装备；

    e) 因其他原因不宜继续服役的。

9.8.3 有下列情形之一的个人防护装备应予报废：

    a) 破损严重，不具备修复价值的；

    b) 丧失保护功能、存在安全隐患的；

    c) 属于已经淘汰的装备；

    d) 因其他原因需要做报废处理的。

## 10 灭火救援作业

### 10.1 总则

10.1.1 消防组织对紧急事件的处理应符合《公安消防部队执勤战斗条令》、《公安消防部队防毒抢险勤务规程》的要求。

10.1.2 消防组织应建立符合《公安消防部队执勤战斗条令》和《消防通信指挥系统设计规范》要求的消防调度和事故通信系统，并确保其畅通。

10.1.3 消防组织应辨识灭火救援作业中可能遭遇的风险并制定规避风险的操作规程。

10.1.4 消防组织制定的灭火救援预案中,应包含针对现场消防员的安全措施和应急救援方案。

**10.2 现场总指挥的安全管理职责**

a) 根据事件的性质和规模划定危险区、安全区和警戒区等现场作业区域;

b) 在安全位置设立指挥部,并确保通信畅通;

c) 全面准确掌握现场情况,正确判定灾害发展趋势和危险程度;

d) 制定总体策略和行动计划,按照操作规程向下级布置任务;

e) 确定战术和部署行动时考虑安全因素并督促落实安全防护措施;

f) 掌握现场作业人员的位置和状态;

g) 当预见到可能出现危及消防员人身安全的事件时,下达紧急撤退命令。

**10.3 风险管理**

10.3.1 现场各级指挥员应随时评估现场存在的风险因素和可能出现的后果,并采取相应的保护和防范措施,防止人员伤亡和车辆器材受到损失。

10.3.2 现场各级指挥员在确定所要采取的灭火救援战术时,应参考以下管理原则:

a) 只有在有可能拯救人员生命的情况下,才能实施给消防员的安全带来极大危险的行动;

b) 当生命或财产损失不可避免时,不应实施任何可能给消防员的安全带来危险的行动。

**10.4 基本要求**

10.4.1 现场总指挥应根据事件的性质和规模迅速划定危险区、安全区、警戒区及入口和出口,并指定现场安全员对进出人员进行登记、检查。现场作业区域的划分示意图见附录C。

10.4.2 消防员进入危险区作业之前,应根据现场状况和危险源特点选择能够提供充分保护的个人防护装备。在穿戴前应对个人防护装备进行检查,确认完好无损后方可使用。

10.4.3 对于危险化学品事件现场,应将危险区划分为重度危险区、中度危险区和轻度危险区,不同危险区的防护等级和相对应的防护标准见附录D。

10.4.4 在危险区内作业的消防员不允许脱卸个人防护装备。

10.4.5 现场总指挥应控制和掌握进入危险区消防员的数量、位置、任务、所携装备以及进入时间。未经批准,任何人不允许进入危险区。

10.4.6 进入危险区的消防员在空间允许的情况下应2~3人为一组进行作业。

10.4.7 在危险区作业的小组成员应通过视觉、听觉或其他身体手段,或利用导向绳保持相互不间断联系。

10.4.8 进入危险区的每个小组应携带可靠的有线、无线通讯设备或导向绳与现场安全员保持不间断通信联络。

10.4.9 现场各级指挥员和现场安全员应密切关注进入危险区作业的消防员的安全,并指定专人随时做好救援准备。

10.4.10 当作业现场有可能与交通车流发生冲突时,消防员应穿上带有荧光或反光材料的外衣。

10.4.11 当消防车用于阻挡交通车流时,应开启消防车的警灯,并使用锥型事故标志柱或其他警示装置向正在靠近紧急作业地点的交通车辆发出警示。

10.4.12 在高温或寒冷气候环境中作业时,消防员应采取防中暑或防冻伤保护措施。

**10.5 现场安全员**

10.5.1 灭火救援现场应设立现场安全员,可能发生爆炸、沸溢喷溅、高空坠落、电击、中毒、建筑物倒塌和次生事故的事故现场应设立多名现场安全员。在实施山体滑坡抢险救援时,应在制高点设立安全观察员。

10.5.2 现场安全员应佩戴明显标志,随首车到达现场。

10.5.3 现场安全员的职责和任务包括:

a) 对事故现场有重大危险的区段和部位实施实时监测,观察是否可能发生威胁消防员安全的事

件,并及时向现场总指挥报告;

b)　了解掌握整个现场灭火救援行动的安全保障,检查督促参战人员落实安全措施;

c)　对作业人员进入危险区的时间及安全防护措施、空气呼吸器气压等情况进行检查登记;

d)　与进入危险区的作业人员保持不间断的畅通联系,确保紧急信号能够及时送出和收到;

e)　观察了解战斗人员的体力消耗情况,适时提醒现场总指挥安排替换人员;

f)　制定和明确紧急撤退路线,并告知进入危险区的作业人员;

g)　观察危险区出入口和紧急撤退路线是否畅通;

h)　根据现场总指挥下达的紧急撤退命令及时、准确地发出紧急撤退信号;

i)　紧急撤退和灭火救援战斗结束后负责人员的核查清点。

### 10.6　现场侦察

10.6.1　现场侦察应由2～3人的侦察小组进行,并明确安全注意事项,规定通信联络的方式、方法。

10.6.2　如果危险区内可能存在放射性物质、剧毒物品、易燃易爆气体等危险源,或者需要进入有限空间、缺氧环境等危险区时,应首先进行侦察检测,确认危险程度在安全范围内之后方可进入。

10.6.3　侦察人员应对行走路线和出入口做出特征标记。

10.6.4　侦察人员应充分利用地形、地物隐蔽和保护自己,或用水枪射水试探前进;在建筑物内行走时,应靠近承重墙前进;不宜直立行走时应改用低姿前进。

10.6.5　进入高温危险区时,外部人员应使用雾状水流掩护侦察人员前进。

10.6.6　在能见度较低的危险区内活动时,侦察人员之间应用安全绳联结,相互保持一定的间距,并利用工具试探道路稳步前进。

10.6.7　进入门窗关闭的燃烧室(舱)内时,应先隐蔽在门后或墙边(双开门在上风,单开门在门锁一侧)用工具将门缓慢推开一道缝,待水枪手向室(舱)内射水消除爆燃因素后,方可进入侦察。

10.6.8　进行登高侦察时,侦察人员应佩戴消防用防坠落装备进行自身防护。在高处行走时,应选择踩踏安全可靠的建筑部位,必要时采取匍匐或骑坐姿式前进。

10.6.9　进入含有高压电器设备的危险区时,侦察人员应穿戴电绝缘服装,携带漏电检测仪。在高压电器设备附近活动时,应采取单腿跳跃或双腿并拢跳跃方式移动。

10.6.10　在含有或可能含有可燃气体的危险区内活动的侦察员应穿着防静电服,作业中应采取防止产生静电火花的安全措施。

10.6.11　在核事故现场,侦察人员应穿戴辐射防护服,携带辐射剂量计,并缩短在危险区内停留的时间。

10.6.12　现场侦察应贯穿于灭火救援战斗的全过程。

### 10.7　行动展开

10.7.1　在建筑物内应随时观察顶棚或天花板的安全状况,注意防止被坠落物击伤,对危险易落品应用消防钩或直流水柱事先击落。

10.7.2　对于空间、面积和跨度大的建筑火灾,应注意观察建筑物或堆垛等受火势侵蚀的程度,不允许在建筑、堆垛中间行走。

10.7.3　使用楼板、墙壁、楼梯、扶手等建筑构件之前,应检查其强度和稳定性,确认无危险后方可使用。

10.7.4　消防梯应架设在质地较硬的地面,两梯脚应处于同一水平面,梯脚距离墙基0.8 m～1.3 m,梯梁与地面应保持70°～75°的夹角。

10.7.5　攀登拉梯前,应确认制动器锁扣良好。攀登时不允许超过其有效载荷。

10.7.6　9 m拉梯或三节拉梯应由不少于2人操作,15 m金属拉梯应由不少于3人操作。

10.7.7　攀梯过程中应注意观察上方,注意避让电线或其他障碍物。

10.7.8　在梯上作业时,消防员应将消防安全带上的安全钩挂上梯蹬,保护者应用脚踩住梯脚,双手扶梯梁,防止梯身晃动和梯脚外滑。

## 10.8　火场供水

10.8.1　当使用消火栓等水压较高的水源时,开阀前应检查连接是否可靠。

10.8.2　使用位于车辆和行人通过场所的消防水源时,应设警戒人员或警戒标志。

10.8.3　供水线路通过易使水带受损的区域时,应采取相应的水带保护措施。

10.8.4　拉直正在输水的水带折弯时,应注意避让水带突然弹起。

10.8.5　垂直或倾斜铺设的水带应用水带挂钩或其他方式固定。

10.8.6　供水过程中,应缓慢开启或关闭水枪、水炮和消防车出水口开关。

10.8.7　在消防梯上持水枪向室内射水时,应将水枪伸进室内并用挂钩固定。

## 10.9　水枪阵地

10.9.1　应以门窗、承重墙、天棚、天窗和防护堤等为依托设立水枪阵地。

10.9.2　不应在易塌陷、易倒塌部位上、非稳固支撑的建筑构件下设置水枪阵地。

10.9.3　不宜在闷顶内设置水枪阵地,必须如此时应根据闷顶的承重载荷控制作业人数且以正确姿势作业。

10.9.4　在具有宽大室内空间的建(构)筑物内灭火时,不应在室内空间的中部架设水枪阵地。

## 10.10　射水作业

10.10.1　应根据现场状况采取正确的射水姿势,并适时组织替换水枪手。

10.10.2　带架水枪、移动消防炮应由两人操作一人指挥,操作时应放置在平坦稳固处;高压大流量射水时,应缓慢变换射水角度,避免使直流水柱击中人体。

10.10.3　扑救电器火灾时,应先切断电源再实施射水作业。必须带电作业时,对金属水枪喷嘴应做接地处理,水枪手应佩戴绝缘手套和绝缘靴,并应放低姿势,使用喷雾水流或间断水流,最小安全距离应保持在 5m 以上。

10.10.4　不应在有浓烟喷出的开口部的正面进行射水作业。

10.10.5　向正在燃烧的室内射水时,应先从门窗侧面喷射,再缓慢向正面移动。

10.10.6　向高温墙体、顶棚或防火卷帘等建筑构件直接射水时,应注意避让反射的热水。

10.10.7　应使用喷雾水流冷却可燃气体容器或钢瓶。

## 10.11　现场破拆

10.11.1　破拆门窗玻璃时,应站在侧面使用水枪、消防钩等破拆,大块玻璃应从上方角进行破拆。从破拆处进入时,应除去残留在门窗框上的玻璃碎片。

10.11.2　破拆着火或过火空间的门、窗、防火卷帘等建筑构件时,应选择有利的破拆和射水位置。

10.11.3　在破拆建筑物内部构件时,应防止因误拆承重构件而造成建筑物倒塌;在楼房外部破拆玻璃和其他构件时,应做好个人防护,并事先在楼下划出安全警戒区,设置安全警戒哨。

10.11.4　为排除室内可燃气体需破拆窗户时,应选择下风向或侧风向使用木棍(或消防斧木柄端)击碎玻璃。

10.11.5　在有各种管道、设备(如煤气、电缆、暖气等)的建筑物内部破拆建筑物构件时,不允许损坏管道。

10.11.6　对建筑物进行大面积破拆时,应将建(构)筑物内的人员、贵重物资、易燃易爆危险品等疏散到安全地带,并在切断电源,关闭燃气管道,排除一切危险因素后,才能开始实施破拆行动。

10.11.7　现场指挥员有权下令对可能倒塌或阻挡消防员撤退线路的建筑物及其构件实施破拆。

## 10.12　特勤作业

10.12.1　进入有限空间作业时,应实施通风换气并佩戴正压式消防空气呼吸器。无法佩戴正压式消防空气呼吸器时,应保障必要的侦检次数或连续实施侦检。当侦检仪器报警时,应迅速撤退出危险区。

10.12.2　在有可燃气体存在的危险区内作业的消防员应穿着防静电服,作业中应采取防止产生静电火花的安全措施。

**10.12.3** 处置气体泄漏事件时,应根据泄漏气体的种类选择合适的中和、稀释和堵漏物质。

**10.12.4** 扑救化学危险品或剧毒物品火灾时,应根据化学危险品或剧毒物品的种类选择合适的灭火剂和灭火战术。

**10.12.5** 处置放射性事故时,作业人员应穿戴辐射防护服,携带辐射剂量计,并控制在危险区内停留的时间。

**10.12.6** 处置核生化事故时,不允许在危险区内饮水、进食、随意坐下或躺下。

**10.12.7** 处置核生化事故现场时,应在安全区内、危险区的出口处设立洗消站。洗消站的位置示意图见附录C。

**10.12.8** 事件处置结束后,所有参与执行任务的人员、车辆和装备器材都应在洗消站接受彻底洗消。洗消后经检测确认符合安全要求后方可返回。

### 10.13 水上灭火救援作业

**10.13.1** 扑救船舶火灾时,消防船和救生艇应联合出动,协同作业。

**10.13.2** 消防组织应为水上消防员配发带有闪光灯和口哨的救生服,在寒冷地区作业的消防员应配发保温救生服。

**10.13.3** 消防员在上下船舶、系缆、解缆、船头瞭望以及在主甲板、舷外作业时应穿着救生服。

**10.13.4** 消防员在船舶上作业时应利用腰绳做安全索,牵绳行走,注意防止失足滑倒、摔伤或掉入水中。

**10.13.5** 消防员进入船只内部之前,应详细了解船只的内部结构,佩戴能够提供充分保护的个人防护装备,携带发光导向绳和防爆照明设备,并控制舱内作业时间。

**10.13.6** 进入高温舱室灭火时,外部人员应用喷雾水流跟进掩护。在舱室内行走时应不断用脚或水枪试探甲板虚实,注意防止发生跌落事故。

**10.13.7** 操作消防船上的登高平台或举高喷射装置应考虑水面风力和浪高对船只平衡的影响。

**10.13.8** 操纵举高装置时,在任何情况下都不允许将举高装置的任何部分直接倚靠在其他船只的船壁上。

### 10.14 航空灭火救援作业

**10.14.1** 消防航空器内作业的消防员相互间应大声喊话传递指令并伴以手语表示,接受方应重复所接受的指令,得到发出方确认后方可实施。

**10.14.2** 消防直升机在空中实施绞车悬吊作业前,绞车操作人员应首先释放绞车吊钩使其短暂接触地面或水面。搭乘绞车缆下降或引升的消防员应戴专用的手套。

**10.14.3** 在机舱内作业的消防员应使用安全护具或安全带将自己牢固地固定在机身上。

**10.14.4** 在消防直升机实施空中悬停吊装作业过程中,如果发生意外需要紧急退出作业时,应以直升机机头为基准,直升机向左侧飞行退出作业,直升机下方地面上的人员向右侧移动退出作业。

**10.14.5** 释放消防直升机的绞车吊钩时,其上应挂有荷重物。

**10.14.6** 消防直升机外挂吊篮或吊笼作业时,吊篮或吊笼内搭载人员的数量不得超过其额定搭载量。消防直升机驾驶员应按照吊篮或吊笼作业的技术要求控制直升机的航速和高度,并注意规避飞行障碍物。

**10.14.7** 消防直升机吊挂水囊到水源取水时,单次取水重量不得超过直升机的最大吊挂重量。消防直升机应按照吊挂水囊作业的技术要求控制直升机的航速和高度,并注意规避飞行障碍物。

**10.14.8** 消防直升机吊挂水囊实施高空灭火作业时,应注意规避火灾产生的火焰、烟气和紊乱气流,选择合适的高度实施倾洒作业。地上的消防员应事先佩戴消防头盔并注意规避倾泻的水流,如果无法规避则应脸部向下迅速卧倒,并抓牢身旁的固定物。

### 10.15 紧急撤退

**10.15.1** 消防组织应为紧急撤退统一制定易于识别的撤退信号。

10.15.2 发送紧急撤退信号时应同时使用外部声音报警和无线通讯报警两种方法。消防员应接受对于撤退信号的辨识训练。

10.15.3 如需使用消防车的警笛发送紧急撤退信号,所有消防车在到达现场后应限制使用警笛。

10.15.4 现场总指挥下达紧急撤退命令时,现场安全员应及时、准确地发出紧急撤退信号。

10.15.5 在危险区内作业的消防员如果其个人防护装备不能保证足够的防护时间,或者发生故障又不能马上排除时,应即刻自行撤退至安全区域。

### 10.16 核查清点

10.16.1 消防组织应制定和实施针对现场人员的核查清点操作规程,该操作规程的具体范例可参见附录E。

10.16.2 参与现场作业的所有人员都应遵守并配合执行核查清点操作规程。

10.16.3 从首车到达现场之时起,现场安全员应定时段对现场作业人员进行清查。

10.16.4 下列情况下,现场安全员应对现场作业人员进行全员清查:
    a) 现场总指挥认为有必要确认和掌握现场作业人员的位置和任务时;
    b) 得到作业人员失踪或受困的报告时;
    c) 紧急撤退完成之后;
    d) 重新调整现场力量部署之后;
    e) 灭火救援战斗全部结束之后。

### 10.17 现场医疗救护

10.17.1 消防组织应制定针对消防员的现场医疗救护标准操作程序。

10.17.2 在只有一个消防中队到场时,中队卫生员应随车到达现场,指挥车中应按附录F的F.1配备医疗器械和药物。

10.17.3 在两个或两个以上消防中队到场时,消防医生和医疗救护车辆应到达现场提供医疗保障。

10.17.4 在大型或复杂的灭火救援作业中,应与社会医疗、救助等相关部门联动,提供对于现场消防员的医疗保障。

10.17.5 消防组织应及时对从危险区中撤出的消防员进行身体检查。

10.17.6 消防组织应及时对现场受伤的消防员进行院前处理,并将其移送至合适的医疗机构接受治疗。

### 10.18 暴露事件处置

10.18.1 消防组织应建立暴露事件的标准处置操作规程。

10.18.2 一旦发生暴露事件,应立即脱去受暴露消防员的服装,并用流动清水、肥皂水或专业洗消剂对受到暴露的身体部位进行彻底冲洗。

10.18.3 消防组织应确保受到暴露的消防员接受医疗诊断、心理咨询和至少24h的暴露后监护。

10.18.4 暴露事件应记载到消防员的个人健康档案之中,记录内容至少应包括:
    a) 发生暴露事件时正在执行的任务;
    b) 危险源;
    c) 暴露部位;
    d) 使用的个人防护装备;
    e) 接受的医疗处置。

### 10.19 身体恢复

10.19.1 消防组织应为所有的训练活动和灭火救援战斗行动制定消防员身体恢复预案。

10.19.2 现场总指挥应根据现场消防员体力消耗情况适时启动身体恢复预案。

10.19.3 在现场作业的消防员应主动就自己的身体恢复要求与其上级进行沟通。

10.19.4 消防组织应制定现场饮食和饮用水快速补给工作程序,确保参与灭火战斗的消防员及时补充食物和水分。

## 10.20 作业后分析

10.20.1 消防组织应建立一套完整的重大事故、事件作业后分析操作规程和要求。

10.20.2 作业结束后,消防组织应对消防员伤亡事故进行分析。

10.20.3 分析应重点回顾作业的基本情况和经验教训,尤其关注作业对消防员的安全与健康所产生的影响。

10.20.4 分析应明确指出改善消防员的安全和健康状况所需的纠正和预防措施。

10.20.5 分析报告应包含个人防护装备的使用、人员的核查清点、身体恢复以及其他影响到现场作业安全的问题。

## 11 消防站

### 11.1 安全要求

11.1.1 消防站的建设应符合《城市消防站建设标准》的要求。

11.1.2 消防站内部设施应符合适用的卫生、安全、建筑以及消防规范的要求。

11.1.3 消防站内的宿舍、办公室、大厅、走廊、仓库和车库等场所应保持干净卫生和整洁。

11.1.4 大厅和走廊内不应设有任何障碍物,四周墙面及路面上不应有突出物、散落物体或坑洞,路面应保持干燥。

11.1.5 消防站内的固定式墙梯应配有扶手、护栏或其他辅助攀登工具。

11.1.6 消防站内的车库、仓库、油库等场所应设定为禁止吸烟区域。

11.1.7 消防站的所有对外出口应清晰可见,配有应急照明和疏散指示标志,且没有障碍物阻挡。

11.1.8 消防员通往滑杆或消防车辆的通道上不应设置任何障碍物。

11.1.9 消防车库内应设阻止车辆后轮继续后行的卡位器。

11.1.10 消防员宿舍内的床位设置应便于紧急出动。

11.1.11 滑杆位于各楼层的开口处周围应设置护栏,每个滑杆底部应配有护垫。对滑杆应进行定期的检修和维护。

11.1.12 消防组织应避免使消防员以及消防站内的生活区受到汽车废气的污染。

11.1.13 停放消防车辆的车库应安装通风换气设备,消防车库和消防员生活区应分别设置,如在同一层时,应有隔墙将其分隔。

11.1.14 停靠在车库内的每辆消防车周围应至少保持1m的净宽。

11.1.15 登高车车库的净高应不低于4.2m,车库门前地面坡度应小于10°。

11.1.16 车库内的检修地沟边缘应有清晰标志。地沟的地面应保持清洁干燥。

11.1.17 消防员进入地沟或在车底检修车辆时应佩戴护目镜。

11.1.18 消防员检修或清洗消防车辆油路时,应注意控制火源。

### 11.2 检查和维护

11.2.1 消防组织应至少每月对站内设施进行一次检查,并对发现的任何安全和健康隐患或违规行为进行及时整改,使其达到本标准11.1的要求。

11.2.2 检查和维护结果应存档备案。

## 12 医疗卫生

### 12.1 体格和健康

12.1.1 消防员的体格和健康应符合《应征公民体格检查标准》的要求。

12.1.2 消防组织应每年组织医疗评估和鉴定以确定消防员是否达到本标准12.1.1的要求,未达标者不允许参与执行消防组织的任何任务。

12.1.3 对酒精或药物产生生理性依赖的消防员不允许参与执行消防组织的任何任务。

## 12.2 医疗机构和人员

12.2.1 消防组织应建立完善的医疗卫生服务网络,其中支队级别的消防组织应按《中国人民武装警察部队支队卫生队(所)建设标准规定》的要求设立卫生所。

12.2.2 中队级别的消防组织应设卫生室,并配备卫生员。消防中队卫生室基本医疗器械可参照附录F 的 F.2 的标准配备,且至少应配有药柜、诊断桌、诊断椅、治疗凳、诊断治疗床,以及 50 种以上的常用药品。

12.2.3 消防组织应为所属各级医疗机构制定专门的管理制度,并由专人负责监督实施。

12.2.4 消防医生的考试、注册、执业应符合《中华人民共和国执业医师法》和《中国人民解放军实施〈中华人民共和国执业医师法〉办法》的要求。

12.2.5 消防医生应掌握的业务内容见附录 G 的 G.1。

12.2.6 消防医生应为消防员提供医疗服务和健康咨询。

12.2.7 消防组织应按照《中国人民武装警察部队卫生员教材》的要求对中队卫生员进行培训。

12.2.8 消防中队卫生员应履行《中国人民解放军内务条令》中关于卫生员的职责要求。

## 12.3 医疗急救培训

12.3.1 消防组织应为消防员提供现场医疗急救技能方面的训练,并提供和保障所需训练器材。

12.3.2 消防员需要掌握的现场医疗急救技能见附录 G 的 G.2。

12.3.3 消防组织应为消防员提供受困时自救和互救知识的培训。

## 12.4 饮食卫生

12.4.1 消防组织内部食堂的炊事员在上岗前应根据《中华人民共和国食品卫生法》的要求取得由地方卫生检疫部门颁发的健康证。

12.4.2 消防组织内部食堂所购食品、饮用水以及食品的制作应符合《中华人民共和国食品卫生法》的要求。

12.4.3 消防组织应为消防员实行营养配餐制度。

12.4.4 消防组织应为内部食堂制定专门的卫生管理规定,并由专人负责监督实施。

12.4.5 消防组织内部食堂的厨房和餐厅等场所应配备带盖子的垃圾箱,并定时清空。

## 12.5 传染病防治

12.5.1 消防组织应根据《中国人民武装警察部队基层卫生机构建设和工作标准》的要求实施针对消防员的体检和传染病预防接种制度。

12.5.2 消防组织应根据《中华人民共和国传染病防治法》的要求实施和监督内部的传染病防治工作。

12.5.3 消防组织应制定内部的传染病预防和应急预案。

12.5.4 消防组织应负责内部传染病监测、疫情报告以及其他预防、控制工作,发现传染病应及时上报。

12.5.5 消防组织应有计划地建设和改造消防队(站)的公共卫生设施,改善饮用水卫生条件,对污水、污物进行无害化处置。

12.5.6 消防组织应对消防员进行传染病预防知识教育。

12.5.7 消防员应配合有关传染病的调查、检验、采集样本、隔离治疗等预防、控制措施,如实提供有关情况。

12.5.8 消防员由于执行抢险救援任务或其他原因而患传染病时,消防组织应依照《中华人民共和国传染病防治法》的要求根据其所患传染病的种类采取必要的治疗和控制传播措施。

12.5.9 消防组织对于被传染病病原体污染的消防组织内部场所、物品应依照《中华人民共和国传染病防治法》的规定实施消毒和无害化处置。

## 12.6 职业病防治

12.6.1 消防组织应贯彻执行《中华人民共和国职业病防治法》,保障消防员享受规定的职业卫生保护权利,并保障消防员在受职业性伤害时迅速得到救治。

12.6.2 消防组织应根据《职业病诊断与鉴定管理办法》的要求,安排疑似患有职业病的消防员在有资格承担职业病诊断的医疗卫生机构接受职业病诊断。

12.6.3 确诊患职业病的消防员应被安排到最适合的医疗机构接受治疗。

12.6.4 消防组织应根据《职业病范围和职业病患者处理办法的规定》给予确诊患有职业病的消防员相应的待遇和补偿。

### 12.7 心理健康

12.7.1 消防组织应建立消防员心理健康保障机制,保障机制应包含以下内容:

   a) 心理健康知识普及;

   b) 心理测试、分析;

   c) 心理训练;

   d) 心理疏导、咨询、诊治。

12.7.2 消防医生应在消防员的心理压力缓解过程中提供心理健康咨询和指导。

12.7.3 消防组织应建立由心理学专家、学者和医师组成的心理咨询专家委员会。

12.7.4 消防组织应建立专、兼职相结合的心理健康服务队伍。

12.7.5 消防组织应提供相应的心理健康服务教材及服务设施。

12.7.6 消防组织应实施以下列内容为主体的消防员心理素质训练:

   a) 实战模拟训练,以增强现场作业的心理适应能力为目的;

   b) 业务和体能训练,以提高心理承受能力为目的;

   c) 心理健康辅导,以提高消防员心理保健意识为目的;

   d) 群体心理训练,对每个消防员的心理过程和个性心理特征施以影响。

12.7.7 消防员心理性疾病的诊断应由心理咨询专家委员会具体实施。

12.7.8 消防组织应安排确诊患有心理性疾病的消防员接受治疗或疗养。

### 12.8 健康档案

12.8.1 消防组织应为每名消防员建立和保存一份永久性的健康档案。

12.8.2 个人的健康档案应该记录以下内容:常规医疗评估和体能测试结果;患职业病、受伤或其他疾病的历史;服役中接触已知或未知危险品、有毒物质或传染病的历史。

12.8.3 每个消防员的健康情况应作为机密记录加以保存,同时也用作分析成员群体健康情况的综合数据库。

12.8.4 消防员因受职业性伤害而导致死亡时,其尸检报告也应记录在健康档案里。

### 12.9 保险

12.9.1 现役公安消防部队应按照《中国人民解放军军人伤亡保险暂行规定》和《中国人民解放军军人退役医疗保险暂行办法》的要求为其成员办理军人伤亡保险和军人退役医疗保险,非现役消防队伍应按照《工伤保险条例》和所在地社会医疗保险制度的要求为其成员办理工伤保险和基本医疗保险。

12.9.2 现役公安消防部队成员伤残等级的评定应遵照执行《军人残疾等级评定标准》,非现役消防队伍成员伤残等级的评定应遵照执行《工伤保险条例》和 GB/T 16180。

附 录 A

（规范性附录）

消防组织风险管理计划

A.1 风险管理计划应至少达到以下目标：

　　a) 明确消防组织因履行职责和任务而可能遭遇的风险；

　　b) 避免有可能对消防员造成伤害或产生不良后果的事件发生。

A.2 风险管理计划的制定应包含以下内容和步骤：

　　a) 风险识别：辨识消防员遭遇或可能遭遇的危险源，包括：

　　　　● 紧急情况下遭遇的风险，包括火灾和非火灾类紧急事故如危险品处理、社会救助等；

　　　　● 非紧急情况下遭遇的风险，包括训练、身体素质锻炼、非紧急车辆驾驶、车辆维修、消防站
　　　　　维护、日常工作等；

　　b) 风险评估：评估所识别风险发生的频度和其后果严重度，根据评估结果确定风险等级；

　　c) 风险控制：根据风险等级的高低，依次制定和实施风险控制措施；

　　d) 运行监控：对风险管理计划的实施效果进行检查和监督，并定期对风险管理计划做出修改和
　　　　完善。

A.3 风险的识别和评估应至少涵盖与以下各项相关联的风险：

　　a) 职业安全与健康管理；

　　b) 消防站设施；

　　c) 训练；

　　d) 车辆驾驶及操作；

　　e) 个人防护装备；

　　f) 紧急事件中的行动；

　　g) 非紧急事件中的行动；

　　h) 其他相关行动。

A.4 风险管理计划应至少根据如下信息来源确定风险控制措施：

　　a) 消防员遭遇或可能遭遇的风险及相关知识；

　　b) 消防组织的历史记录和报告，对曾经发生的事故和伤病情况的频度、严重程度的分析；

　　c) 消防站设施、装备和车辆的检查报告；

　　d) 为消防组织提供保险服务的保险公司所提交的报告；

　　e) 说明风险管理必要性的特殊事件；

　　f) 全国其他地区可借鉴的经验；

　　g) 其他信息来源。

A.5 职业安全与健康管理部门应根据以下内容对风险管理计划做出修改和完善：

　　a) 上一年的事故和伤病情况统计；

　　b) 上一年中发生的重大事故；

　　c) 消防员提供的信息和提出的意见。

A.6 消防组织风险管理计划工作例表见表 A.1。

表 A.1 消防组织风险管理计划工作例表

| 危险源 | 发生频率/严重性 | 风险等级 | 进展状况 | 控制措施 |
|---|---|---|---|---|
| 运动性损伤 | 高/中 | 高 | O[a]<br>O<br>O | 定期对消防员进行训练安全教育<br>确定事故发生的地点和频率<br>对存在的问题提出解决方案 |
| 心理压力 | 低/高 | 高 | O<br>O | 心理疏导<br>心理适应训练 |
| 吸入燃烧产物 | 低/高 | 中 | A[b]<br>A<br>A | 修订完善呼吸保护装备的使用规定<br>告知消防员吸入燃烧产物可能造成的不利影响<br>在灭火救援现场实施针对毒性气体浓度的侦检 |
| 车辆事故 | 中/高 | 高 | O<br>O<br>O | 遵守与车辆相关的法律法规<br>全体驾驶员接受必要的消防车辆驾驶和操作技能培训<br>检查驾驶员的驾驶记录 |
| 恐怖活动 | 低/高 | 低 | O<br>O | 对所有消防员进行有针对性的安全培训<br>制定安全规章和操作规程 |
| 现场安全事故 | 中/高 | 高 | O<br>O<br>O<br>A | 修订完善现场安全管理体系<br>修订完善个人防护装备的使用政策和规定<br>评估人员核查清点操作规程的绩效并做必要修改<br>各级指挥员接受现场安全管理培训 |
| 装备损坏 | 低/中 | 中 | O<br>A<br>O | 对意外事故造成的损失进行年度统计,提出改进方案<br>制定重大事故调查和处理程序<br>编制和保存消防组织的装备详细目录 |
| 消防站设施和财产损失 | 低/高 | 中 | A<br>O<br>O | 为消防站的重要设施办理财产保险<br>购置或改造消防站设施时考虑安全和健康因素<br>对消防站设施进行日常安全与卫生检查 |
| a O=正在实施。<br>b A=需要行动。 | | | | |

附　录　B

（规范性附录）

正压式消防空气呼吸器的检查和维护

**B.1　例行检查的主要项目**

**B.1.1　消防空气呼吸器购买后和使用前，应进行下列检查：**

a)　检查面罩、中压供气管、气阀与头部系带是否有破损；

b)　背带、腰带是否完好、无断裂现象；

c)　检查气瓶是否有物理损伤；

d)　检查气瓶压力余气报警器。开启气瓶阀检查贮气压力，低于额定压力80%的，不允许使用；

e)　气瓶与支架及各部件是否联接牢固，管路是否密封良好；

f)　气瓶压力表工作正常，联接牢固。气瓶压力一般为28 MPa～30 MPa。压力低于24 MPa时，必须充气；

g)　戴好面罩，使面罩与面部贴合良好，面部应感觉舒适，无明显压痛；

h)　深呼吸2～3次，对消防空气呼吸器管路进行气密性能检查。气密性能良好，打开气瓶阀后能够正常呼吸方能投入使用。

**B.1.2　消防空气呼吸器使用后，应按下列要求使其恢复至使用前的技术状态：**

a)　清洁污垢，检查有无损坏情况；

b)　对空气瓶充气；

c)　用中性消毒液(不得使用含石碳酸的消毒液)洗涤面罩、呼气阀及供气阀。最后在清水中漂洗，使其自然干燥，不得烘烤曝晒；

d)　按使用前的准备工作要求，对消防空气呼吸器进行气密性试验。

**B.2　定期检查的主要项目**

消防空气呼吸器应定期进行下列检查：

a)　面罩的视窗、系带、密封圈、呼气阀、吸气阀、供气阀等部件应完整，连接正确可靠，清洁无污垢。

b)　气瓶外观检验，有下列情形的应予以报废：

- 瓶体表面有灼烧痕迹，或发生严重变形(鼓包、膨胀、凹陷等)；
- 瓶体外表面划痕深度一处超过1 mm或多处超过0.7 mm；
- 瓶口螺纹损伤或严重腐蚀。

c)　整机气密检查：打开气瓶阀，待高压空气充满管路后关闭气瓶阀，观察压力表变化，1 min内压力表数值下降不应超过2 MPa，超过2 MPa的为不合格。

d)　余气报警器检查：打开气瓶阀，待高压空气充满管路后关闭气瓶阀，观察压力变化，当压力表数值下降至5.5 MPa±0.5 MPa时，应发出报警音响，并连续报警至压力表数值"0"位为止。不符合此标准为不合格。

e)　供气阀和面罩的匹配检查：正确佩带消防空气呼吸器后，打开气瓶阀，在呼气和屏气时，供气阀应停止供气，没有"咝咝"响声。在吸气时，供气阀应供气，并有"咝咝"响声。反之应更换全面罩或供气阀。

**B.3　检查、维护消防空气呼吸器的安全规定**

a)　不应使消防空气呼吸器的高压、中压压缩空气直吹人的身体；

b)  拆除阀门、零件及脱开快速接头时,应先释放气瓶外系统内的压缩空气;

c)  非专职维修人员不允许调整空气呼吸器减压阀、报警器和中压安全阀的出厂压力值;

d)  操作人员在用压缩空气吹除消防空气呼吸器的灰尘、粉屑时应戴护目镜和手套;

e)  气瓶压力表应每年校验一次;

f)  气瓶充气不能超过额定工作压力;

g)  不允许将 30 MPa 压力的气瓶连接至最高输入压力为 20 MPa 的减压器上;

h)  不允许混用正压空气呼吸器和负压空气呼吸器的供气装置等配件;

i)  不允许使用已超过使用年限的零部件;

j)  消防空气呼吸器的气瓶不允许充填氧气,也不允许向气瓶充填其他气体、液体;

k)  消防空气呼吸器的密封件和少数零件在装配时,只允许涂少量硅脂,不允许涂其他油脂;

l)  不得随意改变面罩和气瓶之间的搭配。

附 录 C

（规范性附录）

现场作业区域划分

现场作业区域划分见图 C.1。

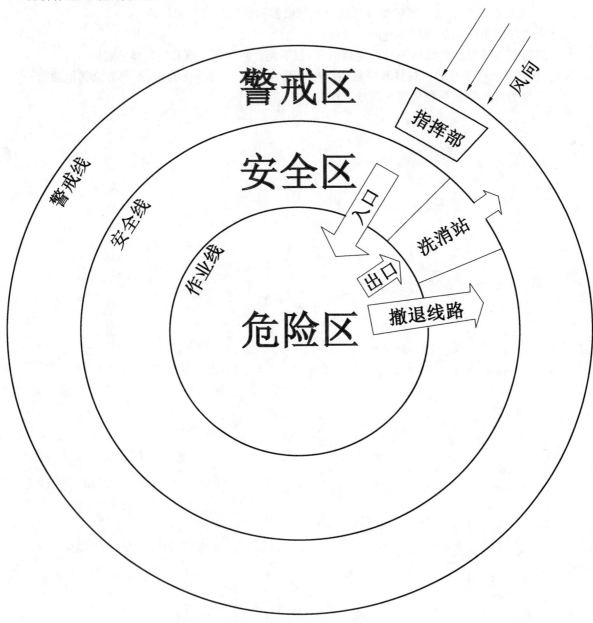

图 C.1 现场作业区域划分

附　录　D

（规范性附录）

化学危险品事故现场处置防护等级

**D.1　防护等级划分标准**

化学危险品事故现场处置防护等级划分见表 D.1。

表 D.1　防护等级划分

| 危险区<br>毒性 | 重度危险区 | 中度危险区 | 轻度危险区 |
|---|---|---|---|
| 剧毒 | 一级 | 一级 | 二级 |
| 高毒 | 一级 | 一级 | 二级 |
| 中毒 | 一级 | 二级 | 二级 |
| 低毒 | 二级 | 二级 | 三级 |
| 微毒 | 二级 | 二级 | 三级 |

**D.2　防护标准**

化学危险品事故现场处置防护标准见表 D.2。

表 D.2　防护标准

| 防护等级 | 防护范围 | 防化服 | 防护服 | 呼吸防护 |
|---|---|---|---|---|
| 一级 | 全身 | 全密封化学防护服 | 全棉防静电内外衣 | 正压式消防空气呼吸器或全防型滤毒罐 |
| 二级 | 全身 | 普通化学防护服 | 全棉防静电内外衣 | 正压式消防空气呼吸器或全防型滤毒罐 |
| 三级 | 全身 | 简易化学防护服 | 灭火防护服 | 简易滤毒罐、口罩、毛巾等防护器材 |

附 录 E

（资料性附录）

核 查 清 点

## E.1 标记附件

### E.1.1 名签

每名消防员应配备 4 个 60 mm×20 mm、背面贴有尼龙粘扣的塑料名签。中队应有一套所有成员的备用名签。名签的背景和字体颜色应按如下方式确定：

a) 支队以上级别指挥员：白字黑色背景；

b) 中队级别指挥员：白字红色背景；

c) 消防员：白字绿色背景。

### E.1.2 登记牌

每台消防车应配备一个 150 mm×100 mm、两面均为尼龙粘扣的登记牌。登记牌的正面用于粘贴消防员的名签，背面用于将登记牌粘贴在车辆乘员室门的里侧。每名消防员在登车时应将自己的名签粘贴在该车的登记牌上。名签应按如下顺序粘贴：

a) 指挥员；

b) 驾驶员（颠倒粘贴）；

c) 消防员。

### E.1.3 状态板

每台指挥车应配发一个大小为 360 mm×300 mm 的状态板。状态板的正面分两个部分，一部分为粘扣，用于粘放多个登记牌；一部分为工作表格区，用于登记每个战斗班所分派的任务、进出危险区域的时间、所佩戴防护装备的参数等。

## E.2 附件箱

附件箱内应装有为不在岗消防员、志愿者以及其他部门的增援队伍准备的以下标识附件：

a) 空白的登记牌；

b) 空白的名签（白色）；

c) 标记笔；

d) 尼龙粘扣；

e) 现场出入许可证；

## E.3 核查等级

### E.3.1 等级 I

出动车辆到达现场后应立即实施如下规程：

a) 当没有接到指令时，各战斗班的成员原地待命；

b) 当消防员需要进入危险区时，中队指挥官应将其所属战斗班的登记牌移至第一个到达现场的指挥车，并贴在该指挥车的状态板上。

### E.3.2 等级 II

当现场总指挥已经划定了作业区域和实施现场出入控制时，应实施如下操作规程：

a) 载有所有战斗班登记牌的状态板应汇总到现场指挥部，由现场总指挥掌握；

b) 负责特定作业区域的指挥员应单独持有一套载有该区域内战斗班登记牌的状态板；

c) 现场指挥官应指定现场安全员负责人员核查的具体操作。

附　录　F

（资料性附录）

消防中队医疗器械和药物配置标准

**F.1　指挥车医疗器械和药物配置标准**

急救药箱 1 只、夹板 2 副、急救包 2 只、剪刀 1 把、镊子 1 把、绷带 4 卷、外伤喷雾剂或同类药品、止血带、止血海绵、护创胶布、胶布、棉签、医用酒精、碘酊、人丹、十滴水、眼药水、硝酸甘油。

**F.2　消防中队卫生室医疗器械配置标准**

消防中队卫生室医疗器械配置标准见表 F.1。

表 F.1　消防中队卫生室医疗器械配置标准

| 项目 | 数量 | 项目 | 数量 |
|---|---|---|---|
| 诊断桌 | 1 张 | 污物桶 | 1 具 |
| 诊断椅 | 2 把 | 出诊箱 | 1 具 |
| 治疗凳 | 1 个 | 储槽 | 1 具 |
| 诊断治疗床 | 1 张 | 带盖方盘 | 1 具 |
| 药品柜子 | 1 具 | 磨口瓶 | 20 个 |
| 血压计 | 1 台 | 药膏缸 | 5 个 |
| 听诊器 | 1 副 | 弯盘 | 2 具 |
| 泡镊桶 | 1 个 | 敷料镊 | 2 把 |
| 小镊子 | 2 把 | 敷料剪 | 1 把 |
| 体温表 | 2 支 | 消毒锅 | 1 口 |
| 氧气瓶 | 1 个 | TDP 治疗仪 | 1 台 |
| 紫外线杀菌装置 | 1 台 | | |

附 录 G
（规范性附录）
医 疗 救 护

## G.1 消防医生应掌握的业务内容

**G.1.1 传染病防治法、食品卫生法、药品管理法**

**G.1.2 战伤及训练伤救治规则**

    a) 烧伤特点和救治原则；

    b) 挤压伤特点和救治原则；

    c) 冲击伤特点和救治原则；

    d) 复合伤特点和救治原则；

    e) 核、化学、生物武器致伤的特点和救治原则；

    f) 多脏器功能衰竭救治原则；

    g) 各种常见训练伤的特点和救治原则。

**G.1.3 急救技术**

    a) 环甲膜穿刺；

    b) 气管插管；

    c) 胸腔穿刺技术；

    d) 指压止血带止血；

    e) 包扎、固定、搬运的技术操作方法与要求；

    f) 心肺复苏急救技术；

    g) 电击伤急救技术；

    h) 溺水急救技术；

    i) 摔伤急救技术；

    j) 烧伤急救技术；

    k) 中暑急救技术；

    l) 中毒急救技术；

    m) 晕动救治技术；

    n) 海水浸泡救治技术。

**G.1.4 各部位火器伤的救治**

    a) 颅脑伤；

    b) 颈、颌面部（含眼部）伤；

    c) 胸背部伤；

    d) 腰腹部伤；

    e) 脊柱、脊髓伤；

    f) 四肢（含血管）伤。

**G.1.5 内科疾病的诊断和救治原则**

**G.1.6 社会、心理疾病知识**

    a) 临床心理；

    b) 变态心理；

    c) 神经心理；

d) 护理心理；

e) 健康心理；

f) 缺陷心理；

g) 药物与心理。

### G.1.7 冻伤的原因、分类、诊治和预防

### G.1.8 晕动病发生原因、诊治和预防

### G.1.9 高原病发生原因与分类、临床表现、诊断与救治要点及高原病的预防措施

### G.2 消防员应掌握的现场急救技术

a) 止血技术，包括指压止血法、止血带止血法、加压包止血法、屈指加压止血法；

b) 包扎技术，包括三角巾包扎法、绷带包扎法；

c) 骨折临时固定技术，包括锁骨骨折固定法、肱骨骨折固定法、前臂骨骨折固定法、股骨骨折固定法、小腿骨骨折固定法；

d) 伤员搬运技术，包括侧身匍匐搬运法、匍匐背驮搬运法、单人搬运法、双人搬运法、担架搬运法；

e) 心肺复苏技术，包括开放气道法、口对口人工呼吸法、胸外按压法。

## 参 考 文 献

［1］ GB/T 1.1—2000　标准化工作导则　第 1 部分:标准的结构和编写规则.

［2］ 中质协质量保证中心.职业安全健康管理体系的建立与实施.北京:中国标准出版社,2002.

［3］ 公安部消防局.公安消防队伍灭火救援业务培训教材——消防灭火救援.北京:中国人民公安大学出版社,2002.

［4］ 公安部消防局.公安消防部队执勤业务训练统编教材——基层警官训练.长春:吉林科学技术出版社,2001.

［5］ 公安部消防局.公安消防部队消防器材装备管理规定.

［6］ 公安部消防局.消防空气呼吸器管理规定.

［7］ 公安部消防局.公安消防部队灭火救援业务训练大纲.

［8］ 公安部消防局.公安消防部队执勤战斗条令.

［9］ 公安部消防局.公安消防部队防毒抢险勤务规程.

［10］ 建设部、国家发展和改革委员会.城市消防站建设标准(修订).

［11］ 公安部消防局.危险化学品应急处置速查手册.北京:中国人事出版社,2002.

［12］ NFPA1500 Standard on Fire Department Occupational Safety and Health Program, 2002 Edition.

［13］ NFPA1581 Standard on Fire Department Infection Control Program, 2000 Edition.

［14］ NFPA1925 Standard on Marine Fire-Fighting Vessels, 1998 Edition.

［15］ Stephen N. Foley,Resources for Fire Department Occupational Safety and Health, Natioal Fire Protection Association.

［16］ Jonathan D. Kipp, Murrey E. Loflin, Emergency Incident Risk Management, A Safety & Health Perspective, John Wiley & Sons, Inc.

［17］ Fred Stowell, Fire Department Safety Officer, First Edition, International Fire Service Training Association.

［18］ James S. Angle, Occupational Safety and Health in the Emergency Services, Delmar Publishers.

ICS 13.220.10
C 80

# 中华人民共和国公共安全行业标准

GA 621—2013
代替 GA 621—2006

# 消防员个人防护装备配备标准

Allocation standard for personal protective equipment of firefighters

2013-01-10 发布

2013-01-10 实施

中华人民共和国公安部    发 布

# 前　言

**本标准的第 5 章为强制性的，其余为推荐性的。**

本标准按照 GB/T 1.1—2009 给出的规则起草。

本标准代替 GA 621—2006《消防员个人防护装备配备标准》。与 GA 621—2006 相比，除编辑性修改外主要技术变化如下：

——将消防员个人防护装备的分类由基本防护装备、特种防护装备二类改为躯体防护装备、呼吸保护装备和随身携带装备三类（见 5.1～5.4,2006 版的 5.1、5.2）；

——增加了消防员灭火防护服、灭火防护头套、消防手套和灭火防护靴的配备和备份数量（见表 1,2006 版的表 1、表 2）；

——增加了应急救援用的消防员个人防护装备及配备数量，包括消防护目镜、抢险救援防护服、抢险救援防护靴、抢险救援手套、抢险救援头盔等（见表 1）；

——增加了普通消防站中消防员隔热防护服、手提式强光照明灯、防高温手套、一级消防员化学防护服和防化手套的配备数量（见表 1）；

——增配了消防员降温背心、消防员呼救器后场接收装置、消防用荧光棒、头骨振动式通信装置、防爆手持电台和消防员单兵定位装置等防护装备（见表 1、表 3）。

本标准由公安部消防局提出。

本标准由全国消防标准化技术委员会灭火救援分技术委员会(SAC/TC 113/SC 10)归口。

本标准起草单位：公安部上海消防研究所。

本标准主要起草人：魏捍东、薛林、王治安、曹永强、何宁、王丽晶、张智、殷海波、周凯。

本标准所代替标准的历次版本发布情况为：

——GA 621—2006。

# 消防员个人防护装备配备标准

## 1 范围

本标准规定了消防员个人防护装备的术语和定义、配备原则、配备要求以及管理与维护。

本标准适用于公安消防部队消防员个人防护装备的配备。其他形式消防队消防员个人防护装备的配备可参照本标准执行。

## 2 规范性引用文件

下列文件对于本文件的应用是必不可少的。凡是注日期的引用文件,仅注日期的版本适用于本文件。凡是不注日期的引用文件,其最新版本(包括所有的修改单)适用于本文件。

GB/T 6568 带电作业用屏蔽服装

GB 12014 防静电工作服

GA 6 消防员灭火防护靴

GA 7—2004 消防手套

GA 10 消防员灭火防护服

GA 44 消防头盔

GA 124 正压式消防空气呼吸器

GA 401 消防员呼救器

GA 494 消防用防坠落装备

GA 630 消防腰斧

GA 632 正压式消防氧气呼吸器

GA 633 消防员抢险救援防护服装

GA 634 消防员隔热防护服

GA 770 消防员化学防护服装

GA 869 消防员灭火防护头套

## 3 术语和定义

下列术语和定义适用于本文件。

### 3.1

消防员个人防护装备 Personal protective equipment of firefighter

消防员在灭火救援作业或训练中用于保护自身安全的基本防护装备和特种防护装备。

### 3.2

备份比 redundancy rate

消防员个人防护装备配备投入使用数量与备用数量之比。

## 4 配备原则

### 4.1 优先配置原则

消防员个人防护装备的配备应优先于其他类别装备的配备。

**4.2 安全可靠原则**

消防员个人防护装备应能保护消防员在灭火救援作业或训练时有效抵御有害物质和外力对人体的伤害,各项性能应安全可靠。

**4.3 系统配套原则**

消防员个人防护装备应系统配套,功能多样,有利于装备功能的充分发挥,有利于战斗展开和灭火技术、战术的实施。

**4.4 实用有效原则**

消防员个人防护装备配备应从实战需要出发,方便适用,能有效保护消防员在实战中的人身安全。

**5 配备要求**

5.1 消防员个人防护装备按照防护功能分为消防员躯体防护类装备、呼吸保护类装备和随身携带类装备等三类。各类装备应符合国家标准或行业标准,以及相应的市场准入规则。

5.2 消防员躯体防护类装备配备应符合表1的规定。

5.3 消防员呼吸保护类装备配备应符合表2的规定。

5.4 消防员随身携带类装备配备应符合表3的规定。

5.5 本标准规定的消防员个人防护装备配备种类及配备数量是消防部队配备的最低要求。

5.6 根据备份比计算的备份数量为非整数时应向上取整。

5.7 寒冷地区的消防员个人防护装备应考虑防寒要求。

5.8 消防员个人防护装备配备除执行本标准外,尚应符合国家的有关规定。

**表 1 消防员躯体防护类装备配备表**

| 序号 | 名称 | 主要用途及性能 | 普通消防站 | | | | 特勤消防站 | | 备 注 |
| | | | 一级普通消防站 | | 二级普通消防站 | | | | |
| | | | 配备 | 备份比 | 配备 | 备份比 | 配备 | 备份比 | |
| 1 | 消防头盔 | 用于头部、面部及颈部的安全防护。技术性能符合 GA 44 的要求 | 2顶/人 | 4:1 | 2顶/人 | 4:1 | 2顶/人 | 2:1 | |
| 2 | 消防员灭火防护服 | 用于灭火救援时身体防护。技术性能符合 GA 10 的要求 | 2套/人 | 1:1 | 2套/人 | 1:1 | 2套/人 | 1:1 | |
| 3 | 消防手套 | 用于手部及腕部防护。技术性能不低于 GA 7—2004 中 1 类消防手套的要求 | 4副/人 | 1:1 | 4副/人 | 1:1 | 4副/人 | 1:1 | 可根据需要选择配备2类或3类消防手套 |

表 1（续）

| 序号 | 名称 | 主要用途及性能 | 普通消防站 | | | | 特勤消防站 | | 备 注 |
|---|---|---|---|---|---|---|---|---|---|
| | | | 一级普通消防站 | | 二级普通消防站 | | | | |
| | | | 配备 | 备份比 | 配备 | 备份比 | 配备 | 备份比 | |
| 4 | 消防安全腰带 | 登高作业和逃生自救。技术性能符合 GA 494 的要求 | 1 根/人 | 4∶1 | 1 根/人 | 4∶1 | 1 根/人 | 4∶1 | |
| 5 | 消防员灭火防护靴 | 用于小腿部和足部防护。技术性能符合 GA 6 的要求 | 2 双/人 | 1∶1 | 2 双/人 | 1∶1 | 2 双/人 | 1∶1 | |
| 6 | 消防员隔热防护服 | 强热辐射场所的全身防护。技术性能符合 GA 634 的要求 | 4 套/班 | 4∶1 | 4 套/班 | 4∶1 | 4 套/班 | 2∶1 | 优先配备带有空气呼吸器背囊的消防员隔热防护服 |
| 7 | 消防员避火防护服 | 进入火焰区域短时间灭火或关阀作业时的全身防护 | 2 套/站 | — | 2 套/站 | — | 3 套/站 | — | |
| 8 | 二级化学防护服 | 化学灾害现场处置挥发性化学固体、液体时的躯体防护。技术性能符合 GA 770 的要求 | 6 套/站 | — | 4 套/站 | — | 1 套/人 | 4∶1 | 原名消防防化服或消防员普通化学防护服。应配备相应的训练用服装 |
| 9 | 一级化学防护服 | 化学灾害现场处置高浓度、强渗透性气体时的全身防护。具有气密性，对强酸强碱的防护时间不低于 1 h。应符合 GA 770 的要求 | 2 套/站 | — | 2 套/站 | — | 6 套/站 | — | 原名重型防化服或全密封消防员化学防护服。应配备相应的训练用服装 |
| 10 | 特级化学防护服 | 化学灾害现场或生化恐怖袭击现场处置生化毒剂时的全身防护。具有气密性，对军用芥子气、沙林、强酸强碱和工业苯的防护时间不低于 1 h | △ | — | △ | — | 2 套/站 | — | 可替代一级化学防护服使用。应配备相应的训练用服装 |

表 1（续）

| 序号 | 名称 | 主要用途及性能 | 普通消防站 | | | | 特勤消防站 | | 备　注 |
|---|---|---|---|---|---|---|---|---|---|
| | | | 一级普通消防站 | | 二级普通消防站 | | | | |
| | | | 配备 | 备份比 | 配备 | 备份比 | 配备 | 备份比 | |
| 11 | 核沾染防护服 | 处置核事故时，防止放射性沾染伤害 | △ | — | △ | — | △ | — | 原名防核防化服。距离核设施及相关研究、使用单位较近的消防站宜优先配备 |
| 12 | 防蜂服 | 防蜂类等昆虫侵袭的专用防护 | △ | — | △ | — | 2套/站 | — | 有任务需要的普通消防站配备数量不宜低于2套/站 |
| 13 | 防爆服 | 爆炸场所排爆作业的专用防护 | △ | — | △ | — | △ | — | 承担防爆任务的消防站配备数量不宜低于2套/站 |
| 14 | 电绝缘装具 | 高电压场所作业时全身防护。技术性能符合GB/T 6568的要求 | 2套/站 | — | 2套/站 | — | 3套/站 | — | |
| 15 | 防静电服 | 可燃气体、粉尘、蒸汽等易燃易爆场所作业时的全身外层防护。技术性能符合GB 12014的要求 | 6套/站 | — | 4套/站 | — | 12套/站 | — | |
| 16 | 内置纯棉手套 | 应急救援时的手部内层防护 | 6副/站 | — | 4副/站 | — | 12套/站 | — | |
| 17 | 消防员灭火防护头套 | 灭火救援时头面部和颈部防护。技术性能符合GA 869的要求 | 2个/人 | 4∶1 | 2个/人 | 4∶1 | 2个/人 | 4∶1 | 原名阻燃头套 |
| 18 | 防静电内衣 | 可燃气体、粉尘、蒸汽等易燃易爆场所作业时躯体内层防护 | 2套/人 | | 2套/人 | | 3套/人 | | |
| 19 | 消防阻燃毛衣 | 冬季或低温场所作业时的内层防护 | △ | — | △ | — | 1件/人 | 4∶1 | |

表 1（续）

| 序号 | 名称 | 主要用途及性能 | 普通消防站 | | | | 特勤消防站 | | 备　　注 |
|---|---|---|---|---|---|---|---|---|---|
| | | | 一级普通消防站 | | 二级普通消防站 | | | | |
| | | | 配备 | 备份比 | 配备 | 备份比 | 配备 | 备份比 | |
| 20 | 防高温手套 | 高温作业时的手部和腕部防护 | 4 副/站 | — | 4 副/站 | — | 6 副/站 | — | |
| 21 | 防化手套 | 化学灾害事故现场作业时的手部和腕部防护 | 4 副/站 | — | 4 副/站 | — | 6 副/站 | — | |
| 22 | 消防护目镜 | 抢险救援时眼部防护 | 1 个/人 | 4:1 | 1 个/人 | 4:1 | 1 个/人 | 4:1 | |
| 23 | 抢险救援头盔 | 抢险救援时头部防护。技术性能符合 GA 633 的要求 | 1 顶/人 | 4:1 | 1 顶/人 | 4:1 | 1 顶/人 | 4:1 | |
| 24 | 抢险救援手套 | 抢险救援时手部防护。技术性能符合 GA 633 的要求 | 2 副/人 | 4:1 | 2 副/人 | 4:1 | 2 副/人 | 4:1 | |
| 25 | 抢险救援服 | 抢险救援时身体防护。技术性能符合 GA 633 的要求 | 2 套/人 | 4:1 | 2 套/人 | 4:1 | 2 套/人 | 4:1 | |
| 26 | 抢险救援靴 | 抢险救援时小腿部及足部防护。技术性能符合 GA 633 的要求 | 2 双/人 | 4:1 | 2 双/人 | 4:1 | 2 双/人 | 2:1 | |
| 27 | 潜水装具 | 水下救援作业时的专用防护 | △ | — | △ | — | 4 套/站 | | 承担水域救援任务的普通消防站配备数量不宜低于 4 套/站 |
| 28 | 消防专用救生衣 | 水上救援作业时的专用防护。具有两种复合浮力配置方式，常态时浮力能保证单人作业，救人时最大浮力可同时承载两个成年人，浮力大于等于 140 kg | △ | — | △ | — | 1 件/2 人 | 2:1 | 承担水域应急救援任务的普通消防站配备数量不宜低于 1 件/2 人 |
| 29 | 消防员降温背心 | 降低体温防止中暑。使用时间不应低于 2 h | 4 件/站 | — | 4 件/站 | — | 4 件/班 | — | |
| 注："△"表示可选配；"—"表示可无要求。表 2、表 3 同。 | | | | | | | | | |

### 表 2 消防员呼吸保护类装备配备表

| 序号 | 名称 | 主要用途及性能 | 普通消防站 | | | | 特勤消防站 | | 备注 |
|---|---|---|---|---|---|---|---|---|---|
| | | | 一级普通消防站 | | 二级普通消防站 | | | | |
| | | | 配备 | 备份比 | 配备 | 备份比 | 配备 | 备份比 | |
| 1 | 正压式消防空气呼吸器 | 缺氧或有毒现场作业时的呼吸防护。技术性能符合 GA 124 的要求 | 1具/人 | 5:1 | 1具/人 | 5:1 | 1具/人 | 4:1 | 可根据需要选择配备6.8L、9L 或双6.8L气瓶，并选配他救接口。备用气瓶按照正压式空气呼吸器总量1:1备份 |
| 2 | 移动供气源 | 狭小空间和长时间作业时呼吸保护 | 1套/站 | — | 1套/站 | — | 2套/站 | — | |
| 3 | 正压式消防氧气呼吸器 | 高原、地下、隧道以及高层建筑等场所长时间作业时的呼吸保护。技术性能符合 GA 632 的要求 | △ | — | △ | — | 4具/站 | 2:1 | 承担高层、地铁、隧道或在高原地区承担灭火救援任务的普通消防站配备数量不宜低于2具/站 |
| 4 | 强制送风呼吸器 | 开放空间有毒环境中作业时呼吸保护 | △ | — | △ | — | 2套/站 | — | |
| 5 | 消防过滤式综合防毒面具 | 开放空间有毒环境中作业时呼吸保护 | △ | — | △ | — | 1套/2人 | 4:1 | 滤毒罐按照消防过滤式综合防毒面具总量1:2备份 |

表 3 消防员随身携带类装备配备表

| 序号 | 名称 | 主要用途及性能 | 普通消防站 | | | | 特勤消防站 | | 备 注 |
|---|---|---|---|---|---|---|---|---|---|
| | | | 一级普通消防站 | | 二级普通消防站 | | | | |
| | | | 配备 | 备份比 | 配备 | 备份比 | 配备 | 备份比 | |
| 1 | 佩戴式防爆照明灯 | 消防员单人作业照明 | 1个/人 | 5:1 | 1个/人 | 5:1 | 1个/人 | 5:1 | |
| 2 | 消防员呼救器 | 呼救报警。技术性能符合 GA 401 的要求 | 1个/人 | 4:1 | 1个/人 | 4:1 | 1个/人 | 4:1 | 配备具有方位灯功能的消防员呼救器,可不配方位灯 |
| 3 | 方位灯 | 消防员在黑暗或浓烟等环境中的位置标识 | 1个/人 | 5:1 | 1个/人 | 5:1 | 1个/人 | 5:1 | |
| 4 | 消防轻型安全绳 | 消防员自救和逃生。技术性能符合 GA 494 的要求 | 1根/人 | 4:1 | 1根/人 | 4:1 | 1根/人 | 4:1 | |
| 5 | 消防腰斧 | 灭火救援时手动破拆非带电障碍物。技术性能符合 GA 630 的要求 | 1把/人 | 5:1 | 1把/人 | 5:1 | 1把/人 | 5:1 | 优先配备多功能消防腰斧 |
| 6 | 消防通用安全绳 | 消防员救援作业。技术性能符合 GA 494 的要求 | 2根/班 | 2:1 | 2根/班 | 2:1 | 4根/班 | 2:1 | |
| 7 | 消防Ⅰ类安全吊带 | 消防员逃生和自救。技术性能符合 GA 494 的要求 | △ | — | △ | — | 4根/班 | 2:1 | |
| 8 | 消防Ⅱ类安全吊带 | 消防员救援作业。技术性能符合 GA 494 的要求 | 2根/班 | 2:1 | 2根/班 | 2:1 | 4根/班 | 2:1 | 可根据需要选择配备消防Ⅱ类安全吊带和消防Ⅲ类安全吊带中的一种或两种 |
| 9 | 消防Ⅲ类安全吊带 | 消防员救援作业。技术性能符合 GA 494 的要求 | 2根/班 | 2:1 | 2根/班 | 2:1 | 4根/班 | 2:1 | |
| 10 | 消防防坠落辅助部件 | 与安全绳和安全吊带、安全腰带配套使用的承载部件。包括:8字环、D形钩、安全钩、上升器、下降器、抓绳器、便携式固定装置和滑轮装置等部件。技术性能符合 GA 494 的要求 | 2套/班 | 3:1 | 2套/班 | 3:1 | 2套/班 | 3:1 | 可根据需要选择配备轻型或通用型消防防坠落辅助部件 |

表 3（续）

| 序号 | 名称 | 主要用途及性能 | 普通消防站 | | | | 特勤消防站 | | 备 注 |
|---|---|---|---|---|---|---|---|---|---|
| | | | 一级普通消防站 | | 二级普通消防站 | | | | |
| | | | 配备 | 备份比 | 配备 | 备份比 | 配备 | 备份比 | |
| 11 | 手提式强光照明灯 | 灭火救援现场作业时的照明。具有防爆性能 | 3具/班 | 2:1 | 3具/班 | 2:1 | 3具/班 | 2:1 | |
| 12 | 消防用荧光棒 | 黑暗或烟雾环境中一次性照明和标识使用 | 4根/人 | — | 4根/人 | — | 4根/人 | — | |
| 13 | 消防员呼救器后场接收装置 | 接收火场消防员呼救器的无线报警信号,可声光报警。至少能够同时接收8个呼救器的无线报警信号 | △ | — | △ | — | △ | — | 若配备具有无线报警功能的消防员呼救器,则每站至少应配备1套 |
| 14 | 头骨振动式通信装置 | 消防员间以及与指挥员间的无线通信,距离不应低于1 000 m,可配信号中继器 | 4个/站 | — | 4个/站 | — | 8个/站 | — | |
| 15 | 防爆手持电台 | 消防员间以及与指挥员间的无线通信,距离不应低于1 000 m | 4个/站 | — | 4个/站 | — | 8个/站 | — | |
| 16 | 消防员单兵定位装置 | 实时标定和传输消防员在灾害现场的位置和运动轨迹 | △ | — | △ | — | △ | — | 每套消防员单兵定位装置至少包含一个主机和多个终端 |

## 6 管理与维护

6.1 消防员个人防护装备应建立仓储、使用与维护制度。

6.2 消防员个人防护装备的技术资料、图纸、说明书、维修记录和计量检测记录应存档备查。

6.3 对磨损消耗速度快、可连续使用次数少的躯体防护装备和呼吸保护装备,应建立使用记录手册,记录防护装备每次的使用时间、使用人员、使用情况以及安全检查结果等。

6.4 个人使用的防护装备应统一标识、标号,对共用的防护装备应指定专人负责维护。

6.5 消防员个人防护装备应建立相应的维修、报废制度,若有损坏或影响安全使用的,应及时修复或更换。

6.6 消防员个人防护装备正常使用情况下的更换年限应参照装备使用说明书的要求,并结合实际使用频次和磨损等情况确定。消防装备管理部门有规定的,应符合其规定。

---

ICS 13.220.10
C 80

# 中华人民共和国公共安全行业标准

GA 622—2013
代替 GA 622—2006

# 消防特勤队（站）装备配备标准

Allocation standard for equipment of
special fire service departments（stations）

2013-01-10 发布
2013-01-10 实施

中华人民共和国公安部　　发布

# 前　言

**本标准的第 5 章为强制性的,其余为推荐性的。**

本标准按照 GB/T 1.1—2009 给出的规则起草。

本标准代替 GA 622—2006《消防特勤队(站)装备配备标准》。与 GA 622—2006 相比,除编辑性修改外主要技术变化如下:

——调整了本标准的适用范围(见第 1 章,2006 版的第 1 章);

——修订了车辆装备配备品种、数量和主要消防车辆技术性能要求(见 5.2.1,2006 版的 5.6.1);

——修订了抢险救援器材配备品种、数量和主要用途要求(见 5.2.1～5.2.10、5.3,2006 版的 5.6.2～5.6.10、5.9);

——调整了灭火器材及其他类器材的配备要求(见 5.2.11,2006 版的 5.6.11);

——删除了水上消防站和航空消防站的装备配备要求(见 2006 版的 5.7、5.8)。

本标准由公安部消防局提出。

本标准由全国消防标准化技术委员会灭火救援分技术委员会(SAC/TC 113/SC 10)归口。

本标准起草单位:公安部上海消防研究所。

本标准主要起草人:魏捍东、薛林、王治安、王丽晶、何宁、施巍、张智、赵轶惠。

本标准于 2006 年 4 月首次发布,本版为第一次修订。

# 消防特勤队（站）装备配备标准

## 1 范围

本标准规定了公安消防特勤队（站）装备的术语和定义、配备原则、配备要求以及管理与维护。

本标准适用于公安消防部队的消防特勤队（站）以及普通消防站中抢险救援班的装备配备。其他承担消防特勤任务的企业消防站、民办消防站等装备配备，可参照本标准执行。

## 2 规范性引用文件

下列文件对于本文件的应用是必不可少的。凡注日期的引用文件，仅注日期的版本适用于本文件。凡是不注日期的引用文件，其最新版本（包括所有的修改单）适用于本文件。

GB/T 5907 消防基本术语 第一部分

GB/T 14107 消防基本术语 第二部分

GB/T 17906 液压破拆工具通用技术条件

GB 50313 消防通信指挥系统设计规范

GA 209 消防过滤式自救呼吸器

GA 413 救生缓降器

GA 621 消防员个人防护装备配备标准

GA 631 消防救生气垫

GA/T 635 消防用红外热像仪

建标 152—2011 城市消防站建设标准

## 3 术语和定义

GB/T 5907 和 GB/T 14107 中界定的以及下列术语和定义适用于本文件。

### 3.1
**消防特勤 special fire service**

公安消防部队处置各类化学事故等特种灾害事故、扑救特殊火灾、拯救遇险人员生命等的特殊勤务。

### 3.2
**消防特勤队（站） special fire service department(station)**

承担消防特勤任务的消防特勤支队、特勤大队和特勤中队。

#### 3.2.1
**消防特勤中队 special fire service lochus**

承担消防特勤任务的基层消防特勤队（站）。

#### 3.2.2
**消防特勤大队 special fire service battalion**

下辖两个以上（含两个）消防特勤中队的消防特勤队。

**3.2.3**

**消防特勤支队　special fire service regiment**

直辖市建立的下辖两个以上(含两个)消防特勤大队的消防特勤队。

**3.3**

**抢险救援班　special fire service team**

普通消防中队中承担消防特勤任务的班。

**3.4**

**消防特勤装备　special fire service equipment**

消防特勤队(站)配备的用于处置特殊火灾和特种灾害事故的车辆及各类侦检、警戒、救生、破拆、堵漏、输转、洗消、照明、排烟、通信、灭火等装备。

## 4　配备原则

消防特勤队(站)装备配备应符合统一规划、结构合理、功能配套、实用有效的原则。装备配备应保障消防特勤队(站)能够独立开展所承担的消防特勤任务。

## 5　配备要求

### 5.1　总则

5.1.1　消防特勤队(站)配备的装备应符合国家标准或行业标准,以及相应的市场准入制度。

5.1.2　消防特勤队(站)人员的个人防护装备配备,应符合 GA 621 的规定。

5.1.3　消防特勤支队下属队(站)的装备配备,可根据需要进行组合,但不得低于本标准的要求。

5.1.4　本标准规定的必配装备是各级消防特勤队(站)的基本配备要求,本标准规定的选配装备应根据当地实际情况配备。

### 5.2　消防特勤队(站)装备配备

5.2.1　车辆装备配备应符合表 1 的要求;按照建标 152—2011 的规定,车辆总数应在 8 辆~11 辆。

5.2.2　侦检器材配备应符合表 2 的要求。

5.2.3　警戒器材配备应符合表 3 的要求。

5.2.4　救生器材配备应符合表 4 的要求。

5.2.5　破拆器材配备应符合表 5 的要求。

5.2.6　堵漏器材配备应符合表 6 的要求。

5.2.7　输转器材配备应符合表 7 的要求。

5.2.8　洗消器材配备应符合表 8 的要求。

5.2.9　通信器材配备应符合 GB 50313 的规定。

5.2.10　照明、排烟器材配备应符合表 9 的要求。

5.2.11　灭火及其他器材配备应符合表 10 的要求。

### 5.3　抢险救援班装备配备

普通消防站抢险救援班应配备抢险救援车,其装备配备应符合表 11 的要求。

表 1 消防特勤队(站)车辆装备配备标准

| 品　种 | | 配备数量 | |
|---|---|---|---|
| | | 必配 | 选配 |
| 灭火消防车 | 水罐或泡沫消防车 | 3 | — |
| | 压缩空气泡沫消防车 | | — |
| | 泡沫干粉联用消防车 | — | △ |
| | 干粉消防车 | — | △ |
| 举高消防车 | 登高平台消防车 | 1 | — |
| | 云梯消防车 | | — |
| | 举高喷射消防车 | — | △ |
| 专勤消防车 | 抢险救援消防车 | 1 | — |
| | 排烟消防车或照明消防车 | — | △ |
| | 化学事故抢险救援或防化洗消消防车 | 1 | — |
| | 侦检消防车 | — | △ |
| | 通信指挥消防车 | — | △ |
| 战勤保障消防车 | 供气消防车 | — | △ |
| | 器材消防车 | — | △ |
| | 供液消防车 | — | △ |
| | 供水消防车 | — | △ |
| | 自装卸式消防车(含器材保障、供液消防、生活保障集装箱) | — | △ |
| 消防摩托车 | | — | △ |
| 主要消防车辆的技术性能 | | | |
| 发动机功率/kW | | ≥210 | |
| 比功率/(kW/t) | | ≥12 | |
| 水罐消防车出水性能 | 出口压力/MPa | 1 | 1.8 |
| | 流量/(L/s) | 60 | 30 |
| 泡沫消防车出泡沫性能/类 | | A、B | |
| 登高平台、云梯消防车额定工作高度/m | | ≥50 | |
| 举高喷射消防车额定工作高度/m | | ≥20 | |
| 抢险救援消防车 | 起吊质量/kg | ≥5 000 | |
| | 牵引质量/kg | ≥7 000 | |
| **注**："△"为选配;"—"为无要求,表2~表11同。 | | | |

表 2　消防特勤队(站)侦检器材配备标准

| 序号 | 器材名称 | 主要用途及要求 | 配备 | 备份 | 备注 |
|---|---|---|---|---|---|
| 1 | 有毒气体探测仪 | 探测有毒气体、有机挥发性气体等。具备自动识别、防水、防爆性能 | 2套 | — | |
| 2 | 军事毒剂侦检仪 | 侦检沙林、芥子气、路易氏气、氢氰酸等化学战剂。具备防水和快速感应等性能 | △ | — | |
| 3 | 可燃气体检测仪 | 可检测事故现场多种易燃易爆气体的浓度 | 2套 | — | |
| 4 | 水质分析仪 | 定性分析水中的化学物质 | △ | — | |
| 5 | 电子气象仪 | 可检测事故现场风向、风速、温度、湿度、气压等气象参数 | 1套 | — | |
| 6 | 无线复合气体探测仪 | 实时检测现场的有毒有害气体浓度,并将数据通过无线网络传输至主机。终端设置多个可更换的气体传感器探头。具有声光报警和防水、防爆功能 | △ | — | |
| 7 | 生命探测仪 | 搜索和定位地震及建筑倒塌等现场的被困人员。有音频、视频、雷达等 | 2套 | — | 优先配备雷达生命探测仪 |
| 8 | 消防用红外热像仪 | 黑暗、浓烟环境中人员搜救或火源寻找。性能符合 GA/T 635 的要求,分为手持式和头盔式两种 | 2台 | — | |
| 9 | 漏电探测仪 | 确定泄漏电源位置,具有声光报警功能 | 1个 | 1个 | |
| 10 | 核放射探测仪 | 快速寻找并确定 α、β、γ 射线污染源的位置。具有声光报警、射线强度显示等功能 | △ | — | |
| 11 | 电子酸碱测试仪 | 测试液体的酸碱度 | 1套 | — | |
| 12 | 测温仪 | 非接触测量物体温度,寻找隐藏火源。测温范围:-20 ℃~450 ℃ | 2个 | 1个 | |
| 13 | 移动式生物快速侦检仪 | 快速检测、识别常见的病毒和细菌,可在 30 min 之内提供检测结果 | △ | — | |
| 14 | 激光测距仪 | 快速准确测量各种距离参数 | 1个 | — | |
| 15 | 便携危险化学品检测片 | 通过检测片的颜色变化探测有毒化学气体或蒸汽。检测片种类包括:强酸、强碱、氯、硫化氢、碘、光气、磷化氢、二氧化硫等 | 4套 | — | |

表 3　消防特勤队(站)警戒器材配备标准

| 序号 | 器材名称 | 主要用途及要求 | 配备 | 备份 |
|---|---|---|---|---|
| 1 | 警戒标志杆 | 灾害事故现场警戒。有发光或反光功能 | 10根 | 10根 |
| 2 | 锥型事故标志柱 | 灾害事故现场道路警戒 | 10根 | 10根 |
| 3 | 隔离警示带 | 灾害事故现场警戒。具有发光或反光功能,每盘长度约 250 m | 20盘 | 10盘 |
| 4 | 出入口标志牌 | 灾害事故现场出入口标识。图案、文字、边框均为反光材料,与标志杆配套使用 | 2组 | — |

**表 3（续）**

| 序号 | 器材名称 | 主要用途及要求 | 配备 | 备份 |
|------|---------|---------------|------|------|
| 5 | 危险警示牌 | 灾害事故现场警戒警示。分为有毒、易燃、泄漏、爆炸、危险等五种标志，图案为发光或反光材料，与标志杆配套使用 | 1套 | 1套 |
| 6 | 闪光警示灯 | 灾害事故现场警戒警示。频闪型，光线暗时自动闪亮 | 5个 | — |
| 7 | 手持扩音器 | 灾害事故现场指挥。功率大于10 W，具备警报功能 | 2个 | 1个 |

**表 4　消防特勤队（站）救生器材配备标准**

| 序号 | 器材名称 | 主要用途及要求 | 配备 | 备份 | 备注 |
|------|---------|---------------|------|------|------|
| 1 | 躯体固定气囊 | 固定受伤人员躯体，保护骨折部位免受伤害。全身式，负压原理快速定型，牢固、轻便 | 2套 | — | |
| 2 | 肢体固定气囊 | 固定受伤人员肢体，保护骨折部位免受伤害。分体式，负压原理快速定型，牢固、轻便 | 2套 | — | |
| 3 | 婴儿呼吸袋 | 提供呼吸保护，救助婴儿脱离灾害事故现场。全密闭式，与全防型过滤罐配合使用，电驱动送风 | △ | — | |
| 4 | 消防过滤式自救呼吸器 | 事故现场被救人员呼吸防护。性能符合GA 209的要求 | 20具 | 10具 | 含滤毒罐 |
| 5 | 救生照明线 | 能见度较低情况下的照明及疏散导向。具备防水、质轻、抗折、耐拉、耐压、耐高温等性能。每盘长度大于或等于100 m | 2盘 | — | |
| 6 | 折叠式担架 | 运送事故现场受伤人员。可折叠，承重大于或等于120 kg | 2副 | 1副 | |
| 7 | 伤员固定抬板 | 运送事故现场受伤人员。与头部固定器、颈托等配合使用，避免伤员颈椎、胸椎及腰椎再次受伤。担架周边有提手口，可供3人以上同时提、扛、抬，水中不下沉，承重大于或等于250 kg | 3块 | — | |
| 8 | 多功能担架 | 深井、狭小空间、高空等环境下的人员救助。可水平或垂直吊运，承重大于或等于120 kg | 2副 | — | |
| 9 | 消防救生气垫 | 救助高处被困人员。性能符合GA 631的要求 | 1套 | — | |
| 10 | 救生缓降器 | 高处救人和自救。性能符合GA 413的要求 | 3个 | 1个 | |
| 11 | 灭火毯 | 火场救生和重要物品保护。耐燃氧化纤维材料，防火布夹层织制，在900 ℃火焰中不熔滴，不燃烧 | △ | — | |
| 12 | 医药急救箱 | 现场医疗急救。包含常规外伤和化学伤害急救所需的敷料、药品和器械等 | 1个 | 1个 | |
| 13 | 医用简易呼吸器 | 辅助人员呼吸。包括氧气瓶、供气面罩、人工肺等 | △ | — | |

表 4（续）

| 序号 | 器材名称 | 主要用途及要求 | 配备 | 备份 | 备注 |
|------|----------|----------------|------|------|------|
| 14 | 气动起重气垫 | 交通事故、建筑倒塌等现场救援。有方形、柱形、球形等类型，依据起重重量，可划分为多种规格 | 2套 | — | 方形、柱形气垫每套不少于4 种规格，球形气垫每套不少于 2 种规格 |
| 15 | 救援支架 | 高台、悬崖及井下等事故现场救援。金属框架，配有手摇式绞盘，牵引滑轮最大承载大于或等于 2.5 kN，绳索长度大于或等于 30 m | 1组 | — | |
| 16 | 救生抛投器 | 远距离抛投救生绳或救生圈。气动喷射，投射距离不小于 60 m | 1套 | — | |
| 17 | 水面漂浮救生绳 | 水面救援。可漂浮于水面，标识明显，固定间隔处有绳节，不吸水，破断强度大于或等于 18 kN | △ | — | |
| 18 | 机动橡皮舟 | 水域救援。双尾锥充气船体，材料防老化、防紫外线。船底部有充气舷梁，铝合金拼装甲板，具有排水阀门，发动机功率大于 18 kW，最大承载能力大于或等于 500 kg | △ | — | |
| 19 | 敛尸袋 | 包裹遇难人员尸体 | 20个 | — | |
| 20 | 救生软梯 | 被困人员营救。长度大于或等于 15 m，荷载大于或等于 1 000 kg | 2具 | — | |
| 21 | 自喷荧光漆 | 标记救人位置、搜索范围、集结区域等 | 20罐 | — | |
| 22 | 电源逆变器 | 电源转换。可将直流电转化为 220 V 交流电 | 1台 | — | 功率应与实战需求相匹配 |

表 5  消防特勤队（站）破拆器材配备标准

| 序号 | 器材名称 | 主要用途及要求 | 配备 | 备份 | 备注 |
|------|----------|----------------|------|------|------|
| 1 | 电动剪扩钳 | 剪切扩张作业。由刀片、液压泵、微型电机、电池构成，最大剪切圆钢直径大于或等于 22 mm，最大扩张力大于或等于 135 kN。一次充电可连续切断直径 16 mm 钢筋大于或等于 90 次 | 1具 | — | |
| 2 | 液压破拆工具组 | 建筑倒塌、交通事故等现场破拆作业。包括机动液压泵、手动液压泵、液压剪切器、液压扩张器、液压剪扩器、液压撑顶器等，性能符合 GB/T 17906 的要求 | 2套 | — | |
| 3 | 液压万向剪切钳 | 狭小空间破拆作业。钳头可以旋转，体积小、易操作 | 1具 | — | |
| 4 | 双轮异向切割锯 | 双锯片异向转动，能快速切割硬度较高的金属薄片、塑料、电缆等 | 1具 | — | |
| 5 | 机动链锯 | 切割各类木质障碍物 | 1具 | 1具 | 增加锯条备份 |

表 5（续）

| 序号 | 器材名称 | 主要用途及要求 | 配备 | 备份 | 备注 |
|------|----------|----------------|------|------|------|
| 6 | 无齿锯 | 切割金属和混凝土材料 | 1 具 | 1 具 | 增加锯片备份 |
| 7 | 气动切割刀 | 切割车辆外壳、防盗门等薄壁金属及玻璃等，配有不同规格切割刀片 | △ | — | |
| 8 | 重型支撑套具 | 建筑倒塌现场支撑作业。支撑套具分为液压式、气压式或机械手动式。具有支撑力强、行程高、支撑面大、操作简便等特点 | 1 套 | — | |
| 9 | 冲击钻 | 灾害现场破拆作业，冲击速率可调 | △ | — | |
| 10 | 凿岩机 | 混凝土结构破拆 | △ | — | |
| 11 | 玻璃破碎器 | 门窗玻璃、玻璃幕墙的手动破拆。也可对砖瓦、薄型金属进行破碎 | 1 台 | — | |
| 12 | 手持式钢筋速断器 | 直径 20 mm 以下钢筋快速切断。一次充电可连续切断直径 16 mm 钢筋大于或等于 70 次 | 1 台 | — | |
| 13 | 多功能刀具 | 救援作业。由刀、钳、剪、锯等组成的组合式刀具 | 5 套 | — | |
| 14 | 混凝土液压破拆工具组 | 建筑倒塌灾害事故现场破拆作业。由液压机动泵、金刚石链锯、圆盘锯、破碎镐等组成，具有切、割、破碎等功能 | 1 套 | — | |
| 15 | 液压千斤顶 | 交通事故、建筑倒塌现场的重载荷撑顶救援，最大起重重量大于或等于 20 t | △ | — | |
| 16 | 便携式汽油金属切割器 | 金属障碍物破拆。由碳纤维氧气瓶、稳压储油罐等组成，汽油为燃料 | △ | — | |
| 17 | 手动破拆工具组 | 由冲杆、拆锁器、金属切断器、凿子、钎子等部件组成，事故现场手动破拆作业 | 1 套 | — | |
| 18 | 便携式防盗门破拆工具组 | 主要用于卷帘门、金属防盗门的破拆作业。包括液压泵、开门器、小型扩张器、撬棍等工具。其中开门器最大升限大于或等于 150 mm，最大挺举力大于或等于 60 kN | 2 套 | — | |
| 19 | 毁锁器 | 防盗门及汽车锁等快速破拆。主要由特种钻头螺丝、锁芯拔除器、锁芯切断器、换向扳手、专用电钻、锁舌转动器等组成 | 1 套 | — | |
| 20 | 多功能挠钩 | 事故现场小型障碍清除，火源寻找或灾后清理 | 1 套 | 1 套 | |
| 21 | 绝缘剪断钳 | 事故现场电线电缆或其他带电体的剪切 | 2 把 | — | |

表6 消防特勤队（站）堵漏器材配备标准

| 序号 | 器材名称 | 主要用途及要求 | 配备 | 备份 | 备注 |
|---|---|---|---|---|---|
| 1 | 内封式堵漏袋 | 圆形容器、密封沟渠或排水管道的堵漏作业。工作压力大于或等于0.15 MPa | 1套 | — | 每套不少于4种规格 |
| 2 | 外封式堵漏袋 | 管道、容器、油罐车或油槽车、油桶与储罐罐体外部的堵漏作业。工作压力大于或等于0.15 MPa | 1套 | — | 每套不少于2种规格 |
| 3 | 捆绑式堵漏袋 | 管道及容器裂缝堵漏作业。袋体径向缠绕，工作压力大于或等于0.15 MPa | 1套 | — | 每套不少于2种规格 |
| 4 | 下水道阻流袋 | 阻止有害液体流入城市排水系统，材质具有防酸碱性能 | 2个 | — | |
| 5 | 金属堵漏套管 | 管道孔、洞、裂缝的密封堵漏。最大封堵压力大于或等于1.6 MPa | 1套 | — | 每套不少于9种规格 |
| 6 | 堵漏枪 | 密封油罐车、液罐车及储罐裂缝。工作压力大于或等于0.15 MPa，有圆锥形和楔形两种 | △ | — | 每套不少于4种规格 |
| 7 | 阀门堵漏套具 | 阀门泄漏堵漏作业 | △ | — | |
| 8 | 注入式堵漏工具 | 阀门或法兰盘堵漏作业。无火花材料。配有手动液压泵，泵缸压力大于或等于74 MPa | 1组 | — | 含注入式堵漏胶1箱 |
| 9 | 粘贴式堵漏工具 | 罐体和管道表面点状、线状泄漏的堵漏作业。无火花材料。包括组合工具、快速堵漏胶等 | 1组 | — | |
| 10 | 电磁式堵漏工具 | 各种罐体和管道表面点状、线状泄漏的堵漏作业 | 1组 | — | |
| 11 | 木制堵漏楔 | 压力容器的点状、线状泄漏或裂纹泄漏的临时封堵 | 1套 | 1套 | 每套不少于28种规格 |
| 12 | 气动吸盘式堵漏器 | 封堵不规则孔洞。气动、负压式吸盘，可输转作业 | △ | — | |
| 13 | 无火花工具 | 易燃易爆事故现场的手动作业。一般为铜质合金材料 | 2套 | — | 配备不低于11种规格 |
| 14 | 强磁堵漏工具 | 压力管道、阀门、罐体的泄漏封堵，满足点、线、凸起等不同部位的快速堵漏。工作压力大于或等于1 MPa | △ | — | |

表7 消防特勤队（站）输转器材配备标准

| 序号 | 器材名称 | 主要用途及要求 | 配备 | 备份 |
|---|---|---|---|---|
| 1 | 手动隔膜抽吸泵 | 输转有毒、有害液体。手动驱动，输转流量大于或等于3 t/h，最大吸入颗粒粒径10 mm，具有防爆性能 | 1台 | — |
| 2 | 防爆输转泵 | 吸附、输转各种液体。一般排液量6 t/h，最大吸入颗粒粒径5 mm，安全防爆 | 1台 | — |

表 7（续）

| 序号 | 器材名称 | 主要用途及要求 | 配备 | 备份 |
|---|---|---|---|---|
| 3 | 粘稠液体抽吸泵 | 快速抽取有毒有害及粘稠液体,电机驱动,配有接地线,安全防爆 | 1台 | — |
| 4 | 排污泵 | 吸排污水 | △ | — |
| 5 | 有毒物质密封桶 | 装载有毒有害物质。防酸碱,耐高温 | 1个 | — |
| 6 | 围油栏 | 防止油类及污水蔓延。材质防腐,充气、充水两用型,可在陆地或水面使用 | 1组 | — |
| 7 | 吸附垫 | 酸、碱和其他腐蚀性液体的少量吸附 | 2箱 | 1箱 |
| 8 | 集污袋 | 暂存酸、碱及油类液体。材料耐酸碱 | 2只 | — |

表 8  消防特勤队（站）洗消类器材配备标准

| 序号 | 器材名称 | 主要用途及要求 | 配备 | 备份 |
|---|---|---|---|---|
| 1 | 公众洗消站 | 对从有毒物质污染环境中撤离人员的身体进行喷淋洗消。也可以做临时会议室、指挥部、紧急救护场所等。帐篷展开面积30m²以上。配有电动充、排气泵、洗消供水泵、洗消排污泵、洗消水加热器、暖风发生器、温控仪、洗消喷淋器、洗消液均混罐、洗消喷枪、移动式高压洗消泵(含喷枪)、洗消废水回收袋等 | 1套 | — |
| 2 | 单人洗消帐篷 | 消防员离开污染现场时特种服装的洗消。配有充气、喷淋、照明等辅助装备 | 1套 | — |
| 3 | 简易洗消喷淋器 | 消防员快速洗消装置。设置有多个喷嘴,配有不易破损软管支脚,遇压呈刚性,重量轻,易携带 | 1套 | — |
| 4 | 强酸、碱洗消器 | 化学品污染后的身体洗消及装备洗消,利用压缩空气为动力和便携式压力喷洒装置,将洗消药液形成雾状喷射,可直接对人体表面进行清洗。适用于化学品灼伤的清洗。容量为5L | 1具 | — |
| 5 | 强酸、碱清洗剂 | 化学品污染后的身体局部洗消及器材洗消。容量为50mL～200mL | 5瓶 | — |
| 6 | 生化洗消装置 | 生化有毒物质洗消 | △ | — |
| 7 | 三合一强氧化洗消粉 | 与水溶解后可对酸、碱物质进行表面洗消 | 100kg | 100kg |
| 8 | 三合二洗消剂 | 对地面、装备进行洗消,不能对精密仪器、电子设备及不耐腐蚀的物体表面洗消 | 100kg | 100kg |
| 9 | 有机磷降解酶 | 对被有机磷、有机氯和硫化物污染的人员、服装、装备以及土壤、水源进行洗消降毒,尤其适用于农药泄漏事故现场的洗消。洗消剂本身无毒、无腐蚀、无刺激,降解后产物无毒害,无二次污染 | 1kg | 1kg |
| 10 | 消毒粉 | 用于皮肤、服装、装备的局部消毒。可吸附各种液态化学品。主要成分为蒙脱土,不溶于水和有机溶剂,无腐蚀性 | 2袋 | 1袋 |

表 9　消防特勤队(站)器材照明排烟类配备标准

| 序号 | 器材名称 | 主要用途及要求 | 配备 | 备份 | 备注 |
|---|---|---|---|---|---|
| 1 | 移动式排烟机 | 灾害现场排烟和送风。有电动、机动、水力驱动等 | 2 台 | — | |
| 2 | 坑道小型空气输送机 | 狭小空间排气送风。可快速实现正负压模式转换,有配套风管 | 1 台 | — | |
| 3 | 移动照明灯组 | 灾害现场的作业照明。由多个灯头组成,具有升降功能,发电机可选配 | 1 套 | — | |
| 4 | 移动发电机 | 灾害现场供电。功率大于或等于 5 kW | 2 台 | — | 若移动照明灯组已自带发电机,则可视情不配 |
| 5 | 消防排烟机器人 | 地铁、隧道及石化装置火灾事故现场排烟、冷却等 | △ | — | |

表 10　消防特勤队(站)灭火及其他器材配备标准

| 序号 | 器材名称 | 主要用途及要求 | 配备 | 备份 | 备注 |
|---|---|---|---|---|---|
| 1 | 移动式消防炮(手动炮、遥控炮、自摆炮等) | 扑救建筑火灾和石油化工火灾等,移动方便 | 3 门 | — | |
| 2 | 大流量移动消防炮 | 扑救大型油罐、船舶、石化装置等火灾。流量≥100 L/s,射程≥70 m | △ | — | |
| 3 | 泡沫比例混合器、泡沫液桶、泡沫枪 | 扑救小面积化工类火灾。由储液桶、吸液管和泡沫枪等组成,操作轻便快捷 | 2 套 | — | |
| 4 | 空气充填泵 | 气瓶内填充空气。可同时充填两个气瓶,充气量应不小于 300 L/min | 1 台 | — | |
| 5 | 防化服清洗烘干器 | 烘干防化服。最高温度 40 ℃,压力为 21 kPa | 1 组 | — | |
| 6 | 折叠式救援梯 | 登高作业。伸展后长度大于或等于 3 m,额定承载大于或等于 450 kg | 1 具 | — | |
| 7 | 水幕水带 | 阻挡稀释易燃易爆和有毒气体或液体蒸汽 | 100 m | — | |
| 8 | 二节拉梯 | 用于登高作业 | 3 架 | — | |
| 9 | 三节拉梯 | 用于登高作业 | 2 架 | — | |
| 10 | 挂钩梯 | 用于登高作业 | 3 架 | — | |
| 11 | 消防灭火机器人 | 高温、浓烟、强热辐射、爆炸等危险场所的灭火和火情侦察 | △ | — | |
| 12 | 高倍数泡沫发生器 | 灾害现场喷射高倍数泡沫 | 1 个 | — | |
| 13 | 消防移动储水装置 | 现场的中转供水及缺水地区的临时储水 | △ | — | 水源缺乏地区可增加配备数量 |

表 10（续）

| 序号 | 器材名称 | 主要用途及要求 | 配备 | 备份 | 备注 |
|---|---|---|---|---|---|
| 14 | 常压水带 | 用于输送常压消防用水 | 2 800 m | — | 分水器和接口等相关附件的公称压力应与水带相匹配 |
| 15 | 中压水带 | 用于输送常压或中压消防用水,耐压大于1.6 MPa | 1 000 m | — | |
| 16 | 移动式水带卷盘或水带槽 | 用于输送消防用水 | 3 个 | — | |
| 17 | 机动消防泵(含手抬泵、浮艇泵) | 用于吸水灭火 | 3 台 | — | |
| 18 | 多功能消防水枪 | 火灾扑救,具有直流喷雾无级转换、流量可调、防扭结等功能 | 10 支 | 5 支 | 又名导流式直流喷雾水枪 |
| 19 | 直流水枪 | 火灾扑救,具有直流射水功能 | 10 支 | 5 支 | |
| 20 | 移动式细水雾灭火装置 | 灾害现场灭火或洗消 | △ | — | |
| 21 | 消防面罩超声波清洗机 | 空气呼吸器面罩清洗 | 1 台 | — | |
| 22 | 灭火救援指挥箱 | 为指挥员提供辅助决策。内含笔记本电脑、GPS 模块、测温仪等 | 1 套 | — | |
| 23 | 无线视频传输系统 | 可对事故现场的音视频信号进行实时采集与远程传输。无线终端应具有防水、防爆、防震等功能 | △ | — | 至少包含一个主机并能同时接收多路音视频信号 |

表 11 抢险救援班装备配备标准

| 名称 | 器材名称 | 主要用途及要求 | 配备 | 备份 | 备注 |
|---|---|---|---|---|---|
| 侦检 | 有毒气体探测仪 | 探测有毒气体、有机挥发性气体等。具备自动识别、防水、防爆性能 | 1 套 | — | |
| | 可燃气体检测仪 | 可检测事故现场多种易燃易爆气体的浓度 | 1 套 | — | |
| | 消防用红外热像仪 | 黑暗、浓烟环境中人员搜救或火源寻找。性能符合 GA/T 635 的要求,有手持式和头盔式两种 | 1 台 | — | |
| | 测温仪 | 非接触测量物体温度,寻找隐藏火源。测温范围−20 ℃~450 ℃ | 1 个 | 1 个 | |
| 警戒 | 各类警示牌 | 事故现场警戒警示。具有发光或反光功能 | 1 套 | 1 套 | |
| | 闪光警示灯 | 灾害事故现场警戒警示。频闪型,光线暗时自动闪亮 | 2 个 | 1 个 | |
| | 隔离警示带 | 灾害事故现场警戒。具有发光或反光功能,每盘长度约 250 m | 10 盘 | 4 盘 | |

表 11（续）

| 名称 | 器材名称 | 主要用途及要求 | 配备 | 备份 | 备注 |
|---|---|---|---|---|---|
| 破拆 | 液压破拆工具组 | 建筑倒塌、交通事故等现场破拆作业。包括机动液压泵、手动液压泵、液压剪切器、液压扩张器、液压剪扩器、液压撑顶器等，性能符合 GB/T 17906 的要求 | 2 套 | — | |
| | 机动链锯 | 切割各类木质障碍物 | 1 具 | 1 具 | 增加锯条备份 |
| | 无齿锯 | 切割金属和混凝土材料 | 1 具 | 1 具 | 增加锯片备份 |
| | 手动破拆工具组 | 由冲杆、拆锁器、金属切断器、凿子、钎子等部件组成，事故现场手动破拆作业 | 1 套 | — | |
| | 多功能挠钩 | 事故现场小型障碍清除，火源寻找或灾后清理 | 1 套 | 1 套 | |
| | 绝缘剪断钳 | 事故现场电线电缆或其他带电体的剪切 | 2 把 | — | |
| | 便携式防盗门破拆工具组 | 主要用于卷帘门、金属防盗门的破拆作业。包括液压泵、开门器、小型扩张器、撬棍等工具。其中开门器最大升限不小于 150 mm，最大挺举力大于或等于 60 kN | 2 套 | — | |
| | 毁锁器 | 防盗门及汽车锁等快速破拆。主要由特种钻头螺丝、锁芯拔除器、锁芯切断器、换向扳手、专用电钻、锁舌转动器等组成 | 1 套 | — | |
| 救生 | 救生缓降器 | 高处救人和自救。性能符合 GA 413 的要求 | 3 个 | 1 个 | |
| | 气动起重气垫 | 交通事故、建筑倒塌等现场救援。有方形、柱形、球形等类型，依据起重重量，可划分为多种规格 | 1 套 | — | 方形、柱形气垫每套不少于4 种规格，球形气垫每套不少于 2 种规格 |
| | 消防过滤式自救呼吸器 | 事故现场被救人员呼吸防护。性能符合 GA 209的要求 | 20 具 | 10 具 | 含滤毒罐 |
| | 多功能担架 | 深井、狭小空间、高空等环境下的人员救助。可水平或垂直吊运，承重大于或等于 120 kg | 1 副 | — | |
| | 救援支架 | 高台、悬崖及井下等事故现场救援。金属框架，配有手摇式绞盘，牵引滑轮最大承载大于或等于 2.5 kN，绳索长度大于或等于 30 m | 1 组 | — | |
| | 救生抛投器 | 远距离抛投救生绳或救生圈。气动喷射，投射距离大于或等于 60 m | △ | — | |
| | 救生照明线 | 能见度较低情况下的照明及疏散导向。具备防水、质轻、抗折、耐拉、耐压、耐高温等性能。每盘长度大于或等于 100 m | 2 盘 | — | |
| | 医药急救箱 | 现场医疗急救。包含常规外伤和化学伤害急救所需的敷料、药品和器械等 | 1 个 | 1 个 | |

表 11（续）

| 名称 | 器材名称 | 主要用途及要求 | 配备 | 备份 | 备注 |
|------|----------|----------------|------|------|------|
| 堵漏 | 木制堵漏楔 | 压力容器的点状、线状泄漏或裂纹泄漏的临时封堵 | 1套 | — | 每套不少于28种规格 |
| | 金属堵漏套管 | 管道孔、洞、裂缝的密封堵漏。最大封堵压力大于或等于1.6 MPa | 1套 | — | 每套不少于9种规格 |
| | 粘贴式堵漏工具 | 罐体和管道表面点状、线状泄漏的堵漏作业。无火花材料。包括组合工具、快速堵漏胶等 | 1组 | — | |
| | 注入式堵漏工具 | 阀门或法兰盘堵漏作业。无火花材料。配有手动液压泵,泵缸压力大于或等于74 MPa | 1组 | — | 含注入式堵漏胶1箱 |
| | 电磁式堵漏工具 | 各种罐体和管道表面点状、线状泄漏的堵漏作业 | △ | — | |
| | 无火花工具 | 易燃易爆事故现场的手动作业。一般为铜质合金材料 | 1套 | — | 配备不低于11种规格 |
| 排烟照明 | 移动式排烟机 | 灾害现场排烟和送风。有电动、机动、水力驱动等 | 1台 | — | |
| | 移动照明灯组 | 灾害现场的作业照明。由多个灯头组成,具有升降功能,发电机可选配 | 1套 | — | |
| | 移动发电机 | 灾害现场供电。功率大于或等于5 kW | 1台 | — | 若移动照明灯组已自带发电机,则可视情不配 |
| 其他 | 水幕水带 | 阻挡稀释易燃易爆和有毒气体或液体蒸汽 | 100 m | — | |
| | 空气充填泵 | 气瓶内填充空气。可同时充填两个气瓶,充气量应大于或等于300 L/min | △ | — | |
| | 机动消防泵(含手抬泵、浮艇泵) | 用于吸水灭火 | 3台 | — | |
| | 多功能消防水枪 | 火灾扑救,具有直流喷雾无级转换、流量可调、防扭结等功能 | 6支 | 3支 | 又名导流式直流喷雾水枪 |
| | 直流水枪 | 火灾扑救,具有直流射水功能 | 10支 | 5支 | |
| | 灭火救援指挥箱 | 为指挥员提供辅助决策。内含笔记本电脑、GPS模块、测温仪等 | 1套 | — | |
| | 移动发电机 | 灾害现场供电。功率大于或等于5 kW | △ | — | |
| | 手持扬声器 | 灾害现场扬声及呼叫 | 1个 | — | |

## 6 管理与维护

6.1 各级消防特勤队（站）应建立特勤装备使用管理制度,明确专人管理、维护和保养。

6.2 特勤装备的使用人员,应熟悉装备的用途、技术性能及有关使用说明资料,并接受相应的培训,遵守操作规程。

6.3 特勤装备的图样、使用说明书、技术改造设计图样等技术资料以及维修和计量检定记录等应存档备查。

6.4 特勤装备若有损坏或影响安全使用的,应及时修理或更换。

———————————

ICS 13.220.10
C 80

# 中华人民共和国公共安全行业标准

GA/T 623—2006

# 消防培训基地训练设施建设标准

Standard on training facility construction for fire services training center

2006-04-28 发布　　　　　　　　　　　　　　2006-08-01 实施

中华人民共和国公安部　　　发 布

# 前　言

　　本标准参考 NFPA 1402《消防训练中心建设指南》(2002 版)的内容,结合我国消防部队的实际情况以及各地区现有的经济水平而制定。

　　本标准由公安部消防局提出。

　　本标准由全国消防标准化技术委员会第九分技术委员会(SAC/TC 113/SC 9)归口。

　　本标准起草单位:公安部消防局战训处、公安部上海消防研究所。

　　本标准主要起草人:冷俐、牛跃光、张剑明、魏捍东、王治安、高传贵、尹燕福、薛林、曹永强、王丽晶、李瑜璋、王永福、施巍。

# 消防培训基地训练设施建设标准

## 1 范围

本标准规定了消防培训基地训练设施(以下简称训练设施)的术语和定义、建设原则、建设规模、训练设施组成和建设项目要求。

本标准未规定消防培训基地训练所需的各类消防装备的配备。

本标准适用于消防培训基地训练设施的建设,各类消防站的训练设施建设可参照执行。

## 2 规范性引用文件

下列文件中的条款通过本标准的引用而成为本标准的条款。凡是注日期的引用文件,其随后所有的修改单(不包括勘误的内容)或修订版均不适用于本标准,然而,鼓励根据本标准达成协议的各方研究是否可使用这些文件的最新版本。凡是不注日期的引用文件,其最新版本适用于本标准。

GB/T 6451 三相油浸式电力变压器技术参数和要求

GB 11174 液化石油气

GB 17820 天然气

GB 50016 建筑设计防火规范

GB 50045 高层民用建筑设计防火规范

GB 50160 石油化工企业设计防火规范

JTG B01 公路工程技术标准

## 3 术语和定义

下列术语和定义适用于本标准。

### 3.1

**消防培训基地训练设施** training facility for fire service training center

用于集中进行消防灭火救援训练和教学的所有场区、建筑、装置和设备的总称。

### 3.2

**消防培训基地建设项目** construction item in fire services training center

为特定训练或教学任务而建设的单项训练设施。

### 3.3

**综合训练楼** training complex

能够模拟建筑火灾,开展各类建筑火灾扑救和抢险救援的技战术训练、实战演练及教学研究的高层建筑。

## 4 建设原则

### 4.1 实用有效

训练设施的建设应符合消防部队的实际情况,满足灭火救援训练和教学任务的需要。

### 4.2 合理规划

训练设施的建设应根据各地实际情况,统一规划应建项目,合理选择选建项目,提高建设项目的利用率。

### 4.3 节约资源

训练设施的建设应充分考虑资金、土地、配置的装置和设备等资源的合理配套使用,注重节约,讲究多功能综合利用。

### 4.4 安全可靠

训练设施应能安全可靠运行,并采取必要的技术措施以确保训练安全。

### 4.5 注重环保

训练设施的建设应充分考虑避免训练造成的环境污染。

## 5 建设规模

消防培训基地应分别设置教学区、生活区、体能训练场和模拟设施训练场等区域,占地面积不宜小于 60 000 m²,其平面布局应科学合理。

## 6 训练设施组成

训练设施由模拟设施训练场、室内教学训练设施和体能训练场三部分组成。

### 6.1 模拟设施训练场建设项目

#### 6.1.1 应建项目

模拟设施训练场应该建设的项目包括:综合训练楼、烟热训练室、燃烧训练室、火幕墙训练区、化工生产装置火灾事故处置训练区、危险化学品泄漏事故处置训练区、油罐火灾事故处置训练区、建筑倒塌事故处置训练区、公路交通事故处置训练区、地下建筑火灾事故处置训练区、危险化学品槽罐车火灾泄漏事故处置训练区、电气火灾事故处置训练区和心理训练区。

#### 6.1.2 选建项目

模拟设施训练场可选择建设的项目包括:地下工程火灾事故处置训练区、船舶火灾事故处置训练区、气体储罐火灾事故处置训练区、飞机火灾事故处置训练区和水域救助训练区。

### 6.2 室内教学训练设施建设项目

#### 6.2.1 应建项目

室内教学训练设施应该建设的项目包括:沙盘模型战术训练室、计算机模拟指挥训练室、消防通信训练室、阶梯教室、普通教室、电教室、图书室和医疗急救训练室。

#### 6.2.2 选建项目

室内教学训练设施可选择建设模拟建筑消防设施演示室。

### 6.3 体能训练场建设项目

#### 6.3.1 应建项目

体能训练场应该建设的项目包括:田径场、球类训练场和器械训练区。

#### 6.3.2 选建项目

体能训练场可以选择建设体能训练馆。

## 7 建设项目要求

### 7.1 综合训练楼

#### 7.1.1 构成和功能

7.1.1.1 综合训练楼中宜设有消防控制系统、火灾自动报警系统、消火栓给水系统、自动喷水灭火系统、泡沫灭火系统、水喷雾灭火系统和气体灭火系统等,可模拟火灾自动报警、自动喷水灭火、固定式泡沫灭火和气体灭火,可利用消防控制系统、室内外消火栓给水系统开展供水测试、技战术训练、灭火演练和教学实验。

7.1.1.2 综合训练楼宜设置防火、防烟分区、防火分隔物、安全疏散通道和防排烟系统等,可安装应急照明、灯光疏散标志、消防安全疏散导流标志,可模拟防火、防烟分隔、自然排烟、机械防排烟和各种形式的防火分隔,开展防排烟训练、人员疏散训练、灭火救援训练、实战演练和教学实验。

7.1.1.3 综合训练楼宜设有模拟训练室,可以选择模拟公寓、宾馆客房、商场营业厅、医院病房、歌舞娱乐厅和地下室等训练室进行建设。训练室内结构、物品和装修应接近实际,可模拟不同建筑火灾,开展侦察、救援、疏散、灭火、排烟等技战术训练、实战演练和教学实验。

7.1.1.4 综合训练楼宜设有深井救助训练设施、登高训练设施、避雷线、落水管、攀登墙角以及攀岩设施等,深井救助训练设施可分为地上和地下两种形式,可模拟开展绳索救援训练、登高训练、徒手攀登训练和山岳救援的辅助训练等。

### 7.1.2 建设要求

7.1.2.1 综合训练楼占地面积应不小于 400 m²,总建筑面积应不小于 1 500 m²,高度应不低于 24 m或 10 层,单层建筑面积应不小于 100 m²。裙房面积可根据需要确定,地下室面积应不小于 100 m²。深井救助训练设施深度应不小于 7 m。

7.1.2.2 综合训练楼的建设应符合 GB 50016 和 GB 50045 等有关标准的规定。

7.1.2.3 综合训练楼建筑材料应坚固耐用,能抵抗高强度水流冲击和低强度火焰灼烧,房间内能够承受局部低热量燃烧。

7.1.2.4 综合训练楼的门窗可为框架结构,木质窗上应装有用于绳索和消防梯训练的设计结构。综合训练楼四周应布置环形车道,以便于开展训练。

### 7.1.3 安全要求

7.1.3.1 综合训练楼应设有避雷装置;设置安全保护滑轮和救人、自救栓绳金属环;设置缓降器固定装置。接触绳索的部位宜采用木质材料建设,防止绳索被磨损。

7.1.3.2 综合训练楼应设置室内、室外疏散楼梯,还可以设置消防电梯。所有楼梯应具有防滑以及防止积水的设计。

7.1.3.3 综合训练楼外部宜安装临时或永久性的安全网,安全网一侧应留有开口,便于进行攀爬训练,安全网和支架间应使用弹性绳固定,应设置安装安全网用的悬梯。

## 7.2 烟热训练室

### 7.2.1 构成和功能

烟热训练室宜设有控制室、体能训练间、烟热训练通道和发烟升温装置。其结构可分为长廊式和网栅隔断式,可选用计算机自动控制、半自动控制和手动控制。可模拟高温和浓烟环境,开展体力承受能力、心理适应能力、通过障碍能力的测试和训练以及使用空气呼吸器的训练。

### 7.2.2 建设要求

7.2.2.1 长廊式烟热训练室占地面积应不小于 110 m²,建筑面积应不小于 80 m²,体能训练间面积应不小于 30 m²,排烟时间应小于 5 min,温度控制在 36℃～70℃,通道长度应大于 60 m。

7.2.2.2 网栅隔断式烟热训练室占地面积应不小于 90 m²,建筑面积应不小于 60 m²,体能训练间面积应不小于 30 m²,排烟时间应小于 3 min,温度控制在 36℃～80℃。

### 7.2.3 安全要求

7.2.3.1 烟热训练室应设有应急照明、监控、对讲、排烟装置和紧急救援通道。可以通过闭路电视或热成像仪等装置观察受训人员的训练情况,确定受训人员所处位置,并可与受训人员进行通信。

7.2.3.2 烟热训练室中应使用确定成分的无毒烟气。可专门设计并安装发烟装置产生烟气。

## 7.3 燃烧训练室

### 7.3.1 构成和功能

燃烧训练室宜设有控制室、燃烧床、轰燃模拟装置和燃烧训练辅助设施,可模拟轰燃、烟气流动等效果,开展建筑火灾扑救训练,选择进攻路线、占领进攻阵地、接近火点、选择正确的射水方法等训练,以及了解轰燃特点,正确采取进攻防护的措施。

#### 7.3.2 建设要求

7.3.2.1 燃烧训练室占地面积应不小于 70 m²，建筑面积应不小于 60 m²，建筑高度应不低于 3 m。门、窗各不少于 2 个，燃烧床面积应不小于 10 m²。

7.3.2.2 燃烧训练室应具有良好的建筑密封性能。建筑材料坚固耐用，墙壁、地面、顶棚应具有足够的耐高温性能，充分考虑到火焰高温会造成水泥崩塌和钢筋软化。

7.3.2.3 燃烧训练室可采用经过时效处理的钢板对墙壁及顶棚进行耐高温保护。应确保在经过高温时，钢板及其他装配零件不会坠落伤人。钢板厚度和空气间隙应根据实际情况确定。

7.3.2.4 燃烧训练室墙壁可设置隔热层。选用隔热层材料时，应考虑材料的耐久性和热缩性。隔热层材料损坏后应便于更换，并且与墙壁安装紧密。

7.3.2.5 燃烧训练室内使用油盘火燃烧模拟火场时，油盘应高于地面，地面可使用装有隔热层保护的防火砖材料建设。应设置废料、废液降解回收装置以及油水分离、污水处理设施。

#### 7.3.3 安全要求

7.3.3.1 燃烧训练室应设置通风系统，迅速排烟和散热。通风系统至少应保证 1 min 内能够将燃烧训练室内空气交换 1 次。用气体燃料燃烧模拟火场时，通风系统的设计应考虑到未燃烧气体在燃烧室内上部、下部或邻近空间的累积。

7.3.3.2 燃烧训练室应设置监控装置监测室内温度，将燃烧控制在安全范围内，并可以观察灭火训练和燃烧情况。

7.3.3.3 燃烧训练室内使用油盘火燃烧模拟火场时，油盘上面应安装钢板，防止火焰直接接触顶棚。

7.3.3.4 燃烧训练室内使用气体燃料燃烧模拟火场时，气体燃料应符合 GB 11174 或 GB 17820 的规定。气体燃料控制装置至少配有两个控制阀门，一旦燃料流量超出允许的范围，阀门应自动关闭。燃烧训练室内应具有足够的空气保证气体燃料完全燃烧。

### 7.4 火幕墙训练区

#### 7.4.1 构成和功能

火幕墙训练区宜设有火幕墙、管道、点火装置、控制室和辅助设施，可模拟燃烧、火场高温等效果，开展火灾扑救训练，选择正确进攻、撤退和射水、掩护、驱散烟雾方法等训练，以及了解燃烧特点，正确采取进攻防护的措施。

#### 7.4.2 建设要求

7.4.2.1 火幕墙训练区占地面积应不小于 1 500 m²，墙壁长度不低于 6 m，高度不小于 5 m（含高 1 米基座），面积应不小于 24 m²。

7.4.2.2 火幕墙墙壁应具有足够的耐高温性能，可采用不锈钢材料，钢板厚度应根据实际情况确定。

7.4.2.3 火幕墙使用气体燃料燃烧模拟火场，管道应设置在墙壁上并成环形，以模拟较大面积燃烧效果。

#### 7.4.3 安全要求

7.4.3.1 火幕墙上部应设喷淋装置，以降低墙壁温度，避免墙壁融化变形。

7.4.3.2 火幕墙训练区应设置控制台，监控燃烧情况，将燃烧控制在安全范围内。

7.4.3.3 火幕墙使用气体燃料燃烧模拟火场时，气体燃料控制装置应配有不少于 2 个控制阀门，一旦燃料泄漏或流量超出允许的范围，应立即关闭阀门，终止泄漏或燃烧。

### 7.5 化工生产装置火灾事故处置训练区

#### 7.5.1 构成和功能

化工生产装置火灾事故处置训练区宜建有罐、釜、塔、管道、阀门、法兰以及点火引爆装置、控制室和辅助设施，可模拟不同压力、温度，罐、釜、塔、管道、阀门、法兰等不同部位，液相、气相等不同形式，矩形、沙眼、孔洞、裂缝、断裂等不同形状的泄漏和燃烧，开展灭火、关阀、堵漏等技战术训练、协同训练和实战演练。

#### 7.5.2 建设要求

7.5.2.1 化工生产装置火灾事故处置训练区占地面积应不小于 200 m²。装置应设置操作平台且不少于 3 层。

7.5.2.2 化工生产装置形式应与化工生产工艺相符合。

7.5.2.3 化工生产装置火灾事故处置训练区应设置废料、废液降解回收装置以及油水分离、污水处理设施。

#### 7.5.3 安全要求

7.5.3.1 化工生产装置火灾事故处置训练区应设置手动紧急断料开关和应急降毒措施。燃料控制装置至少应配有两个控制阀门。一旦失去电力,阀门便会自动关闭。

7.5.3.2 控制室应设有监控系统控制燃料的输送,对燃烧情况进行实时监测,防止燃料流量超出允许的范围。

7.5.3.3 化工生产装置周围基建应采用水泥、石头或矿渣等材料。

### 7.6 危险化学品泄漏事故处置训练区

#### 7.6.1 构成和功能

危险化学品泄漏事故处置训练区宜设有危险化学品模拟储藏间、储存装置、容器、危险化学品侦检训练系统以及辅助设施,可模拟危险化学品泄漏、扩散现场,开展侦检、警戒、疏散、输转、降毒、洗消、回收、救护训练以及实战演练。

#### 7.6.2 建设要求

7.6.2.1 危险化学品泄漏事故处置训练区占地面积应不小于 100 m²,危险化学品模拟储藏间面积应不小于 20 m²。

7.6.2.2 危险化学品泄漏事故处置训练区应设置废料、废液降解回收装置以及污水处理设施。

#### 7.6.3 安全要求

7.6.3.1 危险化学品泄漏事故处置训练区应设有手动紧急断料开关和应急降毒措施。

7.6.3.2 危险化学品泄漏事故处置训练区可使用闭路电视监控系统观察训练情况。可使用有毒有害气体探测装置监测气体浓度,防止有毒有害气体浓度超出允许的范围。

### 7.7 油罐火灾事故处置训练区

#### 7.7.1 构成和功能

油罐火灾事故处置训练区宜建有模拟立式内浮顶罐、外浮顶罐、拱顶罐、油池以及固定、半固定灭火设施、点火引爆装置、控制室和辅助设施,可模拟油品的沸溢、喷溅和燃烧,开展灭火、冷却等技战术训练、协同训练和实战演练。

#### 7.7.2 建设要求

7.7.2.1 油罐火灾事故处置训练区占地面积应不小于 400 m²。

7.7.2.2 立式内浮顶、外浮顶、拱顶油罐建设规模为 1 000 m³～3 000 m³,可参照 GB 50160 进行建设。

7.7.2.3 油罐火灾事故处置训练区应设置废料、废液降解回收装置以及油水分离、污水处理设施。

#### 7.7.3 安全要求

7.7.3.1 油罐火灾事故处置训练区应设置手动紧急断料开关和应急降毒措施。燃料控制装置至少应配有两个控制阀门。一旦失去电力,阀门便会自动关闭。

7.7.3.2 控制室应设有监控系统控制燃料的输送,对燃烧情况进行实时监测,防止燃料流量超出允许的范围。

7.7.3.3 油罐周围基建应采用水泥、石头或矿渣等材料。

### 7.8 建筑倒塌事故处置训练区

#### 7.8.1 构成和功能

建筑倒塌事故处置训练区宜建有钢筋混凝土梁、架、楼板、砖石等建筑倒塌废墟、多层建筑残垣、控制室以及辅助设施,可模拟钢筋混凝土结构多层建筑倒塌、房梁断裂、墙体开裂和因建筑倒塌造成的人员被困、埋压等现场。开展生命探测、救援、破拆、吊升、起重等技战术训练和实战演练。

#### 7.8.2 建设要求

建筑倒塌事故处置训练区占地面积应不小于 300 $m^2$。建筑残垣应不低于 3 层普通建筑物。

#### 7.8.3 安全要求

建筑倒塌事故处置训练区内不应有不受控制的二次倒塌或对训练人员产生伤害的潜在危险。

### 7.9 公路交通事故处置训练区

#### 7.9.1 构成和功能

公路交通事故处置训练区宜建有公路平交道口和辅助设施,可模拟车辆相撞起火、颠覆或危险品泄漏等事故现场,开展灭火、救援、堵漏、输转、破拆、吊升、起重、救护等技战术训练。

#### 7.9.2 建设要求

7.9.2.1 公路交通事故处置训练区占地面积应不小于 400 $m^2$,公路线长度应不小于 30 m。

7.9.2.2 道路建设可参照 JTG B01 中二级公路进行。

### 7.10 地下建筑火灾事故处置训练区

#### 7.10.1 构成和功能

地下建筑火灾事故处置训练区宜设有模拟地下仓库货物堆垛、模拟地下商场营业厅以及控制室和辅助设施,可模拟地下仓库和商场火灾,开展灭火、救援、疏散、排烟等技战术训练、协同训练和实战演练。

#### 7.10.2 建设要求

7.10.2.1 地下建筑火灾事故处置训练区占地面积应不小于 210 $m^2$,建筑面积应不小于 100 $m^2$,建筑高度应不低于 3 m。

7.10.2.2 地下建筑火灾事故处置训练区应在地下建设。建筑材料应坚固耐用,墙壁、地面、顶棚应具有足够的耐高温性能。

#### 7.10.3 安全要求

地下建筑火灾事故处置训练区应设有应急照明、监控、对讲、排烟装置和紧急救援通道。

### 7.11 危险化学品槽罐车火灾泄漏事故处置训练区

#### 7.11.1 构成和功能

危险化学品槽罐车火灾泄漏事故处置训练区宜设有模拟危险化学品槽罐车、地面燃烧床、气体管道、控制装置以及辅助设施,可模拟槽罐车颠覆,气体或液体的泄漏和燃烧,开展侦检、警戒、灭火、堵漏、洗消等技战术训练。

#### 7.11.2 建设要求

7.11.2.1 危险化学品槽罐车火灾泄漏事故处置训练区占地面积应不小于 100 $m^2$。

7.11.2.2 模拟危险化学品槽罐车参照 10 t 液化石油气槽车规模建造。泄漏压力应与泄漏气体实际压力相符合。

7.11.2.3 危险化学品槽罐车火灾泄漏事故处置训练区应设置废料、废液降解回收装置以及油水分离、污水处理设施。

#### 7.11.3 安全要求

危险化学品槽罐车火灾泄漏事故处置训练区应设有监控系统监测可燃气体浓度,防止可燃气体浓度超出允许的范围。

#### 7.12 电气火灾事故处置训练区

##### 7.12.1 构成和功能

电气火灾事故处置训练区宜建有模拟变电室、室外油浸式变压器、架空电线电缆、开关控制柜以及辅助设施,可模拟带电或断电火灾事故和常见的电气开关火灾事故,开展带电、断电灭火等扑救电气火灾的技战术训练。

##### 7.12.2 建设要求

7.12.2.1 电气火灾事故处置训练区占地面积应不小于 100 m²,变电室建筑面积应不小于 10 m²。

7.12.2.2 油浸式变压器可参照 GB/T 6451 中 63 kV 电压等级建造。

##### 7.12.3 安全要求

7.12.3.1 电气火灾事故处置训练区应设有手动断电开关或漏电自动保护装置。

7.12.3.2 室外油浸式变压器四周应设置防止可燃液体溢出的围堤。

#### 7.13 心理训练区

##### 7.13.1 构成和功能

心理训练区宜设有高空断桥、空中单杠、高空吊索桥、四米墙、背摔台、绳网、荡木桥、模拟电网等器材以及心理测试仪,并配有心理测试软件,可模拟各种危险工作环境,开展心理适应能力训练和主观感受以及反应能力等心理测试。

##### 7.13.2 建设要求

心理训练区占地面积应不小于 250 m²。

##### 7.13.3 安全要求

高空心理训练装置下面应配有足够厚度的海绵垫。

#### 7.14 地下工程火灾事故处置训练区

##### 7.14.1 构成和功能

地下工程火灾事故处置训练区宜设有模拟地下铁路路轨、模拟机车、模拟公路隧道、旧汽车、控制室以及辅助设施,可模拟地下铁路、公路火灾事故,开展灭火、救援、疏散、抢险等技战术训练、协同训练和实战演练。

##### 7.14.2 建设要求

地下工程火灾事故处置训练区占地面积应不小于 310 m²,建筑面积应不小于 200 m²,铁路、公路长度应不小于 100 m,宽度不小于 5 m,建筑高度应不低于 5 m。

#### 7.15 船舶火灾事故处置训练区

##### 7.15.1 构成和功能

船舶火灾事故处置训练区宜设有船舶实体模型、机舱、乘员舱等以及控制装置,可模拟船舶机舱或乘员舱火灾,开展船舶火灾事故处置技战术训练。

##### 7.15.2 建设要求

船舶事故处置训练区占地面积应不小于 200 m²。船舶实体可参照 100 t 以上级货船规模建设。

##### 7.15.3 安全要求

船舶事故处置训练区应设有应急照明、监控、对讲、排烟装置和紧急救援通道。

#### 7.16 气体储罐火灾事故处置训练区

##### 7.16.1 构成和功能

气体储罐火灾事故处置训练区宜设有液化气球形罐、卧式罐、管道、法兰、阀门、控制室以及辅助设施,可模拟不同压力下,罐、管道、阀门、法兰等不同部位,液相、气相等不同形式,矩形、圆孔、锯齿、裂缝、断裂等不同形状的泄漏和燃烧,开展灭火、堵漏、关阀等技战术训练、协同训练和实战演练。

##### 7.16.2 建设要求

7.16.2.1 气体储罐火灾事故处置训练区占地面积应不小于 150 m²。

7.16.2.2 液化气球形储罐建设规模应不小于 400 m³,液化气卧式储罐建设规模应不小于 100 m³。

泄漏压力应与实际储罐压力相符合。可参照 GB 50160 进行建设。

### 7.16.3　安全要求

7.16.3.1　气体储罐火灾事故处置训练区应设置手动紧急断料开关和应急降毒措施。气体燃料应符合 GB 11174 或 GB 17820 的规定。气体燃料控制装置至少配有两个控制阀门,一旦燃料流量超出允许的范围,阀门应自动关闭。

7.16.3.2　控制室应设有监控系统控制可燃气体的输送,对燃烧情况进行实时监测,防止可燃气体流量超出允许的范围。

### 7.17　飞机火灾事故处置训练区

#### 7.17.1　构成和功能

飞机火灾事故处置训练区宜设有客机仿真模型、控制装置以及辅助设施,可模拟中型客机火灾、人员被困等情况,开展救援、破拆、灭火和救护等技战术训练和实战演练。

#### 7.17.2　建设要求

飞机火灾事故处置训练区占地面积应不小于 200 m²。客机仿真模型参照 100 人以上中型客机规模建设。

### 7.18　水域救助训练区

#### 7.18.1　构成和功能

水域救助训练区宜设有游泳池、潜水池、水下观察窗、照明设施以及辅助设施,可模拟人员溺水和多种水域环境,开展游泳、潜水基础训练和各种水难救助等技战术训练。

#### 7.18.2　建设要求

水域救助训练区占地面积应不小于 300 m²。潜水池深度为 15 m～20 m,面积应不小于 30 m²。

#### 7.18.3　安全要求

游泳池与潜水池应设有安全防护设施。潜水池应设有水下观察窗以及水下照明设施。

### 7.19　沙盘模型战术训练室

#### 7.19.1　构成和功能

沙盘模型战术训练室宜设有消防重点单位、消防车辆、大型装备等仿真模型、电化教学设备,配备相关灭火救援资料,可按比例缩制沙盘模型,使用音频和视频技术模拟现场效果,开展沙盘想定作业战术训练、电化教学和战术研究。

#### 7.19.2　建设要求

沙盘模型战术训练室建筑面积应不小于 70 m²。

### 7.20　计算机模拟指挥训练室

#### 7.20.1　构成和功能

计算机模拟指挥训练室宜设有计算机和辅助设备、显示屏幕、操作台、投影仪、模拟指挥训练软件以及各种音响器材,可开展计算机教学、演示和模拟指挥训练。计算机配备数量应满足教学和训练需要。

#### 7.20.2　建设要求

计算机模拟指挥训练室建筑面积应不小于 50 m²。

### 7.21　消防通信训练室

#### 7.21.1　构成和功能

消防通信训练室宜设有模拟消防程控交换机、火警受理台、火警实时录音录时装置、消防实力显示装置、火警信息显示装置、消防信息管理工作站、训练模拟工作站、屏幕显示装置、火警终端台、模拟火场通信指挥车、车载电台以及手持电台等设备,可模拟火警受理、消防有线或无线通信、火场指挥、消防信息综合管理的功能,开展消防通信教学、演示和训练。

#### 7.21.2　建设要求

消防通信训练室建筑面积应不小于 50 m²。

#### 7.22 阶梯教室

##### 7.22.1 构成和功能

阶梯教室宜设有录音机、扩音机、投影仪、计算机、闭路电视、DVD、切换机以及相关教学设备等,能够开展电化教学和学术交流。

##### 7.22.2 建设要求

阶梯教室建筑面积应不小于 300 m²。数量应满足培训要求。

#### 7.23 普通教室

##### 7.23.1 构成和功能

普通教室宜设有闭路电视、投影仪、录音机和相关教学设备等,能够进行理论教学和战术研讨。

##### 7.23.2 建设要求

普通教室建筑面积应不小于 60 m²。数量应满足培训要求。

#### 7.24 电教室

##### 7.24.1 构成和功能

电教室宜设有电化教学设备、音像资料编辑机、字幕机、摄像机、计算机等以及其他音像资料处理设备,能够进行电化教学以及音像资料的编辑和演播。

##### 7.24.2 建设要求

电教室建筑面积应不小于 40 m²。

#### 7.25 图书室

##### 7.25.1 构成和功能

图书室宜包括图书存放区,图书阅览区以及多媒体阅览区。图书种类和数量应满足借阅的需要。

##### 7.25.2 建设要求

图书室建筑面积应不小于 60 m²。

#### 7.26 医疗急救训练室

##### 7.26.1 构成和功能

医疗急救训练室宜设有现场医疗急救必备的器材、药品、教学用的人体模型以及电化教学设备等,能够开展现场医疗救护教学和训练。

##### 7.26.2 建设要求

医疗急救训练室建筑面积应不小于 40 m²。

#### 7.27 模拟建筑消防设施演示室

##### 7.27.1 构成和功能

模拟建筑消防设施演示室宜设有火灾自动报警系统、消火栓给水系统、自动喷水灭火系统、气体灭火系统、防排烟系统、事故疏散、事故照明、事故广播以及泡沫灭火系统等模拟建筑消防设施,可模拟火灾自动报警系统、消火栓给水系统、自动喷水灭火系统、气体灭火系统、防排烟系统、事故疏散、事故照明、事故广播和泡沫灭火系统等的运行状况,进行教学演示和训练。

##### 7.27.2 建设要求

###### 7.27.2.1 模拟建筑消防设施演示室建筑面积应不小于 70 m²。

###### 7.27.2.2 模拟建筑消防设施的安装应参照 GB 50016 和 GB 50045 进行。

#### 7.28 田径场

##### 7.28.1 构成和功能

田径场宜设有跑道和其他田径运动器材,可进行田径运动教学和训练。

##### 7.28.2 建设要求

田径场的跑道应平坦,场地土质良好,跑道长度应不小于 400 m。

**7.29 球类训练场**

球类训练场宜设有篮球、排球和足球等球类训练场地和训练设施,数量应满足实际训练需要。

**7.30 器械训练区**

器械训练区宜设有单杠、双杠、杠铃和跳箱等基本训练器械。可以根据实际需要配备多功能体能训练器械。

**7.31 体能训练馆**

**7.31.1 构成和功能**

体能训练馆宜建有球类训练场、器械训练区、技能训练区以及蒸气训练室,可开展消防体能和技能训练。

**7.31.2 建设要求**

体能训练馆建筑面积应不小于 1 000 m²,建筑高度应不低于 8 m。

ICS 13.220.10
C 83

# 中华人民共和国公共安全行业标准

GA 941—2011

# 化工装置火灾事故处置训练设施技术要求

Technical requirements for the training facility for firefighting operation in
chemical plants

2011-06-13 发布
2011-07-01 实施

中华人民共和国公安部    发 布

# 前　言

**本标准的第 8 章为强制性的，其余为推荐性的。**

本标准按照 GB/T 1.1—2009 给出的规则起草。

本标准由公安部消防局提出。

本标准由全国消防标准化技术委员会灭火救援分技术委员会(SAC/TC 113/SC 10)归口。

本标准负责起草单位：中国人民武装警察部队学院。

本标准参加起草单位：天津市杰联科技发展有限公司。

本标准主要起草人：王长江、朱红伟、袁狄平、苏联营、刘玉身、王铁、马龙、吴立志、薛彩姣、张丽艳、孙晓梅、孙玉丽、果中山。

本标准为首次发布。

# 引　言

　　本标准是根据消防部队灭火训练的实际需求,结合我国公安消防部队的实际情况,在充分研究化工装置火灾处置和消防部队灭火救援中常遇到的化工灾害事故的基础上,依据 GA/T 623《消防培训基地训练设施建设标准》、参考 NFPA 1402《消防训练中心建设指南》(2007 版)和部分公安消防总队已建成的化工装置火灾事故处置训练设施的经验,并综合考虑各地区现有的经济水平而制定的。

# 化工装置火灾事故处置训练设施技术要求

## 1 范围

本标准规定了化工装置火灾事故处置训练设施建设的基本构成、功能要求、技术要求、控制与监测、安全与环保和验收。

本标准适用于化工装置火灾事故处置训练设施的设计、建设与验收。

## 2 规范性引用文件

下列文件对于本文件的应用是必不可少的。凡是注日期的引用文件，仅注日期的版本适用于本文件。凡是不注日期的引用文件，其最新版本（包括所有的修改单）适用于本文件。

GB 150 钢制压力容器

GB 8978 污水综合排放标准

GB 50016—2006 建筑设计防火规范

GB 50057—1994 建筑物防雷设计规范

GA/T 623 消防培训基地训练设施建设标准

HG/T 20667 化工建设项目环境保护设计规定

JB/T 4735 钢制焊接常压容器

## 3 术语和定义

GA/T 623 确定的以及下列术语和定义适用本文件。

3.1

**化工装置火灾事故处置训练设施** training facility for firefighting operation in chemical plants

能够模拟化工装置火灾和泄漏事故，进行化工装置火灾扑救和泄漏事故处置、技战术训练、实战演习及教学研究的模拟训练设施。

3.2

**模拟化工装置** simulated installation for chemical plants

能够模拟典型化工生产设施、布局、工艺、流程、结构和功能的设备总称。

3.3

**物料** materials

在模拟化工装置火灾事故处置训练设施中，用于模拟真实化工生产流程中所用物质的总称。如水、空气、燃料（油品、液化石油气、天然气等）。

3.4

**带压堵漏** under-pressure leak sealing

对带压容器、管道泄漏的流体进行封堵的技术方法。

## 4 基本构成

### 4.1 装置组成

#### 4.1.1 模拟化工装置区

模拟化工装置区应由模拟化工装置、气体燃料储存间、储罐和泵房等构成。

模拟化工装置应设置模拟的塔、釜、管道、脱水器、换热器、泵等设备。模拟化工装置上应设置燃烧点、泄漏点、仿真音响装置，以及自动点火装置、控制系统、闭路监控系统、水喷淋系统、固定或半固定灭火系统及操作平台、盘梯等辅助设施。

气体燃料储存间内应设有集气装置、调压器、通风装置和可燃气体泄漏自动报警装置等，集气装置应分为储存可燃气体和有毒气体的装置。

储罐应包括储水罐和液体燃料储罐。模拟化工装置区宜设两个储水罐或储水池，一个用于模拟液体泄漏的供水，一个用于水喷淋保护的供水。模拟化工装置区宜设液体燃料储罐，用于储存模拟燃烧所需的燃料。

泵房内应有供油泵、供水泵和空气压缩机，以及管道、压力表、阀门等设备。供油泵是为模拟液体类火灾提供燃料输转功能的设备。供水泵是为模拟液体泄漏和对模拟化工装置水喷淋保护系统提供物料输转功能的设备，供水泵应包括供模拟化工装置液体泄漏和固定水喷淋系统用的水泵。空气压缩机是为模拟可燃气体泄漏和模拟啸叫声提供所需气源的设备。

#### 4.1.2 控制室

控制室应能实现对化工装置灾害事故处置训练设施所有功能控制和对模拟训练现场监视。控制室内设控制台，控制台应具备供(停)气、供(停)油、供(停)电、点火、音响、监控、记录、通信和广播等功能。

### 4.2 建设要求

4.2.1 气体燃料储存间面积不宜小于 25 m²，泵房面积不宜小于 25 m²。

4.2.2 液体燃料储罐宜布置在地势平坦、开阔等不易积存可燃气体的场所；液体燃料储罐、气体燃料储存间、泵房及模拟装置应分开布置。

4.2.3 模拟化工装置至少应设置 3 层操作平台，其层高应与常用化工生产装置相符合。操作平台应设置不小于 1.05 m 高的安全护栏。

4.2.4 模拟化工装置各种设备的形状应与真实化工装置设备相似。其中塔的单体宜为 $\phi800$、$\phi1\,000$、$\phi1\,200$、$\phi1\,400$ 等规格，至少有一个塔的单体高度不小于 20 m。至少有两个容积大于 2 m³ 的储罐。模拟化工装置中应有容积大于 2 m³ 的反应器和直径大于 600 mm 的换热器，各种模拟设备的壁厚应不小于 6 mm。

4.2.5 模拟化工装置区宜采用水泥铺设地面。

4.2.6 控制室面积不宜小于 30 m²。一般建在模拟化工装置区外的独立房间内，也可设置在消防综合训练场的中心控制室内。

## 5 功能要求

5.1 化工装置火灾事故处置训练设施应能提供下列多种灾害事故现场的模拟场景：

    a) 可在模拟化工装置的不同部位设置模拟气体火灾、液体火灾、流淌火、地沟火、爆炸等多种事故场景和效果；

b) 可在模拟化工装置不同部位设置化工物料泄漏和扩散效果；

c) 可在模拟化工装置不同部位设置发生火灾、泄漏和爆炸时的音响效果。

5.2 化工装置火灾事故处置训练设施应能进行下列多种灾害事故处置的模拟训练：

a) 可进行灭火技术与战术训练、协同演练和实战演习；

b) 可进行带压抢险、关阀断料、堵漏等技术训练；

c) 可进行化工装置火灾、泄漏事故处置的心理训练；

d) 可在火灾、毒气状态下进行救人和自救训练；

e) 可进行突发危险情况下，逃生路线的选择及紧急避险训练；

f) 可进行消防污水处置等训练；

g) 可进行危险点识别，险情判断，火情侦察，水源利用等训练。

# 6 技术要求

## 6.1 物料压力

模拟化工装置内液体泄漏压力宜为(0.4~1.1)MPa，气体泄漏压力宜为(0.6~1.8)MPa，模拟火灾用油压力宜为(0.6~0.7)MPa。

## 6.2 模拟泄漏、燃烧点的设置

6.2.1 模拟化工装置中宜在不同部位设置多个不同形式的泄漏点和燃烧点，泄漏和燃烧点可设置在同一部位，也可分开设置。

6.2.2 模拟化工装置每层操作平台应设置泄漏点、燃烧点。泄漏点应往塔、釜、管道、阀门、法兰等易出现泄漏的部位设置。燃烧点宜在塔、容器、釜、换热器等的顶部和侧壁及管道、阀门、法兰处设置。同时，应设置模拟流淌火、地沟火等典型化工火灾形态。

6.2.3 一般液体类燃烧点火焰长度不小于2 m，气体火灾火焰长度不小于1.5 m。

6.2.4 应根据模拟化工装置的规模确定泄漏、燃烧点数量，泄漏点一般不少于16处，燃烧点一般不少于6处。

6.2.5 模拟化工装置中应设有月牙形、圆形、沙眼、断裂等不同形状和尺寸的泄漏点和燃烧点。

a) 月牙形泄漏点长度宜为(100~400)mm，开口最大宽度宜为(30~60)mm；

b) 圆形泄漏点孔径宜为(30~50)mm；

c) 大规格泄漏孔直径宜为90 mm、200 mm、300 mm；

d) 法兰泄漏规格宜为DN40、DN50、DN150，法兰盘螺栓宜沿圆周设置(3~5)个。

## 6.3 仿真效果

6.3.1 模拟化工装置应能模拟化工火灾场景，具有火焰、浓烟和模拟带压泄漏产生的啸叫声等实际效果。

6.3.2 模拟化工装置的泄漏应能模拟真实化工装置泄漏情况，在带压不停车状态下进行各种处置训练。

6.3.3 气体泄漏点啸叫背景声的音量范围应为(75~95)dB。

6.3.4 模拟化工装置的泄漏、燃烧点应能重复使用。

## 6.4 焊接工艺

常压设备焊接工艺应符合JB/T 4735的要求；压力容器焊接工艺应符合GB 150的要求。

## 7 控制与监测

### 7.1 泄漏、燃烧点的控制

7.1.1 应采用现场和计算机远程两种控制方式,实现对模拟化工装置中的泄漏点、燃烧点、点火系统、火焰高度、燃烧时间、泄漏时间等的实时控制。

7.1.2 模拟化工装置中各燃烧点应设置自动点火装置、熄火自动保护装置和负压自动保护系统。

7.1.3 点火装置除点火点处部件外应能重复使用。

### 7.2 爆炸点的控制

7.2.1 模拟爆炸点的控制线路和爆炸点应预先埋设。应能实现对爆炸点的实时控制。

7.2.2 爆炸不应对周围设施、人员和环境造成危害。

7.2.3 爆炸点应能重复使用。

### 7.3 物料输送的控制

#### 7.3.1 物料输送方式

模拟化工装置中的液体燃料应用储罐储存,采用供油泵集中供给的输送方式;气体燃料用钢瓶储存,采用调压器集中供给的输送方式。

#### 7.3.2 物料控制方式

应在输送至各燃烧点的管线上安装自动和手动控制阀,实现对物料的现场控制和远程自动控制。自动控制阀在供电中断时能自动关闭。

### 7.4 监测系统

7.4.1 模拟化工装置中应设可燃气体监测设备。监测数据可在控制室实时显示,当可燃气体浓度超过允许范围时,会自动声光报警,并通过联动设备自动或手动关闭燃料供给阀门。

7.4.2 化工装置火灾事故处置训练设施宜设闭路电视监控及录音、录像系统。系统可在控制室实时显示,监测系统可选择性预留与中心控制室及大屏幕显示系统的接口。

### 7.5 控制室

7.5.1 控制室可对化工装置火灾事故处置训练设施各项功能实时控制、现场监视和对气体燃料储存间报警控制,并应设置手动和自动两种控制方式。

7.5.2 控制台应设手动紧急停车按钮,实现紧急情况下对整个模拟化工装置断电、断料和紧急停车的功能。

7.5.3 控制室应设有主电源和备用电源供电。现场紧急控制电路、可燃气体报警控制器等的电源,宜由 UPS 装置供电。

## 8 安全与环保

### 8.1 位置

8.1.1 化工装置火灾事故处置训练设施应设置在消防培训基地的边缘或相对独立的安全地带,并宜设置在消防培训基地常年主导风向的下风或侧下风方向。

8.1.2 化工装置火灾事故处置训练设施距居民区、办公区、公共设施、电力线路等的最近水平距离,应参照相关标准的规定。

## 8.2 围堰

化工装置火灾事故处置训练设施,当布置在地势较高的地带时,应设不小于 0.3 m 高的围堰。

## 8.3 材料

模拟化工装置上的攀登设施、保护设施的材质和部件,应坚固耐用,满足承重要求,确保参训人员安全。

## 8.4 防爆

8.4.1 气体燃烧储存间应达到 GB 50016—2006 规定的二级耐火等级要求,并设足够的泄爆面积。电气设备应符合防爆要求。

8.4.2 气体燃料储存间应保持良好通风,并设可燃气体报警装置和强制排风装置,可燃气体报警装置应与强制排风装置连锁。

8.4.3 容器、管线上设置的燃烧、爆炸点处不应产生负压。

8.4.4 气体燃料系统应设置氮气置换装置,在使用完毕后对模拟化工装置中残留的气体燃料进行氮气置换。

8.4.5 模拟化工装置应设置燃烧点、泄漏点的手动控制阀。

## 8.5 环保

8.5.1 化工装置火灾事故处置训练设施应设废水收集、处理和排放设施。

8.5.2 化工装置火灾事故处置训练设施的建设,在环保方面应符合 HG/T 20667 的相关规定。

8.5.3 应对训练过程中产生的废料、废液进行回收和净化处理。如需排放污水,应符合 GB 8978 的相关指标要求,避免对环境造成污染和对人员造成危害。

## 8.6 防雷

化工装置火灾事故处置训练设施的防雷要求应按照 GB 50057—1994 中第二类防雷建筑物的要求采取相应的防雷措施。

# 9 验收

## 9.1 验收的组织

化工装置火灾事故处置训练设施的竣工验收应由建设单位组织,邀请消防作战训练等使用部门、设计单位、施工单位、监理单位、供货厂商及业内专家组成验收组,共同进行。验收组组长由建设单位负责人担任,副组长中应至少有一名具有高级职称的相关专业工程技术人员。

## 9.2 验收资料

设施竣工验收时,应提交下列资料:
a) 竣工验收申请;
b) 竣工图样及设计文件;
c) 施工现场质量管理检查记录;
d) 施工记录和工程阶段验收记录;

e) 竣工报告；

f) 调试报告；

g) 项目单项检验记录；

h) 主要部件或总成的检验报告和出厂合格证；

i) 原材料的质量检验合格证明；

j) 设施及其主要设备的使用及维护管理说明书。

## 9.3 验收规则

### 9.3.1 验收项目

竣工验收应包括第 4 章～第 8 章规定的全部内容。验收项目按表 1 规定。

表 1 验收项目

| 序号 | 条款 | 验收项目 | 单项检验 | 竣工验收 |
|---|---|---|---|---|
| 1 | 4.1 | 装置组成 | | √ |
| 2 | 4.2 | 建设要求 | | √ |
| 3 | 5 | 功能要求 | | √ |
| 4 | 6.1 | 物料压力 | √ | |
| 5 | 6.2 | 泄漏点、燃烧点设置 | | √ |
| 6 | 6.3 | 仿真效果 | | √ |
| 7 | 6.4 | 焊接工艺 | √ | |
| 8 | 7.1 | 泄漏、燃烧点的控制 | | √ |
| 9 | 7.2 | 爆炸点的控制 | | √ |
| 10 | 7.3 | 物料输送的控制 | | √ |
| 11 | 7.4 | 监测系统 | | √ |
| 12 | 7.5 | 控制室 | | √ |
| 13 | 8.1 | 位置 | | √ |
| 14 | 8.2 | 围堰 | | √ |
| 15 | 8.3 | 材料 | √ | |
| 16 | 8.4 | 防爆 | √ | |
| 17 | 8.5 | 环保 | √ | |
| 18 | 8.6 | 防雷 | √ | |
| 注：√为检验项目。 | | | | |

### 9.3.2 合格判定

验收项目应全部符合本标准及国家相关标准方为合格。

## 9.4 验收报告

竣工验收后，应按附录 A 的规定编制竣工验收报告。竣工验收报告的表格形式可按化工装置火灾事故处置训练设施结构形式和功能组成的具体情况进行调整。竣工验收不合格的，不得投入使用。

附　录　A

（规范性附录）

化工装置火灾事故处置训练设施竣工验收报告表

化工装置火灾事故处置训练设施竣工验收报告表格式见表 A.1。

表 A.1　化工装置火灾事故处置训练设施竣工验收报告表

| 工程名称 | | 建设单位 | | 设计单位 | |
|---|---|---|---|---|---|
| 施工单位 | | 生产厂名 | | 项目经理 | |
| 验收单位 | | 验收日期 | | 验收负责人 | |
| 项目分类 | | 验收项目 | | 验收结果 | |
| 验收资料审查 | | a) 竣工验收申请；<br>b) 竣工图样及设计文件；<br>c) 施工现场质量管理检查记录；<br>d) 施工记录和工程阶段验收记录；<br>e) 竣工报告；<br>f) 调试报告；<br>g) 项目单项检验记录；<br>h) 主要部件或总成的检验报告和出厂合格证；<br>i) 原材料的质量检验合格证明；<br>j) 设施及其主要设备的使用及维护管理说明书。 | | | |
| 验收项目 | | a) 装置组成；<br>b) 建设要求；<br>c) 功能要求；<br>d) 物料压力；<br>e) 泄漏点、燃烧点设置；<br>f) 仿真效果；<br>g) 焊接工艺；<br>h) 泄漏、燃烧点的控制；<br>i) 爆炸点的控制；<br>j) 物料输送的控制；<br>k) 监测系统；<br>l) 控制室；<br>m) 位置；<br>n) 围堰；<br>o) 材料；<br>p) 防爆；<br>q) 环保；<br>r) 防雷。 | | | |

表 A.1（续）

| 验收组人员姓名 | 工作单位 | 职务、职称 | 签名 |
|---|---|---|---|
|  |  |  |  |
|  |  |  |  |
|  |  |  |  |
| 验收<br>结论 | | | |
| | | （验收组组长签名）　　　年　月　日 | |
| 建设单位：<br><br>　　　　年　月　日 | 设计单位：<br><br>　　　　年　月　日 | 监理单位：<br><br>　　　　年　月　日 | 施工单位：<br><br>　　　　年　月　日 |

ICS 13.220.10
C 83

中华人民共和国公共安全行业标准

GA 942—2011

# 网栅隔断式烟热训练室技术要求

Technical requirements for the smoke-heat training facility with mesh fence

2011-06-13 发布

2011-07-01 实施

中华人民共和国公安部　　发　布

# 前　言

本标准的第 6 章为强制性的,其余为推荐性的。

本标准按照 GB/T 1.1—2009 给出的规则起草。

本标准由公安部消防局提出。

本标准由全国消防标准化技术委员会灭火救援分技术委员会(SAC/TC 113/SC 10)归口。

本标准负责起草单位:中国人民武装警察部队学院。

本标准参加起草单位:抚顺抚运安仪救生装备有限公司。

本标准主要起草人:张学魁、杨东星、张福东、卢立红、王栋武、张颖花、岳庚吉、计伟、苏联营、周志忠。

本标准为首次发布。

# 网栅隔断式烟热训练室技术要求

## 1 范围

本标准规定了网栅隔断式烟热训练室的术语和定义、系统组成、技术要求、安全要求和验收。

本标准适用于网栅隔断式烟热训练室的设计、建设与验收。

## 2 规范性引用文件

下列文件对于本文件的应用是必不可少的。凡是注日期的引用文件,仅注日期的版本适用于本文件。凡是不注日期的引用文件,其最新版本(包括所有的修改单)适用于本文件。

GA/T 623 消防培训基地训练设施建设标准

GB/T 20028 硫化橡胶或热塑性橡胶应用阿累尼乌斯图推算寿命和最高使用温度

## 3 术语和定义

GA/T 623 确定的以及下列术语和定义适用于本文件。

3.1

**网栅隔断式烟热训练室 smoke-heat training facility with mesh fence**

在有限空间内利用网栅隔断形成一定规模训练通道,可使受训人员在烟雾、高温、噪音等模拟火场状况条件下,按照预先设定的工作程序,完成正确使用装备、穿越各种障碍、设置临时险情、执行救援任务和个人稳定呼吸用气量测定的训练设施与房间的总称。

3.2

**网栅通道系统 channel system with mesh fence**

由模块式网栅组合而成的二层或三层坚固笼体,其形成的训练通道内设有各种行进障碍,是训练系统的载体。

3.3

**同步跟踪系统 synchronous tracking system**

利用相应感应装置,可在集中控制系统同步显示受训人员位置,用以实时监测、跟踪受训者行踪的子系统。

3.4

**烟热模拟系统 smoke-heat simulating system**

由发烟、加热、疏放烟雾设备及相应控制装置组成的模拟火场环境烟热状况的子系统。

3.5

**声光模拟系统 sound-light simulating system**

可模拟灾难现场声音效果和发光情景的子系统。

3.6

**集中控制系统 centralized control system**

由控制室内的主控制台、电器控制箱、计算机以及监控设备组成,能集中操控训练设施,指挥和监控训练的子系统。

3.7

**视像监控系统** video monitoring system

利用摄像机等视频影像设备可全方位监控训练的子系统。

3.8

**体征遥测系统** physical sign telemetering system

以无线遥控方式测量训练过程中受训人员脉率(HR)、呼吸率(RR)、体温(TEMP)等体征生理参数的子系统。

3.9

**毒气侦检模拟训练系统** training simulation system for poison gas detection

采用仿真技术模拟有毒、有害气体环境,运用模拟气体检测仪器接收、采集模拟信号,实现有毒、有害气体侦检的模拟训练系统。

## 4 系统组成

### 4.1 训练室建筑

4.1.1 网栅隔断式烟热训练室建筑由主训练室、控制室和准备室组成,房间形状和大小应满足设备安装、便于训练的要求,建筑结构应符合相应的建筑设计规范。

4.1.2 控制室与主训练室之间应设有观察窗。准备室应有直通主训练室的通道。

### 4.2 训练设施构成

4.2.1 训练设施应有下述子系统:

    a) 网栅通道系统;

    b) 同步跟踪系统;

    c) 烟热模拟系统;

    d) 视像监控系统;

    e) 声光模拟系统;

    f) 体能训练系统;

    g) 集中控制系统。

4.2.2 训练设施可选配下述子系统:

    a) 体征遥测系统;

    b) 毒气侦检模拟训练系统。

## 5 技术要求

### 5.1 基本要求

5.1.1 网栅隔断式烟热训练室建筑和训练设施应符合本标准要求,其设计、制造和安装应符合国家相关标准的规定。

5.1.2 训练设施可采用自动、半自动和手动等控制方式,模拟高温、浓烟、噪音、火光环境。

5.1.3 训练设施可开展身体承受能力、心理适应能力、通过障碍能力的训练和测试,以及使用呼吸器和相关救援装备的训练。

5.1.4 训练设施应能在下列条件下正常工作:

    a) 环境温度:(5～40)℃;

b) 相对湿度:≤90％。

## 5.2 子系统技术要求

### 5.2.1 网栅通道系统

5.2.1.1 网栅通道系统宜由结构钢组成框架,确保整体结构稳定、牢固。笼体四周由边网封闭,网栅宜选用金属材质。

5.2.1.2 网栅通道尺寸见表1,可分2层或3层。出入口宜设在底层。网栅通道可通过不同的组合形式形成不同的训练长度,笼体四周与边墙的距离应不小于1.2 m。

5.2.1.3 网栅通道中应设置多种形状的"隔断"、"模拟塌方"、"电子陷阱"、"竖井"、"圆筒"、"爬绳"、"爬梯"、"软梯"、"斜梯"、"巷道"、"滑竿"、"独木桥"等障碍。网栅通道中宜设管路堵漏模拟装置、破拆模拟装置、电闸模拟装置等。各种障碍及模拟装置的说明见表2。

5.2.1.4 网栅通道系统应能满足使用者从任意部位均可开设出一条行进线路,配合各种人工障碍,实现多种不同难度与长度的训练任务组合。

5.2.1.5 在各预设行进路线的衔接处设置活动门,以方便调整、变化各种不同的行进线路。

### 表 1 网栅通道尺寸

| 网栅长度范围 $L$/m | 网栅层数 | 每层高度 $h$/m | | | 地板单元尺寸,边长/mm |
| --- | --- | --- | --- | --- | --- |
| | | 第1层 | 第2层 | 第3层 | |
| $L \leqslant 60$ | 2 | 1.0～1.1 | 1.4～2.1 | — | 800～1 000 |
| $60 < L \leqslant 80$ | 2、3 | | | 1.8～2.0 | |
| $80 < L \leqslant 120$ | 2、3 | | | | |
| $120 < L \leqslant 180$ | 2、3 | | | | |
| $L > 180$ | 2、3 | | | | |

### 表 2 网栅通道系统障碍及模拟装置

| 序号 | 名 称 | 模 拟 功 能 | 规格或要求 | 说 明 |
| --- | --- | --- | --- | --- |
| 1 | 电子陷阱 | 模拟危险区域或禁入区域 | ＞$\phi$650 mm | |
| 2 | 模拟塌方 | 模拟物品倒塌,行进通道受阻 | 横跨2～3个单元 | |
| 3 | 圆筒 | 模拟长距离低矮狭小空间 | 内径$\phi$(730±30)mm | |
| 4 | 圆孔 | 模拟穿越横断面 | $\phi$(590±10)mm | |
| 5 | 斜梯 | 模拟高矮不同的斜坡 | 连接相邻2层 | |
| 6 | 巷道 | 模拟通风管道等长距离、有落差的场所 | 内部尺寸:<br>宽度(800～850)mm<br>高度(850～900)mm | |
| 7 | 独木桥 | 模拟长距离狭窄空间的穿越 | 长度(2 000～4 000)mm<br>宽度(250±50)mm | |
| 8 | 1米高台 | 模拟较高的障碍物攀爬 | 高度(1 000±100)mm | |

表 2（续）

| 序号 | 名 称 | 模 拟 功 能 | 规格或要求 | 说 明 |
|---|---|---|---|---|
| 9 | H 形隔断 | | | |
| 10 | V 形隔断 | 模拟穿越不同断面的墙体障碍 | 宽度(925±25)mm | |
| 11 | 菱形隔断 | | | |
| 12 | 爬梯(竖梯) | 模拟烟囱、楼顶、化工设备等地点的梯子 | 宽度(350±50)mm | 适应于三层结构 |
| 13 | 软梯 | 模拟需要利用软梯实施救援的场所 | 宽度(350±50)mm | 适应于三层结构 |
| 14 | 滑竿 | 模拟需要利用滑竿实施救援的场所 | $\phi(65±5)$mm | 适应于三层结构 |
| 15 | 爬绳 | 模拟需要利用绳索实施救援的场所 | $\phi(55±5)$mm | 适应于三层结构 |
| 16 | 竖井 | 模拟深井救援 | 内径$>\phi600$ mm | 适应于三层结构 |
| 17 | 破拆模拟装置 | 模拟被障碍物遮挡住的前进道路 | | |
| 18 | 管路堵漏模拟装置 | 模拟管路中泄漏出有毒、有害气体装置 | | |
| 19 | 电闸模拟装置 | 模拟对灾难现场供电装置的处理 | | |
| 20 | 毒气侦检模拟装置 | 模拟对有毒气体的侦检和处理 | | |

注 1：总层数为 2 层的烟热训练室必选障碍为序号 1～11 的金属网栅通道障碍。

注 2：总层数为 3 层的烟热训练室必选障碍为序号 1～16 的金属网栅通道障碍。

注 3：序号 17～20 的金属网栅通道模拟装置为烟热训练室的选配配置。

### 5.2.2 同步跟踪系统

5.2.2.1 同步跟踪系统应由压力感应装置、采集转换装置和显示装置三部分组成,能实时监测受训人员在网栅通道中的位置。

5.2.2.2 采用计算机控制的系统装置,选用的各部件及计算机应为工业级,能满足运行稳定、长时间工作的要求。

5.2.2.3 同步跟踪系统软件应能显示训练人员所处位置,具备可靠性、用户友好性和可维护性,保证系统运行稳定,操作简便。

5.2.2.4 同步跟踪系统软件可增加以下功能:

    a) 自动计时:自动记录训练人员完成训练的总时间;

    b) 自动打分:根据完成训练情况自动给出分数;

    c) 记录功能:记录时间、训练过程及分数;

    d) 线路修改:操控人员可自行编排训练线路;

    e) 人员管理:记录训练人员的基本情况及参加训练情况。

### 5.2.3 烟热模拟系统

#### 5.2.3.1 发烟设备

发烟设备应能将发烟剂加热成雾状,喷射到主训练室模拟火灾烟雾。发烟设备的发烟量及配置数量应满足能见度从正常降至 2 m 的发烟时间应不大于 20 min。

#### 5.2.3.2 加热设备

加热设备应能提升主训练室及网栅通道中局部训练环境温度,且满足以下要求:

a) 对主训练室升温,使环境温度由 25 ℃升至 40 ℃所需的时间应不大于 40 min;

b) 网栅通道中设置的局部升温设备,应保证在(10~15)m 的范围内最高温度可达到 80 ℃;

c) 训练环境温度的实际温度偏差应不大于 5 ℃。

### 5.2.3.3 疏放烟雾设备

疏放烟雾设备由风机和疏放管道等部件组成。疏放烟雾的能力应保证训练状态下主训练室内能见度从 2 m 升至 10 m 的疏放烟雾时间应不大于 3 min。

### 5.2.3.4 控制装置

发烟设备、加热设备应配有控制装置。控制装置应能拟制控制过程,使加热设备和发烟设备能按设定条件有效运转。控制装置应集成在集中控制系统中或安装在控制室内。

### 5.2.4 视频图像监控系统

5.2.4.1 视频图像监控系统应由多个视频图像监控点组成,可采用云台、旋转、滑道等多种方式实现全部区域的视频图像监控,保证监控区域无死角。视频图像监控系统由以下设备组成:

a) 红外摄像机:用于常规状态和完全黑暗状态下的视频图像采集;

b) 监视器:用于集中控制系统内的所有视频图像监控;

c) 硬盘录像机:是进行图像存储处理的计算机系统,应具有监视、录像、回放和控制等功能;

d) 与以上设备相配套的云台、解码器、音频采集头、信号转换装置等。

5.2.4.2 条件许可时可增设热成像摄像机,用于烟雾状态下的视频图像采集。

### 5.2.5 声光模拟系统

### 5.2.5.1 声响设备

声响设备应能发出啸叫声、爆炸声、警笛声等模拟灾难现场的真实情景。声响设备包括:

a) 背景音源拟音设备,可将预先录制的现场背景噪音通过音响播放设备或计算机播放软件播放,并通过功率放大器和音箱放大出来,强化主训练室的拟音效果;

b) 对讲设备:主训练室应设置对讲设备,可实现控制室内指挥人员与主训练室内受训人员的对话。

### 5.2.5.2 灯光设备

灯光设备应能通过灯光设备发出交错频闪的光柱等模拟灾难现场的真实情景。灯光设备包括:

a) 室内照明设备;

b) 模拟光源设备,主要由频闪灯、彩灯、灯控台等组成,可模拟出火灾现场的火光;

c) 应急灯。

### 5.2.6 体能训练设备

体能训练设备应由体能训练梯、揉推器、拉力器等运动器材组成,放置在准备室内,满足一般体能训练要求。体能训练梯宜为无尽头爬梯。

### 5.2.7 集中控制系统

### 5.2.7.1 主控制台

主控制台应集成同步跟踪系统、烟热模拟系统、视像监控系统、声光控制系统等所有设备的控制部分。指挥人员通过主控制台能完成全部指挥工作。

#### 5.2.7.2 电器控制箱

集中控制系统中所使用的电器控制箱及计算机等设备宜采用集成在主控制台的方式,也可根据实际情况安排。

#### 5.2.7.3 应急按钮

控制台应设有应急按钮,可实现在紧急情况下启动烟雾疏放设备、室内照明设备,同时切断主训练室内发烟、加热、背景音源、模拟光源等其他训练设备的电源,停止其运行。

#### 5.2.7.4 其他监控设备

可根据实际情况增设监控视频墙、主控制器、上位机等其他监控设备。

a) 监控视频墙:可通过设置工业监视器、大屏幕电视、投影仪等视频监视设备,显示分布在训练系统内所有监控点接收的图像;

b) 主控制器:采用微处理器技术,可通过程序软件与其他控制电器一起实现训练全过程的自动化控制;

c) 上位机:应与主控制器有良好兼容性,具有工业级标准的程序软件,可长期稳定运行,辅助主控制器实现控制功能。

### 5.2.8 体征遥测系统

5.2.8.1 体征遥测系统应由主机、接收装置和若干台随身机组成,随身机的数量应能满足训练要求,并可同时监测全部受训人员。

5.2.8.2 体征遥测系统应至少监测训练人员的以下生理指标:

a) 脉率(HR);

b) 呼吸率(RR);

c) 体温(TEMP)。

5.2.8.3 体征遥测系统各组件应符合以下要求:

a) 主机:应能准确接收来自随身机传输的信号,宜设置在控制室内并集成在主控制台上;

b) 接收装置:可接收来自随身机传输的信号,并传送至主机;

c) 随身机:应体积小巧、易于携带、抗运动干扰,与接收装置采用无线传输方式。

### 5.2.9 毒气侦检模拟训练系统

5.2.9.1 毒气侦检模拟训练系统应由主机、发送装置和若干台仿真毒气侦检仪器(随身机)组成,随身机的数量应能满足训练要求,并可同时接收主机发出的毒气模拟信号。

5.2.9.2 毒气侦检模拟训练系统应采用无线传感器、电子及网络技术模拟有毒、有害气体环境,在训练室内发出毒气模拟信号,运用仿真毒气侦检仪器(随身机)接收、采集模拟信号,训练人员可根据随身机所显示的毒气种类、浓度作出相应的判断和处置。

5.2.9.3 毒气侦检模拟训练系统各组件应符合以下要求:

a) 主机:应能准确发送毒气模拟信号,宜设置在控制室内并集成在主控制台上;

b) 发送装置:可发送来自主机传输的信号,并确保传送至随身机;

c) 随身机:应体积小巧、易于携带、抗运动干扰,与发送装置采用无线传输方式。

## 6 安全要求

### 6.1 系统配置安全要求

6.1.1 主训练室应设应急照明设施,以确保训练过程中发生意外或设备故障时的应急照明。

6.1.2 应有确保主训练室内疏放烟雾设备运行可靠的措施。

6.1.3 网栅笼体应设置紧急救援通道,确保出现安全性问题时训练人员安全撤离。

### 6.2 设计安全要求

6.2.1 禁止采取燃烧方式产生烟雾。

6.2.2 禁止使用明火用于模拟训练。

6.2.3 网栅笼体所有边网应能快速拆卸,便于受训人员出现意外时的紧急救护。

6.2.4 网栅笼体中的框架、网栅及各种模拟障碍应无锐角、毛刺等,以免受训人员造成伤害。

6.2.5 设备接地应符合相关标准和规范。

### 6.3 材料安全要求

#### 6.3.1 网栅材料

网栅笼体框架及边网应选用金属材料,且符合相关产品标准的要求。

#### 6.3.2 地板材料

地板材料应牢固、可靠、耐用、耐高温、环保。

#### 6.3.3 橡胶材料

橡胶材料的使用寿命应不少于 3 年,最高使用温度应大于 60 ℃,技术指标应符合 GB/T 20028 的要求。

#### 6.3.4 烟雾成分

发烟剂应无毒、无害、无污染,通过发烟装置喷出的烟雾应为非腐蚀性雾气,符合环保要求。

#### 6.3.5 模拟障碍材料

模拟障碍材料应采用钢材及木材,且牢固、可靠、耐用、耐高温、环保。

## 7 验收

### 7.1 验收的组织

网栅隔断式烟热训练室竣工验收应由建设单位组织,邀请消防作战训练等使用部门、设计单位、施工单位、监理单位、供货厂商及业内专家组成验收组,共同进行。验收组组长由建设单位负责人担任,副组长中应至少有一名具有高级职称的相关专业工程技术人员。

### 7.2 验收资料

网栅隔断式烟热训练室竣工验收时,应提交下列资料:

a) 竣工验收申请;

b) 竣工图样及设计文件；

c) 施工现场质量管理检查记录；

d) 施工记录和工程阶段验收记录；

e) 竣工报告；

f) 调试报告；

g) 项目单项检验记录；

h) 主要部件或总成的检验报告和出厂合格证；

i) 原材料的质量检验合格证明；

j) 设施及其主要设备的使用及维护管理说明书。

## 7.3 验收规则

### 7.3.1 验收项目

竣工验收应包括第 4 章～第 6 章规定的全部内容。验收项目按表 3 进行。

**表 3 验收项目**

| 序号 | 条款 | 验收项目 | 单项检验 | 竣工验收 |
|------|------|----------|----------|----------|
| 1 | 4.1 | 训练室建筑 | | √ |
| 2 | 4.2 | 训练设施构成 | | √ |
| 3 | 5.1 | 基本要求 | | √ |
| 4 | 5.2.1 | 网栅通道系统 | √ | |
| 5 | 5.2.2 | 同步跟踪系统 | | √ |
| 6 | 5.2.3 | 烟热模拟系统 | √ | |
| 7 | 5.2.4 | 视频图像监控系统 | | √ |
| 8 | 5.2.5 | 声光模拟系统 | | √ |
| 9 | 5.2.6 | 体能训练设备 | | √ |
| 10 | 5.2.7 | 集中控制系统 | | √ |
| 11 | 5.2.8 | 体征遥测系统 | √ | |
| 12 | 5.2.9 | 毒气侦检模拟训练系统 | √ | |
| 13 | 6.1 | 系统配置安全要求 | | √ |
| 14 | 6.2 | 设计安全要求 | | √ |
| 15 | 6.3 | 材料安全要求 | √ | |

### 7.3.2 合格判定

验收项目全部符合本标准及国家相关标准要求方为合格。

## 7.4 验收报告

竣工验收合格后,应按附录 A 的规定作出竣工验收报告。竣工验收报告的表格形式可按网栅隔断式烟热训练室的结构形式和功能组成的具体情况进行调整。竣工验收不合格的,不得投入使用。

附 录 A

（规范性附录）

网栅隔断式烟热训练室竣工验收报告表

网栅隔断式烟热训练室竣工验收报告表格式见表 A.1。

表 A.1 网栅隔断式烟热训练室竣工验收报告表

| 工程名称 | | 设计单位 | | 建设单位 | |
|---|---|---|---|---|---|
| 施工单位 | | 生产厂名 | | 项目经理 | |
| 验收单位 | | 验收日期 | | 验收负责人 | |
| 项目分类 | 项 目 | | | | 验收结果 |
| 验收资料审查 | a) 竣工验收申请；<br>b) 竣工图样及设计文件；<br>c) 施工现场质量管理检查记录；<br>d) 施工记录和工程阶段验收记录；<br>e) 竣工报告；<br>f) 调试报告；<br>g) 项目单项检验记录；<br>h) 主要部件或总成的检验报告和出厂合格证；<br>i) 原材料的质量检验合格证明；<br>j) 设施及其主要设备的使用及维护管理说明书。 | | | | |
| 验收项目 | a) 训练室建筑；<br>b) 训练设施构成；<br>c) 基本要求；<br>d) 网栅通道系统；<br>e) 同步跟踪系统；<br>f) 烟热模拟系统；<br>g) 视像监控系统；<br>h) 声光控制系统；<br>i) 体能训练设备；<br>j) 集中控制系统；<br>k) 体征遥测系统；<br>l) 毒气侦检训练系统；<br>m) 系统配置安全要求；<br>n) 设计安全要求；<br>o) 材料安全要求。 | | | | |
| 验收组人员姓名 | 工作单位 | | 职务、职称 | | 签名 |
| | | | | | |
| | | | | | |
| | | | | | |
| 验收结论 | | | （验收组组长签名）　　年　月　日 | | |
| 建设单位　　　年　月　日 | 设计单位　　　年　月　日 | | 监理单位　　　年　月　日 | | 施工单位　　　年　月　日 |

ICS 13.220.10
C 83

# 中华人民共和国公共安全行业标准

GA 943—2011

# 消防员高空心理训练设施技术要求

Technical requirements for the overhead psychological training facility for fireman

2011-06-13 发布

2011-07-01 实施

中华人民共和国公安部    发 布

# 前　言

本标准 4.1、4.3 的内容为强制性的，其余为推荐性的。

本标准按照 GB/T 1.1—2009 给出的规则起草。

本标准由公安部消防局提出。

本标准由全国消防标准化技术委员会灭火救援分技术委员会(SAC/TC 113/SC 10)归口。

本标准负责起草单位：中国人民武装警察部队学院。

本标准参加起草单位：北京海比邻科贸有限公司。

本标准主要起草人：李进兴、张自海、张晓丽、李华敏、吴义娟、邓立岩、郭欣、刘泽毅、赵成帅、王俊位。

本标准为首次发布。

# 消防员高空心理训练设施技术要求

## 1 范围

本标准规定了消防员高空心理训练设施的术语和定义、技术要求及验收规则。

本标准适用于消防员高空心理训练设施的设计、建设与验收。

## 2 规范性引用文件

下列文件对于本文件的应用是必不可少的。凡是注日期的引用文件,仅注日期的版本适用于本文件。凡是不注日期的引用文件,其最新版本(包括所有的修改单)适用于本文件。

GB 4053.3 固定式钢梯及平台安全要求 第3部分:工业防护栏杆及钢平台

GB 8408—2008 游乐设施安全规范

GB 8918 重要用途钢丝绳

GB 19079.4 体育场所开放条件与技术要求 第4部分:攀岩场所

GB 50007—2002 建筑地基基础设计规范

GB 50205—2001 钢结构工程施工质量验收规范

GA 494 消防用防坠落装备

GA/T 623 消防培训基地训练设施建设标准

## 3 术语和定义

GA/T 623 确定的以及下列术语和定义适用于本文件。

3.1

**主体框架 main frame**

承受消防员高空心理训练所产生各种载荷的主体金属框架,包括竖直的立柱和顶部连接各相关立柱的横梁以及柱基础等。

3.2

**结构横梁 crossbeam**

水平设置于相关立柱间,便于构造各种训练系统装置的钢结构物。

3.3

**结构立柱 upright post**

垂直设置于相关结构横梁和地下基础间,便于构造各种训练系统装置的钢结构物。

3.4

**高空吊杠 overhead trapeze**

悬吊于消防员高空心理训练设施主体框架的横梁上,承受消防员上跳抓握时的体重及冲击载荷的金属杠及附属装置。

3.5

**高空断桥 overhead broken bridge**

两端固定于主体立柱上,用于训练消防员高空跨越能力的中间断开的板桥。

3.6

**软索渡桥 rope bridge**

用于训练消防员胆量和平衡能力,由两根铁链和若干木板组成的高空渡桥。

3.7

**梅花桥 chain bridge**

用于训练消防员胆量和平衡能力,由四根铁链和若干梅花桩组成的高空渡桥。

3.8

**翘板桥 seesaw bridge**

用于训练消防员胆量和平衡能力,由两根铁链和若干组跷跷板单元组成的高空渡桥。

3.9

**荡木桥 swing wood bridge**

悬吊于消防员高空心理训练设施主体框架的横梁上,由绳索和踏板组成的若干组等距离布置的高空悬晃型渡桥。

3.10

**天梯 hanging ladder**

垂直悬挂于消防员高空心理训练设施主体框架的横梁上,用于两名消防员训练配合攀爬、由两根平行铁链(或绳索)和若干根等间距圆木组成的悬晃软梯。

3.11

**绳网 rope net**

垂直固定在消防员高空心理训练设施主体框架上,用于训练消防员攀爬能力的绳索编织网。

## 4 技术要求

### 4.1 基本要求

4.1.1 消防员高空心理训练设施(以下简称设施)由主体框架、各种训练装置以及保护器材等组成。训练装置应至少包括高空吊杠、高空断桥、软索渡桥、翘板桥、天梯、绝壁墙、独木桥、攀岩墙,条件允许时可增设梅花桥、单索桥、双索桥、荡木桥、竖井等。

4.1.2 设施应能够满足训练消防员高空平衡力、爆发力、耐力和协作能力的要求,且能防止意外,保证消防员高空训练安全。

4.1.3 设施应符合本标准规定,并按符合国家相关标准的设计文件和技术图样安装建造。

### 4.2 主体框架

4.2.1 设施主体框架应结构合理、牢固稳定。

4.2.2 主体框架的立柱宜选择 12 m 长的热轧无缝钢管,钢管外径不小于 196 mm,壁厚不小于 6 mm。钢管的屈服强度不宜小于 235 MPa,抗拉强度不宜小于 375 MPa。立柱间距应根据训练内容需要及可用场地大小选择,宜为 4 m～10 m。

4.2.3 主体框架的横梁宜选择适宜的热轧工字钢,其屈服强度不宜小于 275 MPa,抗拉强度不宜小于 450 MPa。

4.2.4 立柱基础应符合 GB 50007—2002 中 8.1 的相关要求。

4.2.5 立柱与柱基础通过法兰盘以螺栓方式连接。加工螺栓的光圆钢筋直径应不小于 28 mm,预埋深度应符合 GB 50007—2002 中 8.1.3 的相关要求,露出端长度应满足法兰与螺母连接。立柱外壁与法兰盘间宜布置不少于四块的加强筋板,加强筋板与立柱及法兰盘应焊接牢固。法兰盘厚度应不小于16 mm。

4.2.6 立柱通过法兰盘与基础用螺栓连接紧固后,应再次浇注混凝土,覆盖连接部分。浇注体横截面与柱基础相同,其上表面距螺栓顶端不超过 20 mm 且应与地面持平。

4.2.7 立柱与横梁宜通过端板以螺栓方式连接,端板与立柱焊接连接。

4.2.8 主体框架部件间的连接、焊接及涂装应符合 GB 50205—2001 的相关要求。

### 4.3 保护器材

4.3.1 保护器材应包括保护用钢丝绳、安全绳、安全带及滑轮等构件。地面应设防坠落保护垫。

4.3.2 保护用钢丝绳应选用钢芯钢丝绳,直径应不小于 11 mm,其公称抗拉强度应符合 GB 8918 的相关要求。保护用钢丝绳可采用双绳。

4.3.3 保护用钢丝绳与立柱的固定端应采取有效的防松措施,并设有张力调整装置,主要受力部件的安全系数不小于 6。钢丝绳的端部必须用紧固装置固定,固定效率不小于 80%,固定方法应符合GB 8408—2008 的相关要求。

4.3.4 安全绳、安全钩、滑轮宜选用轻型,安全带宜选用Ⅲ型安全吊带,其结构和强度等应符合 GA 494的相关要求。

4.3.5 滑轮应选用固定侧板可相对转动的结构形式。

### 4.4 高空吊杠

4.4.1 高空吊杠包括吊杠平移机构、绕横梁移动装置、吊杠铁链、金属杠及站立立柱五个部分。

4.4.2 吊杠平移机构由分设于横梁两端的滑轮和绕于滑轮的闭合钢丝绳组成。滑轮应转动灵活、平稳,闭合钢丝绳宜处于适度的张紧状态,并在一侧与绕横梁移动装置相连接。拉动闭合钢丝绳应能带动滑轮转动,并拖动绕横梁移动装置平稳移动。

4.4.3 金属杠宜为管材,外径宜为 28 mm,长度宜为 1.2 m,壁厚不小于 3 mm。金属杠应粗细均匀、表面光滑、色泽一致。杠面静负荷能力不小于 5 kN。

4.4.4 吊杠铁链上端与沿横梁移动装置相连,下部穿过金属杠,闭合后呈三角形或梯形结构。金属杠应处于水平状态,两端部应与穿过的铁链相固定,训练使用时铁链与金属杠之间不得有相对滑动。铁链及固定结构的抗拉力应不低于 10 kN。

4.4.5 沿横梁移动装置由滚轮、轴及 U 型钢板框架组成,应能带动吊杠系统沿横梁方向平稳移动。U 型钢板框架的上端应与滚轮轴紧密连接,下部应与吊杠铁链紧密连接,其连接部及框架纵向抗拉强度应不低于 10 kN。

4.4.6 站立立柱直径不小于 159 mm,顶面金属圆板直径宜为 400 mm,顶面标高宜大于 8.5 m,表面加防滑纹,顶面距吊杠高差宜为 1.9 m。从地面开始,立柱两侧每 340 mm 交叉焊接攀登三角支架。支架宜用直径不小于 18 mm 的光圆钢筋弯成,其脚踏侧应保持水平,长度不小于 200 mm。

### 4.5 高空断桥

#### 4.5.1 基本结构

高空断桥由高空中相对的固定水平踏板与伸缩水平踏板、斜支撑钢结构物、伸缩调节机构等组成,如图 1 所示。

单位为毫米

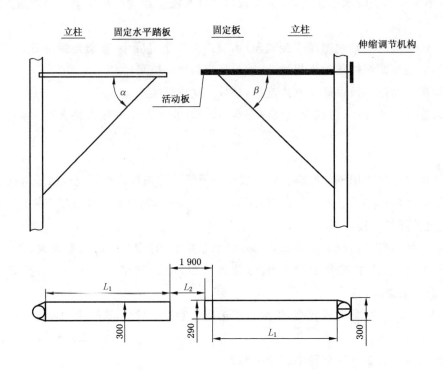

说明:

$L_1$——固定及伸缩水平踏板长度,不小于 2 m;

$L_2$——可调宽度,1.1 m～1.9 m。

注:此图所示为全金属冲压型踏板。

**图 1 高空断桥结构(主视图和俯视图)**

### 4.5.2 固定水平踏板

**4.5.2.1** 固定水平踏板板宽宜为 300 mm,上表面应平整、坚实、色泽一致。固定水平踏板板长不宜小于 2 m,中部垂直加载 5 kN 静载荷时,挠度为 20 mm±5 mm,外力取消后,残余变形不应超过 2 mm。

**4.5.2.2** 固定水平踏板与伸缩水平踏板同高,与上部横梁间的垂直距离不小于 2.4 m。

**4.5.2.3** 固定水平踏板与立柱的连接点应能承受 5 kN 垂直载荷,承受纵向水平拉力应按公式$\frac{5}{\tan\alpha}$计算,单位为 kN,其中 $\alpha$ 为斜支撑钢结构框架与固定水平踏板的夹角。

### 4.5.3 伸缩水平踏板

**4.5.3.1** 伸缩水平踏板包括固定板和活动板。

**4.5.3.2** 固定板宜由轧花钢板经冲压形成上板面封闭、下板面半封闭、截面为矩形的套筒形结构。下板面宜适当布设加强筋板。板宽宜为 300 mm,板的上表面应平整、坚实、色泽一致。

**4.5.3.3** 活动板的截面尺寸应与固定板套筒相适应,板面应平整、坚实、色泽一致,板宽不小于 290 mm。活动板完全缩回后,与固定板等长,且整套水平踏板板长不宜小于 2 m。

**4.5.3.4** 活动板下部应设置与伸缩调节机构相配合的机构。

**4.5.3.5** 活动板完全缩回至固定板内时,固定板中部垂直加载 5 kN 静载荷,挠度应为 20 mm±5 mm,外力取消后,残余变形不应超过 2 mm 且不影响活动板的伸缩。

**4.5.3.6** 活动板完全伸出时,端部垂直加载 5 kN 静载荷,挠度为 10 mm±5 mm,外力取消后,残余变形应不影响完全缩回至固定板内。

**4.5.3.7** 伸缩水平踏板与立柱的连接点应能承受垂直载荷 5 kN,承受纵向水平拉力应按公式 $\frac{5}{\tan\beta}$ 计算,单位为 kN,其中 $\beta$ 为斜支撑钢结构框架与伸缩水平踏板的夹角。

### 4.5.4 斜支撑钢结构物

斜支撑钢结构框架宜由槽钢与条形钢板焊接而成,纵向承受压力静载荷为 $\frac{5}{\cos\alpha}$(kN)或 $\frac{5}{\cos\beta}$(kN)时,应整体无变形、扭曲,材料表面无凸起、凹陷等现象。

### 4.5.5 伸缩调节机构

**4.5.5.1** 伸缩调节机构应能满足活动板的伸缩,可使活动板端部与固定水平踏板端部的间距在 1.1 m～1.9 m 范围内调节。

**4.5.5.2** 伸缩调节机构所在的立柱的相应位置上应设操作平台及防护栏。操作平台垂直加载 4 kN 时,平台板面应无变形、无晃动。平台外围应设置不低于 1 m 的防护栏,防护栏应坚固、牢靠。

### 4.5.6 焊接及涂装要求

部件的焊接及涂装应符合 4.2.8 的相关要求。

### 4.6 软索渡桥

**4.6.1** 软索渡桥由两根平行铁链与若干块踏板连接而成,如图 2 所示。铁链两端均通过带孔焊板与立柱连接,连接点高度宜相同。铁链宜穿过踏板底部并进行牢靠固定。

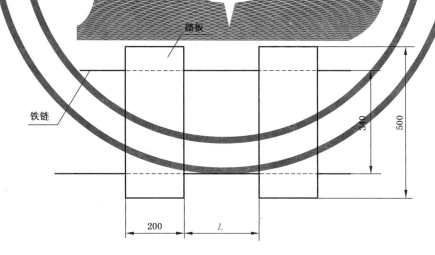

单位为毫米

说明:

$L$——踏板间距,250 mm～300 mm。

**图 2 软索渡桥结构**

**4.6.2** 两条铁链间间距宜为 340 mm,踏板间距宜为 250 mm～300 mm。踏板长宜为 500 mm,宽宜为 200 mm。无载荷时,软索渡桥中心点的悬垂距离应不大于两柱间距离的十分之一,最低点标高不低于 8 m。

4.6.3 踏板板面应平整,其单一静负荷能力不小于 4 kN。

4.6.4 铁链及其连接件的最小破断力不小于 40 kN。

4.6.5 链环闭合处焊接时应以满焊衔接,并加以防锈处理。

### 4.7 梅花桥

4.7.1 梅花桥一般由 4 根并行铁链及均布的若干梅花桩连接构成,如图 3 所示。铁链两端均通过带孔焊板与立柱连接,连接点高度应相同。

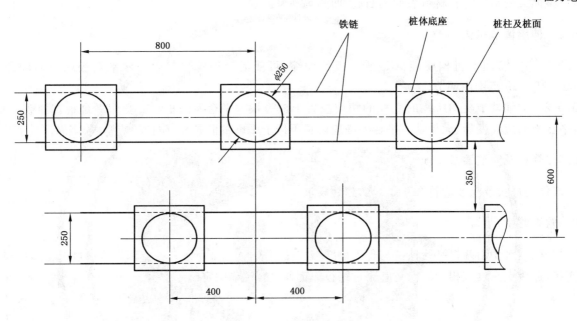

图 3 梅花桥结构

4.7.2 四根铁链间的间距宜为 250 mm、350 mm、250 mm,纵向均布的梅花桩间距宜为 800 mm,两排梅花桩的间距不宜大于 600 mm,并应相对错开均匀布置。梅花桩整体高度不宜大于 120 mm。无载荷时,梅花桥悬索中心点的悬垂距离应不大于两柱间距离的十分之一,最低点标高不低于 8 m。

4.7.3 梅花桩桩体由底座、桩柱、桩面构成,宜采用金属结构,各部分间应焊接牢固,底座与铁链间宜以螺栓方式相连接,并采取可靠的防松紧固措施。

4.7.4 梅花桩桩体的单一静负荷能力不小于 4 kN。

4.7.5 铁链及其连接件的最小破断力不小于 40 kN。

4.7.6 梅花桥若采用两根铁链结构时,相对交错布置的梅花桩间应使用连接杆相联结。

4.7.7 链环闭合处焊接应符合 4.6.5 的相关要求。

### 4.8 翘板桥

4.8.1 翘板桥一般由两根并行铁链和分布其上的若干个翘翘板单元构成,如图 4 所示。铁链两端均通过带孔焊板与立柱连接,连接点高度宜相同。每个翘翘板单元一般由板体、支架、转动装置及三根横梁组成,中间横梁上设置支架和转动装置,两边横梁为板体端部下降到最底部时的支垫物。三个横梁与铁链间应紧固连接。

单位为毫米

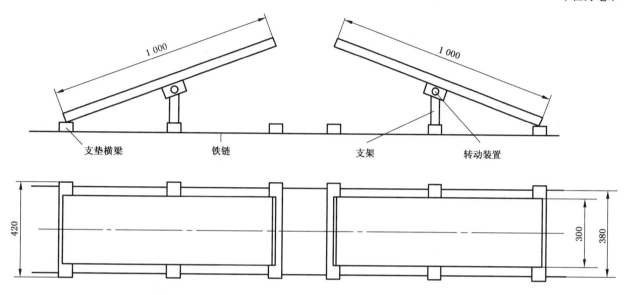

图 4　翘板桥结构（主视图和俯视图）

4.8.2　两根铁链间的间距宜不小于380 mm,纵向均布翘翘板单元,相邻单元间距宜为200 mm,板体长度宜为1 000 mm,宽度宜为300 mm;横梁长度不宜小于420 mm,支垫横梁厚度不宜大于50 mm;板体处于水平时,其下表面与支垫横梁上表面的距离不宜大于250 mm。无载荷时,翘板桥悬索中心点的悬垂距离应不大于两柱间距离的十分之一,最低点标高不低于8 m。

4.8.3　翘翘板板面应平整,板体及横梁单一静负荷能力不小于4 kN,支架及连接结构应能承受4 kN垂直负荷、2 kN的水平负荷。

4.8.4　翘翘扳的转动装置宜使用滚动轴承,应能随板体灵活转动。

4.8.5　铁链及其连接件的最小破断力不小于40 kN。

4.8.6　部件的焊接及涂装应符合4.2.8的相关要求,链环闭合处焊接应符合4.6.5的相关要求。

## 4.9　天梯

4.9.1　天梯由两条垂直铁链和一组垂直方向等距分布的横木等组成,如图5所示。铁链顶端与主体框架的横梁牢固连接,铁链下端与铸铁管连接并固定于地面下500 mm处。

4.9.2　横木为圆木,材质宜选取杉木或松木,长度宜为2 m,直径为200 mm。横木不得有蛀孔、裂缝,外表应光滑,且应做防腐处理。最下端的横木距地面1.2 m其他相邻横木之间的距离宜为1.6 m。

4.9.3　两条垂直铁链间间距宜为1.6 m,铁链与横木间宜采用金属卡箍形式连接,卡箍与圆木间应紧密贴合。

4.9.4　铁链及连接件承受拉力不小于12 kN,链环闭合处焊接应符合4.6.5的要求。

单位为毫米

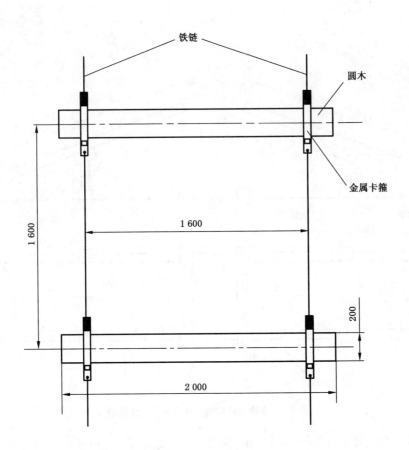

图 5　天梯结构

#### 4.10　绳网

4.10.1　绳网由网绳编制而成。

4.10.2　绳网应垂直张挂在选定的相邻两个相邻立柱(或一根立柱与一根结构立柱)和两根结构横梁之间。

4.10.3　绳网整体宽度不宜小于 5 m,顶部结构横梁标高不宜小于 8 m,底部结构横梁距地面约150 mm;结构横梁和结构立柱宜采用直径为 114 mm 的钢管,壁厚不小于 4 mm。结构立柱基础应符合 4.2 中的相关要求。

4.10.4　网绳直径宜为 14 mm,网目宜为菱形,其边长宜为 220 mm。

4.10.5　网绳可采用锦纶、维纶、涤纶或其他的耐候性不低于上述品种的材料制成,同一张绳网的材料及规格应一致。

4.10.6　绳网所有节点必须紧固。

4.10.7　绳网所用网绳应能够承受 3 kN 的拉力。

4.10.8　部件的焊接及涂装应符合 4.2.8 的相关要求。

#### 4.11　攀岩墙

4.11.1　攀岩墙主要由岩壁、攀岩支架、攀岩支点和顶部平台组成。

4.11.2　岩壁宜由 900 mm×900 mm 或 1 000 mm×1 000 mm 的高强度岩板拼接而成,岩壁顶部标高不宜小于 10.8 m,宽度不宜小于 5.4 m,每块岩板上宜设 2~3 个攀岩支点。

4.11.3　攀岩支架一般采用钢结构。

4.11.4 攀岩墙顶部平台宽度不宜小于 1.2 m,长度宜与岩壁宽度相同。平台的焊接、涂装、承受载荷应符合 GB 4053.3 的相关要求。

4.11.5 攀岩墙顶部平台应设防护栏,防护栏设计、安装等应符合 GB 4053.3 的相关要求。

4.11.6 攀岩墙顶部平台上应设两个安全保护架,间距为 2.7 m。安全保护架高度不宜小于 1.2 m,其悬臂部分端部设滑轮挂接装置。

4.11.7 安全保护架端部及滑轮连接点承受垂直荷载应不小于 22 kN。

4.11.8 岩板耐受静压力和最大冲击力、上端锚点最大受力、支点孔最大抗拉力,应符合 GB 19079.4 的相关要求。

## 4.12 单索桥

4.12.1 单索桥一般由负重钢丝绳、手扶铁链及附件组成。

4.12.2 负重钢丝绳宜选用钢芯钢丝绳,直径不宜小于 11 mm,其性能应符合 GB 8918 的相关要求。

4.12.3 负重钢丝绳及拉力调节装置总长不宜小于 8 m,安装高度不小于 8.5 m。手扶铁链应设置于负重钢丝绳以上 1.72 m~1.8 m,负重钢丝绳与手扶铁链采用两端锚固的方式与立柱相连,其中一端应设拉力调节装置。

4.12.4 手扶铁链纵向最小破断力不宜小于 40 kN。

4.12.5 负重钢丝绳的端部安装应符合 GB 8408—2008 中 8.11 的要求。

## 4.13 双索桥

4.13.1 双索桥由同一高度的两根负重钢丝绳及附件组成。负重钢丝绳通过焊板与立柱相连,两端锚固于焊板上,其中一端应设拉力调节装置。

4.13.2 负重钢丝绳及拉力调节装置总长不宜小于 8 m,安装高度不小于 8.5 m,间距由一端 1.2 m 增至另一端 1.6 m。

4.13.3 负重钢丝绳的规格、性能及端部安装应符合 4.12 的相关要求。

## 4.14 绝壁墙

4.14.1 绝壁墙主要由墙体支架、墙体、脚踏板组成,如图 6 所示。

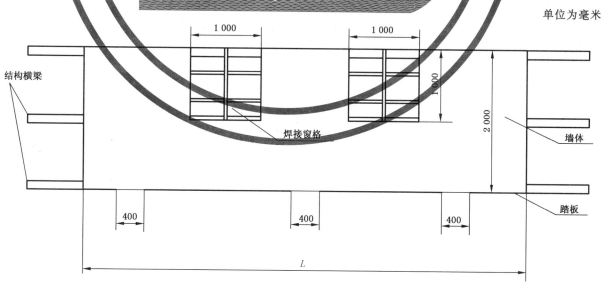

单位为毫米

说明:

$L$——墙体长度,不小于 6 m。

**图 6 绝壁墙结构**

4.14.2 墙体宜为矩形平面结构,顶部标高不宜小于 11 m,墙面高度宜为 2 m ,长不宜小于 6 m。

4.14.3 墙体支架的主体一般由三根结构横梁组成。结构横梁宜为钢管,直径不宜小于 114 mm,壁厚 4 mm,间距为 1 m。以三根结构横梁的一个侧面为基础,宜用槽钢焊接成井字网架,作为焊接墙体的依托。井字网架总尺寸与墙体表面相一致。

4.14.4 墙体宜采用冷轧板焊接成型,厚度不宜小于 1.2 m,焊接于井字网架上。

4.14.5 可视情况在墙体上部同一高度开设 2～3 个 1 m×1 m 的窗口。

4.14.6 脚踏板位于墙体底部,宽度宜为 150 mm。脚踏板纵向宜设置适当数量的缺口,缺口宽度宜为 400 mm。

4.14.7 脚踏板应有牢固支撑,承受垂直荷载不应小于 4 kN。

4.14.8 部件的焊接及涂装应符合 4.2.8 的相关要求。

## 4.15 荡木桥

4.15.1 荡木桥由若干个相同的单元一字排列组成,每个单元由两根垂直铁链和踏板构成,如图 7 所示。相邻两个单元间距宜为 500 mm。

单位为毫米

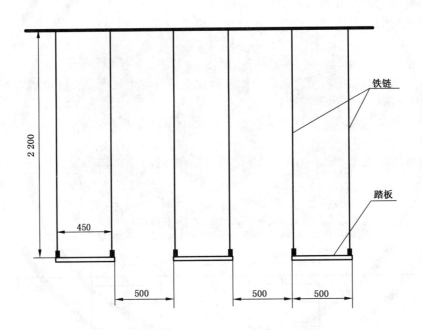

图 7　荡木桥结构

4.15.2 踏板长宜为 500 mm,宽宜为 150 mm。踏板与横梁下表面垂直距离宜为 2.2 m。

4.15.3 铁链顶端与主体框架的横梁牢固连接,底端通过踏板两端设置的拉环与踏板相连。链环闭合处焊接应符合 4.6.5 的要求。

4.15.4 铁链、铁链与横梁的链接部均能承受不小于 5 kN 的载荷。踏板单一静负荷能力不小于 4 kN。

## 4.16 独木桥

4.16.1 独木桥一般由圆木、金属卡箍和铁链组成。

4.16.2 圆木直径宜为 200 mm～250 mm,长度不小于 3.6 m。安装高度不宜低于 8 m,圆木上表面宜加工为平面,平面宽度不大于 80 mm。

4.16.3 圆木端部与铁链间宜采用金属卡箍连接,连接点距铁链与立柱固定点垂直高度宜为 500 mm,圆木端部距离立柱水平距离宜为 200 mm。

4.16.4 圆木中部垂直加载 4 kN 静载荷时,挠度为 20 mm±5 mm,外力取消后,残余变形不应超过 3 mm。

4.16.5 铁链及连接件抗拉载荷应不小于 7 kN。

## 4.17 竖井

### 4.17.1 基本结构

竖井由工作平台、井壁及防护栏等组成。如图 8 所示。

单位为毫米

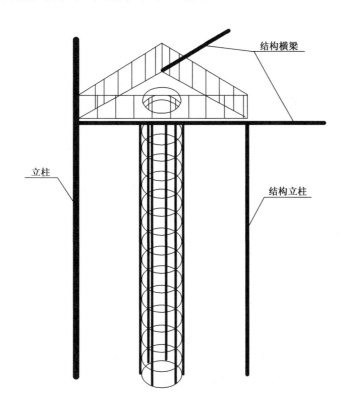

结构横梁

立柱

结构立柱

图 8 竖井结构轴测图

### 4.17.2 工作平台

4.17.2.1 工作平台宜依托两根相邻的结构横梁而形成,形状宜为三角形,其尺寸应适应救援三角架的展开,边长不小于 4 m。工作平台角部的结构横梁下部宜设置结构立柱。结构横梁和结构立柱宜采用直径为 114 mm 钢管,壁厚不小于 4 mm。结构立柱的基础应符合 4.2 的相关要求。

4.17.2.2 工作平台下应设钢结构支撑。平台地板宜采用花纹钢板或经防滑处理的钢板铺装,相邻钢板不应搭接。

4.17.2.3 工作平台中心设置井口,井口直径宜为 800 mm。井口下沿应焊接环形支撑结构,其内径与井口直径相同。

4.17.2.4 工作平台设置高度不宜小于 7 m。

4.17.2.5 工作平台的焊接、涂装、承受载荷应符合 GB 4053.3 的相关要求。

### 4.17.3 井壁

4.17.3.1 井壁由钢结构圆桶形框架外覆钢丝网而形成,其下端宜浇注于水泥地面,上端与井口环形支撑结构焊接,井壁外部直径宜为 1 m。井壁底部应设出入口,高度宜为 800 mm,宽度宜为 500 mm。

4.17.3.2 井壁应结实牢固,内外表面无突起,无毛刺。

4.17.3.3 井壁外可增加一层遮光布,遮光布应不透光且可快速拆卸。

### 4.17.4 防护栏

防护栏设计、安装等应符合 GB 4053.3 的相关要求。

## 5 验收

### 5.1 验收的组织

设施的竣工验收由建设单位组织,邀请消防作战训练等使用部门、设计单位、施工单位、监理单位、供货厂商及业内专家组成验收组,共同进行。验收组组长由建设单位负责人担任,副组长中应至少有一名具有高级职称的相关专业工程技术人员。

### 5.2 验收资料

设施竣工验收时,应提交下列资料:

a) 竣工验收申请;

b) 竣工图样及设计文件;

c) 施工现场质量管理检查记录;

d) 施工记录和工程阶段验收记录;

e) 竣工报告;

f) 调试报告;

g) 项目单项检验记录;

h) 主要部件或总成的检验报告和出厂合格证;

i) 原材料的质量检验合格证明;

j) 设施及其主要设备的使用及维护管理说明书。

### 5.3 验收规则

5.3.1 竣工验收应包括第 4 章规定的全部内容。验收项目按表 1 规定。

#### 表 1 消防员高空心理训练设施验收项目

| 序号 | 条款 | 验收项目 | 单项检验 | 竣工验收 |
|------|------|----------|----------|----------|
| 1 | 4.1 | 基本要求 | | √ |
| 2 | 4.2 | 主体框架 | √ | √ |
| 3 | 4.3 | 保护器材 | √ | √ |
| 4 | 4.4 | 高空吊杠 | √ | √ |
| 5 | 4.5 | 高空断桥 | √ | √ |
| 6 | 4.6 | 软索渡桥 | √ | √ |
| 7 | 4.7 | 梅花桥 | √ | √ |
| 8 | 4.8 | 翘板桥 | √ | √ |
| 9 | 4.9 | 天梯 | √ | √ |

表 1（续）

| 序号 | 条款 | 验收项目 | 单项检验 | 竣工验收 |
|------|------|----------|----------|----------|
| 10 | 4.10 | 绳网 | √ | √ |
| 11 | 4.11 | 攀岩墙 | √ | √ |
| 12 | 4.12 | 单索桥 | √ | √ |
| 13 | 4.13 | 双索桥 | √ | √ |
| 14 | 4.14 | 绝壁墙 | √ | √ |
| 15 | 4.15 | 荡木桥 | √ | √ |
| 16 | 4.16 | 独木桥 | √ | √ |
| 17 | 4.17 | 竖井 | √ | √ |

5.3.2　钢构件焊接、高强度螺栓连接、防腐涂装分项工程质量验收应结合查看相关质量检查和试验记录进行，要求分别符合 GB 50205—2001 附录 J 中表 J.0.1、J.0.4、J.0.12 的相关规定。

5.3.3　钢结构分部工程有关安全及功能的检验和见证检测应结合查看相关质量检查和试验记录进行，要求符合 GB 50205—2001 附录 G 的相关规定。

5.3.4　普通涂层表面及钢平台、钢梯、钢栏杆的工程观感质量检查项目应按 GB 50205—2001 附录 H 执行。

5.3.5　验收项目全部符合本标准及国家相关标准要求方为合格。

**5.4　验收报告**

竣工验收合格后，应按附录 A 的格式出具竣工验收报告。竣工验收报告的表格内容可按设施的结构形式和功能组成的具体情况进行调整。竣工验收不合格的，不得投入使用。

附　录　A

（规范性附录）

消防员高空心理训练设施竣工验收报告表

消防员高空心理训练设施竣工验收报告表格式见表 A.1。

表 A.1　消防员高空心理训练设施竣工验收报告表

| 工程名称 | | 设计单位 | | 建设单位 | |
|---|---|---|---|---|---|
| 施工单位 | | 生产厂名 | | 项目经理 | |
| 验收单位 | | 验收日期 | | 验收负责人 | |
| 项目分类 | 项目内容 | | | | 验收结果 |
| 验收资料审查 | a) 竣工验收申请；<br>b) 竣工图样及设计文件；<br>c) 施工现场质量管理检查记录；<br>d) 施工记录和工程阶段验收记录；<br>e) 竣工报告；<br>f) 调试报告；<br>g) 项目单项检验记录；<br>h) 主要部件或总成的检验报告和出厂合格证；<br>i) 原材料的质量检验合格证明；<br>j) 设施及其主要设备的使用及维护管理说明书。 | | | | |
| 验收项目 | a) 基本要求；<br>b) 主体框架；<br>c) 保护器材；<br>d) 高空吊杠；<br>e) 高空断桥；<br>f) 软索渡桥；<br>g) 梅花桥；<br>h) 翘板桥；<br>i) 天梯；<br>j) 绳网；<br>k) 攀岩墙；<br>l) 单索桥；<br>m) 双索桥；<br>n) 绝壁墙；<br>o) 荡木桥；<br>p) 独木桥；<br>q) 竖井；<br>r) 钢构件焊接、高强度螺栓连接、防腐涂装分项工程质量；<br>s) 钢结构分部工程有关安全及功能的检验和见证检测；<br>t) 普通涂层表面及钢平台、钢梯、钢栏杆的工程观感质量检查。 | | | | |

**表 A.1（续）**

| 验收组人员姓名 | 工作单位 | 职务、职称 | 签名 |
|---|---|---|---|
|  |  |  |  |
|  |  |  |  |
|  |  |  |  |

| 验收结论 | |
|---|---|
|  | （验收组组长签名）　　年　月　日 |

| 建设单位： | 设计单位： | 监理单位： | 施工单位： |
|---|---|---|---|
| 年　月　日 | 年　月　日 | 年　月　日 | 年　月　日 |

ICS 13.220.10
C 83

# 中华人民共和国公共安全行业标准

GA/T 967—2011

消防训练安全要则

Guide for fire training safety

2011-12-09 发布

2012-03-01 实施

中华人民共和国公安部    发布

# 前　言

本标准按照 GB/T 1.1—2009 给出的规则起草。

本标准由公安部消防局提出。

本标准由全国消防标准化技术委员会灭火救援分技术委员会(SAC/TC 113/SC 10)归口。

本标准负责起草单位:中国人民武装警察部队学院。

本标准参与起草单位:上海市公安消防总队、黑龙江省公安消防总队。

本标准主要起草人:陈智慧、姜连瑞、赵洋、冯力群、徐文忠、邓立刚、张立国、张晓青、王丽敏、王刚、廖军、诸战杰、陈显平。

本标准为首次发布。

# 消防训练安全要则

## 1 范围

本标准规定了消防训练安全的术语和定义、总则以及体能训练、心理适应训练、技术训练和合成训练的安全要则。

本标准适用于公安消防部队灭火救援业务训练的安全管理,专职消防队和志愿消防队等其他形式的消防组织可参照执行。

## 2 规范性引用文件

下列文件对于本文件的应用是必不可少的。凡是注日期的引用文件,仅注日期的版本适用于本文件。凡是不注日期的引用文件,其最新版本(包括所有的修改单)适用于本文件。

GB/Z 221 消防员职业健康标准

GB 11174 液化石油气

GB 17820 天然气

GB 20827 职业潜水员体格检查要求

GA 6 消防员灭火防护靴

GA 7 消防手套

GA 10 消防员灭火防护服

GA 44 消防头盔

GA 124 正压式消防空气呼吸器

GA 401 消防员呼救器

GA 494 消防用防坠落装备

GA/T 623 消防培训基地训练设施建设标准

GA 632 正压式消防氧气呼吸器

GA 634 消防员隔热防护服

GA 770 消防员化学防护服装

## 3 术语和定义

下列术语和定义适用于本文件。

### 3.1

**组训者 instructor-in-charge**

组织实施训练的单位或个人。

### 3.2

**受训者 trainee**

接受训练的单位或个人。

### 3.3

**安全员 safety officer**

由组训者指定,对训练过程和现场进行安全监督并提供安全保障的人员。

## 4 总则

### 4.1 训练的组织与管理

4.1.1 组训者应制定相应的训练安全管理规章,落实训练安全检查督导制度。

4.1.2 组训者应制定各类训练课目的操作规程,训练中应严格遵守操作规程。

4.1.3 应由组训者或组训者指定专人带队训练;每个训练课目均应设安全员,监督训练全过程,安全员主要职责见附录 A。

4.1.4 消防训练应遵循由简到繁、由易到难的训练规律;应因地制宜、因人施教,合理制定训练计划。

4.1.5 训练前,组训者应对参训者进行安全教育;训练结束后,填写训练记录,落实训练安全讲评制度。

4.1.6 受训者宜先通过理论学习或观看影像资料熟悉训练课目的内容和操作程序。

4.1.7 组训者应按计划实施训练,一般情况下不应改变训练场地和内容。

4.1.8 组训者应科学施训,合理分配体能,不应让受训者带伤带病训练。

4.1.9 不应在极端气象条件下组织训练。

4.1.10 组训者应制定训练急救预案,预案应包括各种伤害处置程序。

### 4.2 消防员健康检查与测试

4.2.1 受训者体格和健康状况应符合 GB/Z 221 的要求。

4.2.2 组训者应对所属人员建立身体健康和心理健康档案,定期组织医生和心理专家进行测试和巡诊。

### 4.3 训练场地及训练设施安全要求

4.3.1 训练场地、训练设施及训练装置应满足 GA/T 623 的安全要求;应定期检查、测试和维护保养,并做好记录;训练前应进行安全检查。

4.3.2 训练应在指定区域进行,区域内不应有无关人员和可能干扰训练的障碍物。

4.3.3 公共场所组织训练时,应不影响公共秩序和安全,设立警戒区域和警戒标志。

4.3.4 实地训练应提前进行实地考察,有针对性制定安全措施,实地训练单位应负责安全指导。

4.3.5 训练结束后,应检查训练设施,记录检查情况;必要时进行现场清理或被损物件的维修。

### 4.4 训练器材装备安全要求

4.4.1 训练器材装备应符合相应的国家标准或行业标准要求,并取得市场准入证明;无国家标准和行业标准的装备应为通过国家相关法定检验机构检验的合格产品。

4.4.2 应定期对训练器材装备进行检查、测试和维护保养,并做好登记。

4.4.3 训练前,应对训练器材装备进行安全检查。应选用与训练课目相适宜的个人防护装备,并按照表 B.1 进行检查。

4.4.4 训练结束后,应对器材装备进行检查,并做好登记。

## 5 体能训练

### 5.1 一般安全要求

5.1.1 训练前,应组织受训者进行不少于半小时的热身运动。

5.1.2 组训者应根据受训者个体情况,合理控制训练强度。

5.1.3 训练过程中,组训者应对容易造成损伤的环节进行实时监控与提醒。

5.1.4 训练后应组织受训者进行恢复性活动。

5.1.5 餐后一小时内不宜进行训练;剧烈运动后不宜立即坐地休息和立即洗浴,半小时内不宜进食。

## 5.2 跑步训练

5.2.1 长跑训练宜安排在标准的训练场地进行。

5.2.2 短跑训练时,不宜连续多次进行高强度的无氧训练。

5.2.3 折返跑训练时,折返点处不应摆放可能对受训者造成伤害的标志物品。

## 5.3 单双杠训练

5.3.1 设在木质地板上的器械,其下方或侧面宜铺设专用体操垫,并应设保护人员。

5.3.2 训练时,宜佩戴护掌。

5.3.3 训练应循序渐进,不盲目进行高难度动作训练。

## 5.4 登山训练

5.4.1 宜穿迷彩、体能训练服等宽松的服装,着胶鞋等轻便的鞋。

5.4.2 宜选择地形较熟悉、坡度较缓的山坡进行。

5.4.3 组织远离市区的登山训练时,宜配备简易救助器械及急救药箱。

## 5.5 游泳训练

5.5.1 宜在规范的游泳场、馆组织训练;雷雨天不宜组织室外游泳训练。

5.5.2 患有皮肤病、眼疾或有开放性伤口的人员不应参加游泳训练。

5.5.3 应设救生员,配齐救生装备,游泳前应做好热身运动。

5.5.4 游泳时不应打闹嬉戏,不应盲目跳水。

5.5.5 空腹、饭后一小时内不宜游泳训练;水温低于20℃不宜游泳训练。

## 5.6 组合体能器械训练

5.6.1 应掌握器械正确的使用方法。

5.6.2 每一课目训练次数不宜过多,间歇时间以 3 min～5 min 为宜。

# 6 心理适应训练

## 6.1 一般安全要求

6.1.1 训练前,应组织受训者学习心理训练的相关知识。

6.1.2 心理适应训练应由经过专业培训合格的人员指导,并根据受训者心理状况,进行针对性的训练。

## 6.2 烟热环境适应训练

6.2.1 受训者进入烟热室前,应对正压式消防空气呼吸器进行使用前检查,做好安全防护和现场急救措施。

6.2.2 训练过程中,应通过控制室对受训者进行实时监测。

## 6.3 高空适应训练

6.3.1 应在地面铺设保护垫,使用防坠落装置进行保护。

**6.3.2** 血压、心率不正常或其他不适宜进行高空训练的人员,不应参加训练。

# 7 技术训练

## 7.1 一般安全要求

**7.1.1** 夜间或室内训练,应有照明措施。

**7.1.2** 使用带有高压气瓶的器材训练时,气瓶不应长时间直接置于烈日下曝晒;不应接触火源和高温物体;应在气瓶连接固定好后,方能打开瓶阀。

## 7.2 呼吸保护器具训练

**7.2.1** 佩戴正压式消防空气呼吸器和正压式消防氧气呼吸器进行训练时,随时注意气瓶压力,并估算剩余使用时间,报警后应停止训练,更换气瓶。

**7.2.2** 佩戴正压式消防氧气呼吸器训练,受训者有严重不适感时,应立即停止训练。

**7.2.3** 使用移动供气源训练时,应确保供气导管不与尖锐物体接触摩擦,避免缠绕。应有专人监测气瓶压力,及时更换气瓶。

## 7.3 射水器材训练

**7.3.1** 水带连接应牢固;持水枪姿势应正确。

**7.3.2** 移动水炮应放置在平坦处。

**7.3.3** 供水时应缓慢加压,缓慢开启或关闭水枪、水炮、消防车和消火栓出水口。

**7.3.4** 打圈的水带中间不宜站人;水泵出水口、分水器出水口或地面水带接口等正面位置也不宜站人。

## 7.4 登高器材训练

### 7.4.1 拉梯

**7.4.1.1** 训练前,应检查消防梯梯蹬、螺栓和铆钉的紧固性,确保拉梯的拉绳、撑脚和闭锁装置完好可靠。

**7.4.1.2** 检查绳结、滑轮牢靠后,应对安全绳进行 4 人承重拉力试验,确定牢固后,方可使用。安全绳与墙角、窗框、建筑外沿等凸出部位接触时,应用绳索护垫、护套、护板、护轮等辅助装备进行保护。

**7.4.1.3** 训练队伍应与训练塔或建筑物保持不小于 15 m 的安全距离。

**7.4.1.4** 训练塔或建筑物每层宜设 1 名保护人员,地面应设 2 名保护人员,保护人员应佩戴消防手套和消防头盔。

**7.4.1.5** 安全绳应穿过地面安全环;保护人员应精力集中,安全绳应根据攀登人员攀登速度均匀上升,不应猛松或猛拉;地面人员应时刻注意可能坠落的物品。

**7.4.1.6** 梯子应架设牢靠,保护人员应双手握住梯梁外侧扶稳梯子,用脚掌抵住梯脚,膝盖顶住梯梁;两梯脚应处于同一水平面;拉梯与地面应保持 70°～75°夹角。

**7.4.1.7** 受训者攀登拉梯时,双手应实握梯蹬,注意观察上方;在拉梯上作业时,应将安全钩固定在梯蹬上。

**7.4.1.8** 训练后,应将安全绳整理收存于指定位置,避免长时间暴露于日光照射之下。

### 7.4.2 挂钩梯

**7.4.2.1** 训练前,应检查消防梯梯蹬、螺栓和铆钉的紧固性,确保梯子挂钩和撑脚完好可靠。

**7.4.2.2** 按 7.4.1.2～7.4.1.5 的规定执行。

7.4.2.3 训练前,组训者应检查训练塔窗台板牢固情况和安全绳滑轮的可靠性。

7.4.2.4 利用挂钩梯进行联挂救人训练时,应确保挂钩梯挂稳,适当增加保护人员。

7.4.2.5 训练后,应将绳索整理收存于指定位置,避免长时间暴露于日光照射之下。

## 7.5 救生器材训练

### 7.5.1 起重气垫

7.5.1.1 应将气垫至少75％的面积塞入被起重物体下面;气垫放置位置应确保被起重物体受力均匀;气垫下方应保证平整,必要时垫上木板。

7.5.1.2 气垫充气时,应低速缓慢,并观察被起重物体重心是否发生偏移;受训者不应站在气垫正前方。

7.5.1.3 使用两个大小不等的气垫叠加训练时,应使用同一系列的气垫,充气时应先为下面的大气垫充气。

7.5.1.4 钢架、护木等起重支撑物应随起重作业进度调整和补充支撑点,使被支撑对象保持稳固。

### 7.5.2 缓降器

7.5.2.1 训练前,应检查缓降器各部件完整性,确保无明显磨损和变形。

7.5.2.2 受训者应用安全绳实施保护。

7.5.2.3 使用缓降器沿外墙面下降时,应避免绳索与墙体摩擦;受训者下降过程中不应用手拉上升端的绳索,尽量面向墙面,必要时用脚蹬和手扶墙面或窗台,减少身体旋转或与建筑碰撞。

### 7.5.3 救援三角架

7.5.3.1 井下救助训练时,应保证可靠照明,受训者应与地面保持通信联系。

7.5.3.2 井下救助训练时,升、降钢丝绳应缓慢。

7.5.3.3 救援三角架与手动救援绞盘配合训练时,应检查绞盘绳索,防止人员坠落;应避免救生用安全绳与绞绳缠绕、打结。

### 7.5.4 救生抛投器

7.5.4.1 高压气瓶的使用应符合7.1.2的要求。

7.5.4.2 训练应在指定区域进行,抛投方向抛投距离范围内不应有人。

## 7.6 破拆器材训练

### 7.6.1 液压破拆器材

7.6.1.1 训练前,应检查各部件连接情况,确保无松动、损坏现象。

7.6.1.2 不应破拆超出作业范围的物体,被破拆物体应至少一端固定。

7.6.1.3 受训者应穿戴灭火防护服、消防靴、消防头盔和消防手套;作业时拉下头盔面罩。

7.6.1.4 液压管路接口的连接和分离应在油管内无油压的情况下进行;不应调整液压泵及破拆工作臂锁体上的安全阀。

7.6.1.5 液压扩张器训练时,扩张头与工作对象应接触可靠,尽量用扩张头上的大圆弧进行扩张;扩张器不应长时间做支撑用。

7.6.1.6 液压救援顶杆训练时,固定支撑和移动支撑应平稳受力,必要时两端加垫木板或橡胶块;救援顶杆负载过程中,应避免使活塞杆受到侧向力或侧向冲击。

7.6.1.7 液压机动泵添加燃油时应远离火源,运转过程中不应添加燃油,燃油不应加注过满;启动前,应拧紧燃油箱盖,擦净油箱外的燃油。

7.6.1.8 液压机动泵的工作环境应通风良好;身体任何部位不应触碰运转中的液压泵排气管和消音器。

### 7.6.2 机动破拆器材

7.6.2.1 按7.6.1.1～7.6.1.3的规定执行。

7.6.2.2 燃油机添加燃油时应符合7.6.1.7的要求。

7.6.2.3 燃油机工作时应符合7.6.1.8的要求。

7.6.2.4 无齿锯和机动链锯训练时,应缓慢平稳接近破拆对象,身体任何部位不应靠近旋转部件。

### 7.6.3 电动破拆器材

7.6.3.1 按7.6.1.1～7.6.1.3的规定执行。

7.6.3.2 训练场地应保持干燥。

7.6.3.3 训练前,应确保线路绝缘良好,器材外壳良好接地;操作者应佩戴绝缘手套。

7.6.3.4 直径25 mm以上的冲击钻训练时,作业场地周围应设护栏;地面4 m以上操作应有固定平台。

7.6.3.5 双轮异向切割锯训练时,锯片应缓慢平稳接近破拆对象,身体任何部位不应靠近旋转部件。

### 7.6.4 气动破拆器材

7.6.4.1 按7.6.1.1～7.6.1.3的规定执行。

7.6.4.2 高压气瓶的使用应符合7.1.2的要求。

7.6.4.3 训练前,应将刀片紧固,确保接头无松动、漏气现象。

7.6.4.4 气动切割刀切割玻璃训练时,受训者宜站在侧上方;刀头被夹住时不应硬扳。

7.6.4.5 气动枪切割玻璃训练时,受训者宜站在侧上方;枪体应垂直向下;不应作撬棒使用,不应在有压力的情况下放空枪。

7.6.4.6 玻璃破碎器训练时,受训者宜站在侧上方;破碎玻璃应选择正确部位,破碎前宜用胶带固定玻璃。

7.6.4.7 气动式凿岩机训练时,应把顶尖顶牢;注意站立姿势和位置,不应用身体加压。

### 7.6.5 手动简易破拆器材

7.6.5.1 按7.6.1.1～7.6.1.3的规定执行。

7.6.5.2 消防斧有变形、裂纹或斧柄橡胶护套损坏时,应立即停止使用。

7.6.5.3 使用消防斧砍劈作业时,宜靠近构件的固定端。

7.6.5.4 配挂腰斧时,位置要正确,以防刃口伤及身体。

### 7.6.6 其他破拆器材

7.6.6.1 按7.6.1.1～7.6.1.3的规定执行。

7.6.6.2 有高压气瓶的破拆器材,高压气瓶的使用应符合7.1.2的要求。

7.6.6.3 氧气切割器和乙炔切割器训练时,受训者除按7.6.1.3的规定执行外,还应佩戴滤光镜。

7.6.6.4 氧气切割器和乙炔切割器训练时,应缓慢开启气瓶阀门,并注意避开周围可燃物;点火时,喷嘴正面附近不应有人。暂停作业时,应关闭火焰。

## 7.7 堵漏器材训练

### 7.7.1 充气堵漏器材

7.7.1.1 有高压气瓶的充气堵漏器材,高压气瓶的使用应符合7.1.2的要求。

7.7.1.2 内封式堵漏袋训练时,堵漏袋塞入泄漏点不应少于75%,充气应缓慢。

7.7.1.3 外封式堵漏袋训练时,应将堵漏袋中心压在堵漏处,捆绑时带子应对称收紧,捆绑带应至少绕泄漏容器管道一周并对接。

7.7.1.4 捆绑式堵漏袋训练时,捆绑带子应对称收紧。

## 7.8 输转洗消器材训练

7.8.1 不应裸手混合洗消剂。

7.8.2 利用公众洗消帐篷进行人员洗消时,应调节好水温。

7.8.3 利用水枪进行洗消时,应避免水流冲击伤人。

## 7.9 排烟器材训练

7.9.1 排烟器材启动前,应平稳放置。

7.9.2 排烟机运转时,不应触摸风扇罩。

7.9.3 不宜移动正在运转的排烟机;特殊情况必须移动时,操作人员应站在排烟机两侧,抓牢把手,稳妥移动。

7.9.4 大型排烟机训练时,非受训者与排烟机应至少保持5 m的安全距离。

## 7.10 照明器材训练

7.10.1 应保证良好接地;操作人员应佩戴绝缘手套。

7.10.2 移动发电机为电力源的照明器材,训练场地宜在室外,如果必须在室内时,应注意通风。

7.10.3 有举升臂架的照明器材训练时,场地上方应无障碍物。

7.10.4 室外训练风力较大时,应拉防风绳固定。

## 7.11 潜水训练

7.11.1 开放水域潜水训练时,应设置明显的警戒标志,并避开崎岖多岩和植物茂盛的地区,确保训练区域无过往船只;风浪太大或雷雨天时,不应进行训练。

7.11.2 受训者健康状况应符合GB 20827的要求,并具有优异的游泳能力。

7.11.3 训练前,应穿戴防护装具;确保潜水装具和备用器材充足,应携带必要的急救物品;潜水训练应使用信号绳;安全员应按附录C进行训练前安全检查。

7.11.4 潜水过程中应至少2人一组,并始终与潜伴和地面人员保持联系。

7.11.5 受训者在上升时,应平稳而自然地呼吸,上升速度不应超过18 m/min;接近水面时,应注意上部水面是否有其他物体。

7.11.6 船艇与受训者协同训练时,船上人员应着救生衣;岸上及船上人员应注意观察,随时做好保障工作;受训者入水时,船艇发动机应熄火,改用船桨跟随受训者。

7.11.7 夜间及能见度不良情况下的潜水训练时,应配备照明设施;受训者应携带潜水灯;应顺着引导绳下潜和上升;如不小心与潜伴失散,应留在原地,寻找潜伴的潜水灯。

7.11.8 安全设施得不到保障时,不应进行潜水训练;受训者感觉不适,有权利向安全员提出申请,停止或终止潜水训练;训练时,只要受训者中有一人中断潜水,其他人也应中断潜水,返回水面。

## 8 合成训练

### 8.1 一般安全要求

8.1.1 受训者应在完成相应体能训练、心理行为训练和技术训练课目的基础上参加合成训练;受训者应在完成消防车操作训练和作战行动训练课目后,方能参加火灾扑救和应急救援训练;驾驶员应经过支队以上业务部门考核,取得相应车型车辆驾驶证后方可参加合成训练。

8.1.2 应按灭火和应急救援相应等级进行实兵实装防护。

8.1.3 组织实地演练前,应检查训练区是否有裸露的电线等不安全因素;参训者应实地熟悉操作规程,牢记复杂环境地形、地貌和消防水源的位置。

8.1.4 在易燃易爆场所合成训练时,应使用防爆器材,落实防静电措施,车辆排气管应戴防火罩,并消除一切着火源;参训人员应着防静电服,不应穿带钉皮鞋;车辆、人员不应在管道下方、地沟、电缆井、覆工板上方停留。

8.1.5 训练场地应便于车辆停靠,确保紧急情况下的人员疏散、撤离路线无障碍。

8.1.6 宜利用人体模型模拟被救人员;由真人模拟被救人员时,应注意安全防护。

8.1.7 大型综合演练宜有救护车及医护人员到场。

8.1.8 训练前,应对参训车辆的油路、水路、电路及刹车系统进行检查;车内放置的器材应固定牢靠。

8.1.9 训练出动时,车辆应按战斗编成依次出动;行驶途中,应随时观察车辆周围情况,保持安全距离;遇特殊路段或紧急情况,应适当减速,必要时,驾驶员应下车观察路况并派专人引导车辆、排除障碍或绕行。

8.1.10 训练结束及返回时,应以班、中队为单位清点人员和器材装备,确保车上器材装备放置牢固,器材厢门关好锁牢;车辆调头和疏导车辆时,应有专人指挥引导。

## 8.2 消防车训练

### 8.2.1 水罐消防车

8.2.1.1 取水训练时,车辆应停放在坚硬、平坦地面;天然水源取水训练时,应拉紧手刹,在车轮下垫入止动器材。

8.2.1.2 供水训练时,选择的水带、水带接口耐压性能应与水泵出口压力相匹配。

8.2.1.3 垂直供水训练时,应选择牢靠的固定点用水带挂钩或其他方式固定好水带,消防车距离建筑保持一定的安全距离;高层供水时,应在地面设分水器,宜对分水器进行固定;垂直施放水带应缓慢平稳,地面人员应在施放水带接头落地后才能接应;水带的正下方不应站人。

### 8.2.2 泡沫消防车

8.2.2.1 供水训练时,按8.2.1的规定执行。

8.2.2.2 供泡沫训练时,向泡沫液罐内加泡沫液后,应及时擦拭干净;供泡沫时应缓慢升压,缓慢开启或关闭泡沫枪、泡沫炮和消防车出水口;泡沫不慎进入眼睛,应立刻用清水冲洗。

### 8.2.3 干粉消防车

8.2.3.1 高压气瓶的使用应符合7.1.2的要求。

8.2.3.2 干粉喷枪应把持牢靠。

8.2.3.3 不应敲打和改动干粉系统的压力容器和压力管路。

### 8.2.4 举高喷射消防车

8.2.4.1 训练前应对车辆进行全面检查。

8.2.4.2 训练时,车辆应停放在坚硬、平坦地面,并综合考虑地面承载能力;地面比较光滑时,应在支脚下放置防滑垫板;车辆作业范围内场地上方不应有高压线及其他障碍物。

8.2.4.3 应严格遵守操作规程,避免在极限位置工作。

8.2.4.4 支腿处于稳定状态时,受训者方能站在回转平台上;臂架下面不应站人。

8.2.4.5 当风速超过车辆使用说明书规定时,不应进行臂架展开作业。

8.2.4.6 不应使用举升臂架悬空吊升水带出水或直接吊升重型器材。

### 8.2.5 登高平台消防车

8.2.5.1 按8.2.4的规定执行。

8.2.5.2 操作时,应尽量保持工作平台平稳、匀速升降,不应急起、急停。

8.2.5.3 工作平台内作业时,应系紧安全带并与工作平台可靠连接;平台内的操作者应利用平台内通话器或手持电台随时与组训者及回转平台上的操作者保持通信联系;回转平台上操作者应观察工作平台的空间位置,必要时可取代工作平台的操作。

8.2.5.4 射水训练时,应缓慢开启或关闭水枪、水炮和消防车出水口,缓慢调整消防炮的流量;供水管路的重量也应计入载荷;温度在0℃以下时,应尽量避免水流落在工作平台上。

8.2.5.5 利用(附)梯架疏散人员时应在荷载范围内有序、等距、安全向下疏导,下方应有人员接应。

### 8.2.6 云梯消防车

8.2.6.1 按8.2.5的规定执行。

8.2.6.2 搭桥训练时,应注意桥接点的安全性和坚固性。

## 8.3 作战行动训练

### 8.3.1 火情侦察

8.3.1.1 侦察训练时,应佩戴空(氧)气呼吸器;高温空间内部侦察训练时应着避火服或隔热服;带电区域进行侦察训练时,应穿戴绝缘靴和绝缘手套;登高侦察训练时,应利用安全绳和安全吊带等进行防护。

8.3.1.2 侦察训练时应2人~3人为一组,人员之间宜保持一定间距,并与外部人员保持通信联系。

8.3.1.3 能见度不高的空间内组织侦察时,应采取可靠照明措施;高温、浓烟空间侦察训练时,应用开花或雾状水流进行掩护。

### 8.3.2 侦检

8.3.2.1 侦检过程应注意天气及风向的变化,动态不间断的监测危险化学品扩散情况。

8.3.2.2 设定放射性物品、有毒物品、易燃易爆物品等侦检训练的空间,训练后应进行检测,确定安全后方可恢复原使用功能。

### 8.3.3 现场警戒

8.3.3.1 涉及危险化学品的训练课目,应按照侦检结果确定危险化学品扩散范围,按照危害特性划定动态警戒区域;警戒标志的设置应牢固合理,警戒区较大时,应增设警戒标志点。

8.3.3.2 危险化学品堵漏训练时,应根据要求划分警戒区域,警戒区边界设置固定出入通道,通道口设置在上风或侧上风方向。

8.3.3.3 普通公路交通事故处置训练,应在训练区域后方100 m处设置明显警戒标志;高速公路交通事故处置训练,应在训练区域后方200 m处设置明显警戒标志,并设大型防撞路障设施。

8.3.3.4 夜晚或能见度较低时,警戒距离应扩大一倍,宜设置多重警戒标志。

### 8.3.4 救生

8.3.4.1 利用绳索进行悬垂下降时,应使用安全绳进行保护;向下输送被救人员时,下部不应站人。

8.3.4.2 利用拉梯进行救助时,应控制下降速度,采取保护措施。

### 8.3.5 火场供水

8.3.5.1 火场供水训练安全应按 8.2.1 和 8.2.2 的规定执行。

8.3.5.2 人字屋顶射水时,应骑跨在屋脊上;坡屋面射水时,应采取揭开瓦片、插腰斧等方法建立足点;在坡屋面铺设水带应跨过屋脊,水带垂直部位应固定,供水时应缓慢进行;应防止坡屋面上的破碎物件与装备器材滑落伤人。

8.3.5.3 倾斜屋顶上射水时,应用挂钩或绳索固定水带并留有机动长度水带。

8.3.5.4 在消防梯上射水时应采取安全保护措施。

### 8.3.6 阵地设置

8.3.6.1 设置有飞火产生的水枪阵地时,应与火点保持一定的安全距离。

8.3.6.2 建筑物内火灾扑救训练时,不应将水枪阵地设在建筑物中央。

8.3.6.3 交通工具火灾扑救、石油化工火灾扑救训练时,阵地应设置在上风或侧上风方向,并尽量避开地势低洼处。

8.3.6.4 消防车车头朝向应为便于撤离的方向,主战消防车距离燃烧区或燃烧物应不小于 30 m。

8.3.6.5 有引爆场景的训练,受训者应依托建筑构件、地形和地物遮挡保护。

### 8.3.7 高空排险

8.3.7.1 架设消防梯时应支撑点牢固、角度合理,充分考虑窗口和墙壁的稳定性;在消防梯上破拆时应采取安全保护措施。

8.3.7.2 登高行动时,应避免腰斧、照明器具以及破碎物件坠落伤人。

8.3.7.3 屋顶上行动时,应用安全绳保护,双脚应在承重构件上踏实逐步前进;坡屋面行进时,应手脚并用,尽量靠近屋脊或扶女儿墙行进。

### 8.3.8 破拆

8.3.8.1 不应在易燃易爆场所进行破拆训练。

8.3.8.2 不应对装过易燃易爆危险化学品的容器进行破拆,不应破拆处于液压、气压和电压下的物体,并应确定破拆范围内无埋管。

8.3.8.3 注意观察破拆现场,防止破拆后的破碎物件伤人,注意由于破拆可能造成的构件坍塌。

8.3.8.4 破拆车体训练时,应避开油箱和油路。

8.3.8.5 高空作业应选好立足点,用安全绳保护。

### 8.3.9 起重

8.3.9.1 易燃易爆场所起重时应用喷雾水保护,并采取防静电措施。

8.3.9.2 受训者不应在只有气垫支撑的重物下作业。

8.3.9.3 起吊设备吊升重物训练中,钢丝绳固定物体时,应选准受力点和支撑点;起吊速度应平稳缓慢;应观察被起重物的运动轨迹,受训者应与被吊升物体保持不小于 2 倍操作半径的安全距离。

8.3.9.4 起重车辆训练时,应做好整车的固定。

### 8.3.10 排烟

8.3.10.1 受训者应选择进风口进入,进入后应避开下风方向排烟出口。

8.3.10.2 灌注高倍泡沫排烟训练时,应在确认内部空间无人的情况下进行。

8.3.10.3 参训人员不应单独进入浓烟区域行动。

#### 8.3.11 照明

8.3.11.1 照明消防车应保证良好接地,操作人员应佩戴绝缘手套。

8.3.11.2 照明消防车作业范围内场地上方不应有高压线及其他障碍物。

8.3.11.3 发现漏电保护器自动跳闸时,应查明原因,不应强行合闸。

#### 8.3.12 堵漏

8.3.12.1 受训者应时刻注意高压液体、气体泄漏可能造成的冲击伤害。

8.3.12.2 高空堵漏时,应在稳定的工作平台上作业,系紧安全带并与工作平台可靠连接。

8.3.12.3 易燃易爆气体点火堵漏训练时,应采取防爆措施。

#### 8.3.13 输转洗消

8.3.13.1 危险化学品输转训练时,受训者不应直接接触有毒或腐蚀性物品。

8.3.13.2 应在上风或侧上风方向使用水源,建立洗消站;对接触有毒物品的人员、车辆、器材及训练区域应进行洗消;对人员、现场及染毒装备的洗消,经检测不合格者应进行二次洗消;洗消废水应集中处理。

#### 8.3.14 通信

易燃易爆场所训练应使用防爆通信设备,采取防静电措施。

### 8.4 火灾扑救训练

#### 8.4.1 建筑火灾扑救

8.4.1.1 训练前应对选定的训练场所进行安全评估,训练场所的承载构件应能够承受所有装备、人员和灭火用水的重量;应根据火灾模拟需要,确定点火用燃料种类和数量,计算火灾荷载,确保火势在可控范围之内。

8.4.1.2 不应使用已遭污染或对环境及健康可能造成损害的不明燃料;气体燃料应符合 GB 11174 或 GB 17820 的要求,并具有燃烧极易控制的特点。

8.4.1.3 灭火剂和灭火装备备用量宜大于设计灭火用量的 50%;水带长度应可以铺设到所有燃烧区域。

8.4.1.4 点燃易燃易爆介质训练时,负责点火的受训者应按要求做好防护,使用点火设施或工具,不应直接点燃介质;不应在人员聚集场所点火或施放烟雾弹。

8.4.1.5 应对燃烧情况进行实时监测,并控制火场规模;训练中出现燃烧装置故障或火场失控等意外情况时,应立即启动紧急断料措施,开启通风系统排烟散热,开启应急照明系统;受训者应迅速从紧急逃生出口撤离。

8.4.1.6 火灾扑救训练时,灭火作战行动安全要求按 8.3 的规定执行。

8.4.1.7 训练后,清理余火和燃烧废物,含可燃液体和灭火药剂的污水以及温度过高的污水应经过污水处理设施处理后才能排入排水管道。

#### 8.4.2 石油化工火灾扑救

8.4.2.1 一般要求执行 8.4.1 的规定。

8.4.2.2 油罐火灾扑救训练时,应设置水垫层;模拟流淌或溢流火灾扑救训练时,应确保火势在可控范围之内。

8.4.2.3 射水时,应避开高压设备的结合部位、卧罐(桶)的两头、地面井盖处,以及油水(气)分离池上部。

### 8.4.3 交通工具火灾扑救

8.4.3.1 一般要求执行 8.4.1 的规定。

8.4.3.2 交通工具火灾扑救训练前应拆除油箱和易燃装饰材料。

8.4.3.3 汽车火灾扑救训练时应确保着火车辆发动机关闭,车辆固定。

8.4.3.4 船舶火灾扑救训练,从消防艇(船)登船时,消防员应穿救生衣。

8.4.3.5 在停靠码头的船舶上训练时,应用缆绳将船首和船尾固定;向舱内大量射水时,应开启舱底排水泵向船外排水。

8.4.3.6 飞机火灾扑救训练,应首先和机场管理部门联系,确认已发出禁止飞机起降命令后,方可进入飞机跑道。

8.4.3.7 高速公路火灾扑救训练时,应与高速公路管理部门搞好协同,控制车辆通行,必要时实行交通管制;应在相应距离设置警示标志,并有专人值守。

8.4.3.8 公路隧道火灾扑救实地训练时,应与交通部门联系,必要时实行交通管制,并设置危险警示标志。

8.4.3.9 铁路隧道火灾扑救实地训练时,应确保在无列车通过的时间段进行训练;行动时应注意隧道内线路和侧沟。

8.4.3.10 地铁火灾扑救实地训练时,应与列车运行中心沟通,在列车停运时间段进行训练;受训者应与站台边缘保持 1 m 以上的距离。地铁火灾扑救训练时,移动照明应沿进攻路线合理布点并及时跟进。

8.4.3.11 没有实地训练条件的地方,交通工具火灾扑救训练可改为模拟训练。

## 8.5 应急救援训练

### 8.5.1 危险化学品泄漏事故救援

8.5.1.1 应根据泄漏气体、液体的性质,采用性质相似的无毒或低毒替代品进行训练;必须使用可燃易燃气体、液体时,其使用量应在安全控制范围内,同时应对泄漏物质浓度等参数进行实时监测。

8.5.1.2 训练所用化工装置及承载构件应能够完全承受所有装备、人员等的重量;训练场地应与压力容器保持一定的安全距离,上空、地面和地下无高压电线等危险物,对危险地带做好标志。

8.5.1.3 易燃易爆等气体泄漏事故处置训练前应切断警戒区域内的电源,熄灭明火,停止高温设备的运行,消除所有可能引发爆炸的危险源。

8.5.1.4 训练过程中,受训者不应在泄漏区域内下水道等地下空间顶部、井口处滞留;训练后,应根据训练使用介质的性质,有针对性地对人员及装备进行洗消。

### 8.5.2 建(构)筑物倒塌事故救援

8.5.2.1 应确保建筑物内无其他无关人员。

8.5.2.2 训练前应对模拟建筑倒塌事故现场中的不稳定部位进行支撑加固,或预先破拆、移开危险构件,避免出现不可控制的二次倒塌。

8.5.2.3 受训者不应在受力不均衡的阳台、楼板、屋顶等部位作业;不应进入非稳固支撑的建筑废墟下作业。

8.5.2.4 出现设施损坏或具有危险时,应立即停止训练。

### 8.5.3 道路交通事故救援

8.5.3.1 使用报废车辆进行破拆前,宜拆除油箱和易燃装饰材料,必要时采取喷雾水保护。

8.5.3.2 车辆相撞救援训练时,车速应适当控制,撞击应按设计要求进行。

8.5.3.3 客车多人被困救援训练时,燃烧、发烟和爆炸设置应适当;人员应能及时从烟火环境中疏散;模拟油箱爆炸应保证安全距离,采取保护措施。

8.5.3.4 实施救援训练时应确保事故车辆发动机关闭,车辆固定。

### 8.5.4 水域救人

8.5.4.1 参加水域救人的消防艇(船)应配备医疗急救设备、紧急无线电示位装置及能够短距离传递声音信号的扩音装置,配备能够收听天气、海事预报的无线电接收装置,配备船内报警装置;应根据其最大承载人数配备足够数量的救生筏和救生圈。

8.5.4.2 受训者应经过专业潜水培训。

8.5.4.3 冬季训练时,下水前应做好热身活动。

8.5.4.4 训练水域应放置用于标明潜水员下潜方位的浮标。

8.5.4.5 桥梁、堤岸等场所实施水域救生训练时,应严密监视桥梁、堤岸状况;步行通过桥梁时应用便步。

### 8.5.5 井下救人

8.5.5.1 应通过视像监控系统,以及设在底部的观察门或安全门观察训练情况;意外紧急情况下,应立即开启送风设备和照明系统,受训者从应急通道迅速撤离。

8.5.5.2 担架救人训练时两根诱导保护绳应左右用力均匀拉动,并确保担架不撞向壁面;支点及绳索连结处应设置垫布,防止绳索磨损;吊升器材的绳索长度应为救援深度的2倍以上,应有安全员在地面上提供保护。

8.5.5.3 实地井下救人训练时,应明确联络信号,减少井、洞口人员,防止井、洞口塌方。

8.5.5.4 不应使用不明枯井、洞穴进行救助训练。

8.5.5.5 悬垂倒立法进行救人训练时,应挑选身体素质好,身材矮小的受训者。

8.5.5.6 使用三脚架救援训练时,救援缆绳应匀速下降和起吊;井口保护人员应不少于3人,配戴救援手套、安全腰带,必要时做好个人固定。

8.5.5.7 应对井内气体浓度实施不间断检测。

8.5.5.8 移动式供气源使用中应保证供气源管线不得打绞,不被重物压、砸;密切注意气压,确保不间断供气。

**附　录　A**

**（规范性附录）**

**安全员职责**

安全员应由具有作战经验的消防官兵担任,其职责主要包括:

a)　组织对训练场地、训练设施和训练器材装备进行训练前的安全检查;

b)　向所有受训者介绍安全情况,包括训练目的、紧急撤退路线和紧急出口位置,确认紧急撤离信号;观察危险区出入口和紧急撤退路线是否畅通;

c)　确保每个受训者佩戴适宜的个人防护装备;

d)　与进入训练区的受训者保持不间断的通信联系;

e)　时刻观察和掌握训练场训练状态,一旦发现安全隐患,及时报告组训者或提示受训者暂时停止训练;如果有必要,中断和干预任何可能引发危险的行为和因素;

f)　观察了解受训者的体力消耗情况,适时提醒组训者安排替换人员;

g)　掌握参训人员数量、进入训练区域的时间;

h)　掌握组训者和教练员发出的信息,及时准确地传达组训者下达的紧急撤退命令;

i)　负责紧急撤退和训练结束后人员的核查清点。

附 录 B

（规范性附录）

个人防护装备使用前检查项目

个人防护装备使用前检查项目见表 B.1。

表 B.1 个人防护装备使用前检查项目

| 器材类别 | 检 查 项 目 |
|---|---|
| 消防头盔 | 1. 应符合 GA 44 的要求。<br>2. 消防头盔外观完整，无损伤。<br>3. 帽箍、帽托、缓冲层、下颏带、面罩、披肩等附件应完整，并可靠连接 |
| 消防员<br>灭火防护服 | 1. 应符合 GA 10 的要求。<br>2. 内、外层无破损，连接应紧密、可靠。<br>3. 拉链、钮扣、背带、粘扣和反光标志带等应完好、可靠 |
| 消防手套 | 1. 应符合 GA 7 的要求。<br>2. 多层结构应完整、无破损。<br>3. 拉链、搭扣、反光标志带应完整、可靠 |
| 消防安全腰带 | 1. 应符合 GA 494 的要求。<br>2. 整带应完整可靠无缺损。<br>3. 织带织线无松脱，缝合接口无开线、断线现象。<br>4. 带扣与拉环应无棱角、毛刺、裂纹，无明显划痕和松脱现象 |
| 消防员<br>灭火防护靴 | 1. 应符合 GA 6 的要求。<br>2. 靴面无起皱、砂眼、杂质、气泡、疙瘩硬粒、粘伤痕迹、亮油擦伤等缺陷。<br>3. 靴面与夹里布、内底布以及防砸内包头衬垫应平整，无脱壳、脱齿弹边、脱空、开胶现象 |
| 正压式消防<br>空气呼吸器 | 1. 应符合 GA 124 的要求。<br>2. 主要附件应完整、可靠。面罩、背带、腰带等部件应完好，无断裂现象。<br>3. 气瓶无物理损伤；气瓶与支架及各部件应连接牢固，管路密封良好。<br>4. 气瓶压力表应连接牢固，正常工作；气瓶压力一般为 28 MPa～30 MPa，压力低于 24 MPa 时，应立即充气；气瓶压力余气报警器无异常。<br>5. 戴上面罩后，深呼吸 2～3 次，再次对面罩及管路进行气密性能检查 |
| 佩戴式防爆照明灯 | 检查电量，以及各部件的完整性 |
| 消防员呼救器 | 1. 应符合 GA 401 的要求。<br>2. 检查各部件的完整性。<br>3. 检查电量。<br>4. 检查静止状态 15 s 预报警，30 s 连续报警以及强报警的可靠性 |
| 方位灯 | 检查电量，以及各部件的完整性 |
| 消防安全绳 | 1. 应符合 GA 494 的要求。<br>2. 绳索外层应无断丝、毛刺、切口和损伤等现象，绳芯应无凹进、突出、漏芯或其他损害情况。<br>3. 没有被火灼烧现象，没有接触过高温物体或化学物质等。<br>4. 没有受到过冲击 |

表 B.1（续）

| 器材类别 | 检 查 项 目 |
|---|---|
| 正压式消防氧气呼吸器 | 1. 应符合 GA 632 的要求。<br>2. 各压力组件和密封组件应完好；应为新更换的二氧化碳吸收剂；冷却剂已放好；面罩进行了防雾处理。<br>3. 呼吸软管与面罩应连接正确，呼吸阀密封良好。<br>4. 气瓶压力为 18 MPa～20 MPa；气瓶压力余气报警器无异常。<br>5. 定量供氧应达到规定值。<br>6. 自动补给与手动补给供氧量应充足。<br>7. 排气阀开启压力应达到规定值 |
| 消防过滤式防毒面具 | 1. 面罩无破损、老化、变色等现象，视窗清晰。<br>2. 附件可靠，面罩佩戴后，无明显的滑落和漏气现象。<br>3. 佩戴后，用于捂住进气口，深呼吸，面罩能紧密地贴合在脸上，并有压迫感。<br>4. 滤毒罐进气口密封良好 |
| 消防员隔热防护服 | 1. 应符合 GA 634 的要求。<br>2. 表面无破损、离层、铝箔脱落和开线等现象。<br>3. 各部位配件装订牢固可靠。<br>4. 拉链顺畅、灵活，裤背带有弹力，粘扣和钮扣完好可靠。<br>5. 头罩视窗应清晰 |
| 消防员避火防护服 | 1. 表面无破损、离层和开线等现象。<br>2. 各部位配件装订牢固可靠。<br>3. 拉链顺畅、灵活，裤背带有弹力，粘扣和钮扣完好可靠。<br>4. 头罩视窗应清晰 |
| 消防员化学防护服 | 1. 应符合 GA 770 的要求。<br>2. 表面尤破损、明显褪色、不易除去的油污及化学品残留物、老化和不可恢复的褶皱等现象，连接部件应牢固可靠。<br>3. 透明视窗无污损、裂纹和变色等现象。<br>4. 拉链、尼龙搭扣、钮扣等紧固件应完好可靠。<br>5. 防护手套和防护靴外观完好。<br>6. 服装整体气密性良好 |
| 安全带 | 1. 应符合 GA 494 的要求。<br>2. 织带无割口、磨损、变软、变硬、褪色以及纤维熔化等现象。<br>3. 缝线无磨损和断开现象，缝合处牢固可靠。<br>4. 金属部件无变形、损坏等现象。<br>5. 未发生过剧烈冲击或坠落冲击 |
| 安全钩 | 开口动作应灵活，无损坏 |

# 附　录　C

## （规范性附录）

## 潜水训练前安全检查项目

潜水训练前,受训者完成着装并报告后,安全员应检查:

a)　受训者已带齐应佩戴的各种用品;

b)　检查呼吸器气瓶压力;

c)　所有快速解脱扣均伸手可及,扣接适当;

d)　压铅带已系在其他所有系带和装具外面,任何动作下气瓶底缘都不应压住压铅带;

e)　检查潜水刀的位置,确保受训者在任何情况下都将它带在身上;

f)　每组至少有一名受训者佩戴深度表、气压表、指北针、水温计和潜水手表;

g)　校正时间,对表;

h)　核实专用潜水信号;

i)　下水前,确保气瓶阀已完全打开,并倒旋了 1/4 圈~1/2 圈;

j)　受训者戴上咬嘴或全面罩呼吸 30 s 后,观察、询问受训者是否有不适感;

k)　水面保障人员是否已到位;

l)　落实训练中意外紧急情况的处理措施。

ICS 13.220.99
C 85

中华人民共和国公共安全行业标准

GA/T 968—2011

消防员现场紧急救护指南

Guide on field first aid for firefighters

2011-12-09 发布　　　　　　　　　　　2012-03-01 实施

中华人民共和国公安部　　发 布

# 前　言

本标准按照 GB/T 1.1—2009 给出的规则起草。

本标准由公安部消防局提出。

本标准由全国消防标准化技术委员会灭火救援分技术委员会(SAC/TC 113/SC 10)归口。

本标准负责起草单位:中国人民武装警察部队学院。

本标准参与起草单位:江苏消防总队医院。

本标准主要起草人:胡晔、刘晓华、张立国、邵建章、王刚、韩海云、赫中全。

本标准为首次发布。

# 消防员现场紧急救护指南

## 1 范围

本标准规定了消防员现场紧急救护的总则、人员与装备要求、救护基本程序和典型伤情处置方法。

本标准适用于公安消防部队对灾害事故现场伤员进行的紧急救护。专职消防队、志愿消防队等其他形式的消防队进行紧急救护时可参照执行。

## 2 规范性引用文件

下列文件对于本文件的应用是必不可少的。凡是注日期的引用文件,仅注日期的版本适用于本文件。凡是不注日期的引用文件,其最新版本(包括所有的修改单)适用于本文件。

GB/Z 221　消防员职业健康标准

GB/T 23648—2009　社区志愿者地震应急与救援工作指南

## 3 总则

3.1　消防员现场紧急救护的任务是在专业医疗救护人员未到场的情况下,采取必要措施,提供能力范围内的救护,以稳定伤员生命体征、防止伤情恶化,为专业医疗救护人员进行现场救护及后继治疗创造条件。

3.2　消防员现场紧急救护应服从指挥中心(部)的安排,帮助伤员安全、迅速地脱离危险环境。

3.3　在专业医疗救护人员到达现场后,现场紧急救护人员应及时进行伤员移交。

## 4 人员与装备

### 4.1 人员要求

从事现场紧急救护的消防员应同时满足以下条件:

a)　体格和健康状况符合 GB/Z 221 的要求;

b)　取得国家认可的救护员资格证书;

c)　参加消防部门组织的年度体能、技能训练,考核成绩合格;

d)　参加消防部门组织的定期紧急救护理论与实践培训,考核成绩合格。

### 4.2 装备要求

消防员紧急救护装备配备参见附录 A。

## 5 救护基本程序

### 5.1 现场评估

5.1.1　巡视现场,初步判断灾害事故类别。

**5.1.2** 识别现场是否存在潜在危险,必要时将伤员移离险地并封锁现场。

## 5.2 个人防护

实施紧急救护时,应根据需要佩戴个人防护装备。

## 5.3 基本检查

### 5.3.1 意识检查

**5.3.1.1** 表明身份,大声呼唤、轻拍伤员肩部,询问伤员伤情;若伤员为婴儿则拍击其足底。

**5.3.1.2** 刺激伤员手或足神经末梢,用手电筒照射伤员瞳孔,观察伤员:

    a) 是否清醒;

    b) 是否有语言应答;

    c) 瞳孔是否放大,对灯光刺激是否有反应;

    d) 对手或足神经末梢的刺激是否有反应。

### 5.3.2 呼吸检查

**5.3.2.1** 观察伤员胸部起伏,判断伤员是否有呼吸。

**5.3.2.2** 测量伤员呼吸频率,观察伤员:

    a) 是否发绀;

    b) 是否流汗;

    c) 呼吸节律是否正常;

    d) 呼吸音是否正常;

    e) 是否呼吸困难。

### 5.3.3 循环体征检查

**5.3.3.1** 触摸伤员动脉,判断脉搏速率和强弱。

**5.3.3.2** 测量伤员血压,观察伤员:

    a) 面色、嘴唇是否苍白;

    b) 四肢是否发热或发凉;

    c) 是否颤抖。

## 5.4 情况汇报

**5.4.1** 救护人员应向指挥中心(部)汇报现场情况:

    a) 灾害事故的类别;

    b) 伤员人数、性别、是否有生命危险;

    c) 现场能够应用的资源、准备采取的救护行动。

**5.4.2** 下列情况应立即申请医疗增援:

    a) 有伤员意识丧失、呼吸心跳停止;

    b) 伤员伤情超出消防员的救护能力;

    c) 其他紧急情况。

## 5.5 详细检查

**5.5.1** 询问清醒的伤员或旁观者,了解伤员基本情况。

5.5.2 从头到脚、自上而下、两侧对比,全面检查伤员身体:

a) 头部,触摸头顶、脑后及面部骨骼,寻找有无伤口、骨折或畸形;

b) 耳部,观察耳部是否有血液或体液流出;

c) 眼部,观察眼眶有无淤瘀;

d) 鼻部,观察鼻部是否有血液或体液流出;

e) 口腔,观察口腔是否有异物、是否有伤口或烧伤;

f) 颈部,观察颈部有无肿胀、畸形,询问伤员有无触痛;

g) 肩部及锁骨,观察肩部及锁骨有无畸形、肿胀,询问伤员有无触痛;

h) 胸部,观察胸部有无伤口、出血、塌陷、凸起,询问伤员是否疼痛,是否呼吸困难;

i) 腹部,观察有无伤口、内脏脱出,询问伤员是否疼痛;

j) 髋部与盆骨,观察有无骨折、出血,询问伤员是否疼痛;

k) 脊柱,观察有无畸形,询问伤员是否疼痛;

l) 四肢与关节,观察有无出血、肿胀、畸形及指(趾)甲颜色,询问伤员是否疼痛、麻木。

5.5.3 通过伤情询问和全面身体检查,判断伤情。

## 5.6 伤情处置

5.6.1 伤情处置的优先顺序为:

a) 保持呼吸道畅通,维持呼吸;

b) 维持血液循环,为呼吸心跳停止的伤员进行现场心肺复苏,操作方法应符合附录B的规定;

c) 保护颈椎,将意识不清的伤员置于复原体位;

d) 制止出血,固定骨折。

5.6.2 典型伤情的处置方法见第6章。

5.6.3 处置完成后应密切观察伤员生命基本体征的变化。

5.6.4 根据伤情检查结果及处置措施填写《伤情检查及处置记录单》,一式两份,式样参见附录C。

## 5.7 伤员搬运

全面评估伤员的伤势、体重、所要运送的路程、救护人员人数、体力、搬运器材的性能和数量以及可能遇到的困难,选择搬运方法,操作方法应符合附录D的规定。

## 5.8 伤员移交

向专业医疗救护人员移交伤员,同时交付《伤情检查及处置记录单》一份。

# 6 典型伤情处置方法

## 6.1 创伤

6.1.1 创伤处置的一般程序:

a) 脱去或剪开伤员的衣物,暴露伤口;

b) 使用生理盐水冲洗伤口,伤口周围皮肤用0.5%碘伏消毒;

c) 以无菌敷料覆盖伤口并予以固定;

d) 如有可能,将受伤部位抬高。

6.1.2 伤口异物的处置方法:

a) 不可拔除嵌入伤口的异物,应在异物两旁加无菌敷料或环形垫圈,高度超过异物;

b) 加压包扎,不可直接在伤口处加压。

6.1.3 头部创伤的处置方法：

    a) 以无菌敷料覆盖伤口,使用弹力网帽或绷带、三角巾固定无菌敷料；

    b) 若耳、鼻有液体流出,禁止堵塞耳道或鼻孔,应使用酒精棉球擦净耳、鼻周围的血迹及污物,用碘伏消毒。

6.1.4 眼部创伤的处置方法：

    a) 伤员取平卧位,保持头部稳定；

    b) 嘱咐伤员闭合双眼,减少眼球移动,不可试图移去嵌在眼内的异物；

    c) 以无菌敷料覆盖双眼,使用绷带或三角巾包扎。

6.1.5 胸部创伤的处置方法：

    a) 伤员取半卧位,侧向受伤的一边；

    b) 以无菌敷料覆盖伤口,在敷料上加盖洁净的保鲜膜,用胶布固定,封住三边,留空向下的一边。

6.1.6 腹部创伤的处置方法：

    a) 伤员取平卧位,双腿屈曲；

    b) 以无菌敷料覆盖伤口,用绷带、三角巾或胶布固定；

    c) 若伤口有内脏脱出,不可直接触摸,不可尝试放回腹腔内,应立即以洁净的保鲜膜覆盖伤口,用三角巾做环行垫圈,环套脱出物,使用三角巾包扎。

6.1.7 肢体离断伤的处置方法：

    a) 不可清洗伤肢,应以无菌敷料覆盖肢体残端,使用弹力绷带回返式加压包扎；

    b) 若离断的肢体尚有部分组织相连,直接包扎,按骨折固定方法进行固定,操作方法应符合附录E的规定；

    c) 寻找断肢(指、趾),用保鲜袋包裹后放入装满冰块(或冰水)的塑料袋中保存,不可使断肢(指、趾)直接接触冰块(或冰水)；

    d) 将断肢与伤员一并移交专业医疗救护人员。

## 6.2 出血

6.2.1 暴露伤口,以无菌敷料覆盖伤口。

6.2.2 根据出血部位、出血性质及出血量采用不同的处置方法：

    a) 小动脉、静脉、毛细血管出血,采用加压包扎止血法；加压包扎未能止血,将伤肢抬高并持续加压；持续加压未能止血,应使用指压止血法；指压止血法未能止血,应使用止血带止血；操作方法应符合 GB/T 23648—2009 附录 D 的规定；

    b) 中等以上动脉出血、头面部及四肢部位伤口出血量多时,采用指压止血法；指压止血法未能止血,头面部使用三角巾加压包扎止血,四肢部位应使用止血带止血；

    c) 耳道出血时,不可堵塞耳孔,保持伤员头倾向出血侧,使血水流出；

    d) 鼻出血时,保持伤员头部前倾,使血水流出,指导伤员用口呼吸。

6.2.3 给伤员保暖。

## 6.3 骨折

6.3.1 骨折的处置方法：

    a) 避免不必要的移动,保持伤员静止不动；

    b) 检查意识、呼吸、脉搏,处理严重出血；

    c) 判定骨折部位及骨折类别,选用相应的固定器材,宜使用躯体(肢体)固定气囊；

    d) 双手稳定并承托骨折部位,限制骨折处的活动,安放固定器材,操作方法应符合附录E的规定；

e) 指(趾)端露出,检查伤肢末端的感觉、活动和血液循环情况。

6.3.2 骨折处置过程中应注意以下事项:

a) 严禁现场整复,肢体如有畸形,按畸形位置固定;

b) 若伤员为开放性骨折,不可试图将外露骨还纳,不可用水冲洗,不可涂抹药物,应以无菌敷料覆盖外露骨及伤口,在伤口周围放置环形衬垫,使用绷带或三角巾包扎;

c) 肢体出现肿胀、麻木、苍白、发凉或脉搏消失等症状,应立即解松绷带,重新进行伤情判断。

## 6.4 气道梗阻

成人及儿童气道梗阻的处置方法:

a) 询问伤员,观察伤员呼吸、面色及手势,确定是否有异物梗塞气道;

b) 鼓励伤员咳嗽,同时申请医疗增援;

c) 使用拍背法,帮助伤员清除梗塞物;

d) 若拍背法无效,立即施行腹部冲击法;

e) 若伤员为孕妇或肥胖者等不宜采用腹部冲击法时,应施行胸部冲击法;

f) 检查口腔,若异物排出,迅速用手取出异物;若梗阻物未能排出,重复进行腹部或胸部冲击。

## 6.5 烧(烫)伤

6.5.1 判定烧伤深度、烧伤面积和烧伤严重程度。

6.5.2 烧(烫)伤的处置方法:

a) 迅速脱离热源,防止损伤扩大;

b) 检查呼吸和脉搏;

c) 确认为轻度烧伤后,立即用冷清水冲洗或浸泡伤处,降低表面温度,直至受伤部位不再感到疼痛为止;

d) 迅速去除或剪除伤处衣物和饰物;

e) 保持伤口完好,以无菌敷料覆盖伤处,不可刺破水泡,不可涂抹红汞、蓝汞等有颜色的外用药,以免影响对烧伤面积、烧伤深度和烧伤程度的判断;

f) 若伤员为口腔、呼吸道、面部烧伤或烫伤,应及时解松伤员颈部的衣物,消除口腔及呼吸道内的分泌物,给予吸氧。

6.5.3 下列情况应立即申请医疗增援:

a) 伤员是老人、婴幼儿或长期病患者;

b) 电烧伤、化学烧伤、辐射烧伤等;

c) 中度、重度和特重度烧伤人员。

## 6.6 中毒

6.6.1 明确中毒毒物的性质,将中毒者移离污染区域,防止进一步接触或吸入毒物。

6.6.2 食入毒物的处置方法:

a) 保持气道畅通,若呕吐物阻塞呼吸道,立即按照气道梗阻情况处置,操作方法见6.4;

b) 检查意识、呼吸和脉搏;

c) 将中毒者置于复原体位,申请医疗增援;

d) 若有呕吐物、毒物及盛载毒物的容器,一并移交专业医疗人员。

6.6.3 吸入毒气的处置方法:

a) 将中毒者移至安全通风处;

b) 解开伤员领部、胸部与腰部过紧的衣物,保持呼吸道通畅,检查意识、呼吸和脉搏;

    c) 给予吸氧；

    d) 保持体温。

**6.6.4** 经皮肤吸收毒物的处置方法：

    a) 立即用流动的清水冲洗中毒部位；

    b) 避免中毒者抓挠；

    c) 若出现全身过敏反应，立即给予吸氧。

**6.6.5** 注入毒物的处置方法：

    a) 使中毒者保持安静；

    b) 若中毒者呼吸困难，立即给予吸氧；

    c) 收集注射器具和毒物的安瓿，一并移交专业医疗人员。

## 6.7 溺水

溺水的处置方法：

    a) 清除溺水者口腔、鼻腔内的泥沙、污物，保持呼吸道通畅；

    b) 将溺水者置于救护人员屈膝的大腿上，头部朝下，按压其背部，迫使呼吸道和胃部的吸入物
排出；

    c) 检查呼吸、脉搏；

    d) 溺水者恢复呼吸、心跳后，迅速用干毛巾擦遍全身，自四肢、躯干向心脏方向摩擦，促进血液循
环，保持体温。

## 6.8 中暑

中暑的处置方法：

    a) 将患者移至通风阴凉处，平卧位休息，解松衣物，检查呼吸、脉搏；

    b) 若患者体温升高，在患者头颈、腋窝、腹股沟等处放置冰袋降温；

    c) 若患者体温超出 38 ℃、出现抽搐、昏迷等症状，立即给予吸氧，同时申请医疗增援。

## 6.9 冻伤

**6.9.1** 判断冻伤严重程度。

**6.9.2** 将伤员送入温暖的环境中，剪除潮湿和冻结的衣物，保持体温。

**6.9.3** 若伤员为全身冻伤、肢体冻僵、意识丧失或三度局部冻伤，立即申请医疗增援。

**6.9.4** 局部冻伤的处置方法：

    a) 将伤肢放入温水中加温，待伤肢颜色转红、复温，不可采用冰雪揉搓、烤火等办法；

    b) 尽量保持水泡完整；

    c) 检查呼吸、脉搏。

## 6.10 咬（蜇）伤

**6.10.1** 犬咬伤的处置方法：

    a) 立即用肥皂水和清水清洗伤口，反复冲洗至少 15 min；

    b) 伤员应被送至防疫部门注射免疫血清。

**6.10.2** 蛇咬伤的处置方法：

    a) 安抚伤员，使伤员保持安静，放低伤肢，同时申请医疗增援；

    b) 检查伤员呼吸、脉搏；

    c) 使用止血带在伤口近心端处绑扎，每隔 20 min 放松 1 min～2 min；

d)　切开伤口,挤出毒液,边挤压边用清水反复冲洗伤口,不可轻易试图用嘴吸出毒液;

e)　若有可能,记录蛇的外形特征,并告知专业医疗救护人员。

6.10.3　蜂蜇伤的处置方法:

a)　小心拔除遗留在皮肤上的毒刺,但不可直接用手拔毒刺;

b)　若伤员为黄蜂蜇伤,可使用 3‰硼酸或 1‰醋酸溶液等冲洗;若伤员为蜜蜂蜇伤,可使用苏打水、氨水、肥皂水及碱水等冲洗;

c)　抬高被蜇伤部位,在伤口上放置冰块局部冷敷;

d)　若伤员呼吸困难,给予吸氧;

e)　若疼痛和肿胀现象持续存在,立即申请医疗增援。

## 6.11　电击伤

电击伤的处置方法:

a)　迅速切断电源或使用绝缘物体将电线挑开,在确定伤员不带电的情况下立即实施救护,同时申请医疗增援;

b)　检查伤员身体,判断电流在伤员体内的通路;

c)　检查呼吸、脉搏;

d)　处理烧伤,操作方法见 6.5。

## 附 录 A

### （资料性附录）

### 消防员紧急救护装备配备

消防员紧急救护装备配备标准见表 A.1。

### 表 A.1 消防员紧急救护装备配备标准

| 类别 | 名 称 | 单位 | 数量 | 备 注 |
|---|---|---|---|---|
| 个人防护类 | 医用消毒手套 | 双 | 8 | |
| | 口罩 | 个 | 8 | |
| | 护目镜 | 个 | 4 | |
| 心肺复苏类 | 口对口人工呼吸面膜 | 片 | 10 | |
| | 单向阀式口对口人工呼吸面罩 | 套 | 1 | |
| | 简易呼吸器 | 套 | 1 | |
| | 自动体外除颤器 | 台 | 1 | |
| 氧气供给类 | 便携式氧气瓶(减压器、流量表) | 套 | 1 | 4 L |
| | 吸氧面罩 | 套 | 1 | |
| 止血包扎类 | 无菌敷料 | 块 | 30 | 大、中、小号各 10 片 |
| | 纱布绷带 | 卷 | 10 | 4 cm×1 600 cm |
| | 三角巾 | 条 | 10 | |
| | 胶布 | 卷 | 2 | 1.2 cm×100 cm |
| | 弹力网帽 | 个 | 2 | |
| | 弹力绷带 | 个 | 5 | |
| | 一次性橡胶止血带 | 个 | 2 | |
| 骨折固定类 | 颈托 | 套 | 1 | |
| | 头部固定器 | 个 | 1 | |
| | 脊柱板(固定带) | 个 | 1 | |
| | 躯体固定气囊 | 个 | 1 | |
| | 肢体固定气囊 | 个 | 1 | |
| | 铝芯塑性夹板 | 个 | 2 | |
| | 木板 | 套 | 1 | |
| 伤员搬运类 | 多功能担架 | 个 | 1 | |
| | 折叠担架 | 个 | 1 | |
| 急救药品类 | 生理盐水 | 袋 | 1 | 250 mL/袋 |
| | 碘伏 | 瓶 | 1 | 500 mL/瓶 |
| | 酒精棉球 | 袋 | 1 | 20 个/袋 |

表 A.1（续）

| 类别 | 名　　称 | 单位 | 数量 | 备　　注 |
|------|---------|------|------|---------|
| 急救用品类 | 电子体温计 | 只 | 1 | |
| | 弹簧表式血压计 | 只 | 1 | |
| | 剪刀 | 只 | 1 | |
| | 镊子 | 只 | 1 | |
| | 医用棉球 | 袋 | 1 | |
| | 保温毯 | 只 | 2 | |
| | 手电筒 | 只 | 1 | |
| | 冰袋 | 袋 | 1 | 270 mL/袋 |
| | 即冻冰袋 | 只 | 2 | |
| | 保鲜袋 | 盒 | 1 | 50 只/盒 |
| | 保鲜膜 | 卷 | 1 | 30 cm×1 000 cm |
| | 急救背包 | 个 | 1 | 45 cm×30 cm×70 cm |
| 注 1：救护装备以救护小组为单位配备,每个救护小组 4 人。<br>注 2：单向阀口对口人工呼吸面罩或简易呼吸器可选配。<br>注 3：铝芯塑性夹板和木板可选配。 | | | | |

附　录　B

（规范性附录）

现场心肺复苏

## B.1　打开气道

### B.1.1　心肺复苏体位

**B.1.1.1**　将伤员仰卧位放置于坚硬的地（平）面上，头颈、躯干平直无扭曲，双手放于躯干两侧。

**B.1.1.2**　若伤员为俯卧位倒地，则应将其翻转为心肺复苏体位。

**B.1.1.2.1**　一名救护人员操作，方法如下：

　　a)　救护人员位于伤员身体一侧，将伤员该侧上肢向头部方向伸直；

　　b)　双手分别扳动对侧肩部和髋部，转动伤员躯干；

　　c)　翻转伤员至侧卧位后，一手扶持伤员后颈部，一手承托髋部，将伤员平稳放置于地面。

**B.1.1.2.2**　宜由两名救护人员共同操作，方法如下：

　　a)　救护人员甲位于伤员头部前方，单膝着地，一手抵住伤员后颈部，一手承托前额；

　　b)　救护人员乙位于伤员身体一侧，将该侧手臂紧贴躯干，扳动对侧肩部和髋部，转动伤员躯干；

　　c)　救护人员甲跟随救护人员乙转动伤员的颈部，使颈部与躯干位于同一轴线上；

　　d)　翻转伤员至侧卧位后，救护人员乙翻转腕部，分别承托伤员肩部、髋部，与救护人员甲共同将伤员平稳放置于地面。

### B.1.2　畅通气道

**B.1.2.1**　解开伤员颈部、胸部与腰部过紧的衣物。

**B.1.2.2**　采用仰头举颏法打开气道。救护人员一手下压伤员前额，另一手食指、中指置于下颌骨处，向上抬起下颏。

**B.1.2.3**　若伤员疑有颈椎骨折，应采用托颌法打开气道。救护人员将手放置于伤员头部两侧，握紧伤员下颌角，用力向上托下颌，用拇指将伤员口唇分开。

### B.1.3　清除口腔异物

清除伤员口腔内异物。方法是一手按压开下颌，一手拇指与食指沿伤员口角内插入，取出异物。宜使用便携式吸痰器清除气道内的分泌物等。

若伤员有假牙，必须取出。

### B.1.4　判断呼吸

侧头用耳听伤员口鼻的呼吸声，用眼看胸部的起伏，用面颊感觉呼吸的气流，用时不超过 10 s。如果伤员胸部无起伏、口鼻无气体呼出，视为伤员停止呼吸，立即开始人工呼吸。

## B.2　人工呼吸

### B.2.1　人工呼吸方法

#### B.2.1.1　口对口吹气

口对口吹气操作方法如下：

a) 救护人员一手以食指与中指提拉下颌,保持气道畅通,另一手以拇指和食指捏紧伤员的鼻翼,用双唇包严伤员口唇四周,缓慢将气体吹入,吹气时间持续 1 s;

b) 吹气完毕,放松捏鼻翼的手,观察伤员胸部有无起伏;

c) 连续吹气两次,成人每 5 s 吹气一次,儿童每 4 s 吹气一次,婴儿每 3 s 吹气一次;

d) 如果最初吹气不成功,重新开放气道,再次吹气;若伤员胸部仍无起伏,按照无反应伤员的气道梗阻情况进行救治。

### B.2.1.2 口对鼻吹气

当伤员牙关紧闭不能开口、口唇创伤或口对口封闭困难时,采用口对鼻吹气,操作方法如下:

a) 救护人员一手以拇指和食指捏紧伤员的鼻翼,保持气道畅通,另一手以食指与中指提拉下颌,用双唇包严伤员口唇四周,缓慢将气体吹入,吹气时间持续 1 s;

b) 吹气完毕,观察伤员胸部有无起伏,连续吹气两次。

### B.2.1.3 口对口鼻吹气

若伤员为婴儿,可进行口对口鼻吹气,操作方法如下:

a) 救护人员用双唇同时包严婴儿口鼻,缓慢将气体吹入,吹气时间持续 1 s;

b) 吹气完毕,观察婴儿胸部有无起伏,连续吹气两次。

### B.2.1.4 口对面罩吹气

**B.2.1.4.1** 单人心肺复苏时操作方法如下:

a) 救护人员位于伤员头部一侧,将单向阀口对口人工呼吸面罩以鼻梁为导向放置于伤员面部,将松紧头带环绕伤员头部;

b) 两手拇指和食指成"C"型分别固定面罩边缘并加压使其密封,其余三指分别下压前额、提拉下颌,保持气道畅通;

c) 救护人员口对面罩通气孔缓慢吹气,时间持续 1 s;

d) 观察伤员胸部有无起伏,连续吹气两次。

**B.2.1.4.2** 双人心肺复苏时操作方法如下:

a) 救护人员位于伤员头部前方,将单向阀口对口人工呼吸面罩以鼻梁为导向放置于伤员面部;

b) 两手拇指和食指成"C"型固定面罩边缘并加压使其密封,其余三指提拉伤员下颌,保持气道畅通;

c) 救护人员口对面罩通气孔缓慢吹气,时间持续 1 s;

d) 观察伤员胸部有无起伏,连续吹气两次。

### B.2.1.5 使用球囊——面罩装置

双人心肺复苏时宜使用球囊——面罩装置进行人工呼吸。操作方法如下:

a) 救护人员位于伤员头部前方,选择合适的面罩连接球囊,将面罩以鼻梁为导向放置于伤员面部;

b) 一手拇指和食指成"C"型固定面罩边缘并加压使其密封,其余三指提拉伤员下颌,保持气道畅通;另一手挤压球囊,时间持续 1 s;

c) 观察伤员胸部有无起伏,连续挤压两次。

### B.2.2 判断循环体征

触摸颈动脉(婴儿触摸肱动脉),同时观察伤员呼吸、咳嗽和运动情况,用时不超过 10 s。若不能肯定有脉搏搏动,立即开始胸外心脏按压。

## B.3 胸外心脏按压

### B.3.1 定位与按压

B.3.1.1 成人按压部位为胸骨中下 1/3 交界处,方法如下:
 a) 救护人员右手中指置于伤员右侧肋弓下缘,沿肋弓向内上滑行到双侧肋弓的汇合点,中指定位于此,食指紧贴中指并拢;
 b) 左手的掌根部贴于右手食指并平放,使掌根部的横轴与胸骨的长轴重合;
 c) 将右手放在左手的手背上,双手掌根重叠,十指相扣,掌心翘起,手指离开胸壁;
 d) 手臂伸直,垂直向下用力,放松时掌根不要离开胸壁,按压深度 4 cm～5 cm,按压频率为每分钟 100 次,按压与吹气的比例为 30∶2。

B.3.1.2 儿童按压部位为胸骨中下 1/3 交界处,方法如下:
 a) 救护人员右手中指置于伤员右侧肋弓下缘,沿肋弓向内上滑行到双侧肋弓的汇合点,中指定位于此,食指紧贴中指并拢;
 b) 左手的掌根部贴于右手食指并平放,使掌根部的横轴与胸骨的长轴重合;
 c) 左手手臂伸直,垂直向下用力,放松时掌根不要离开胸壁,按压深度约为胸廓前后径的 1/3,按压频率为每分钟 100 次,按压与吹气的比例为 30∶2;
 d) 儿童也可使用双手掌根按压,同 B.3.1.1d),但力量需减小。

B.3.1.3 婴儿按压部位为两乳头连线与胸骨正中线交界处下方一横指处,方法如下:
 a) 救护人员用一手食指置于婴儿两乳头连线与胸骨交界处;
 b) 中指、无名指与食指并拢置于胸骨上;
 c) 将食指抬起,中指、无名指同时用力垂直向下按压,放松时手指不要离开胸壁。按压深度约为胸廓前后径的 1/3～1/2,按压频率为每分钟 100 次,按压与吹气之比为 30∶2。

### B.3.2 重新评估呼吸、循环体征

连续进行五个周期的按压、吹气后,重新评估伤员呼吸、脉搏,用时不超过 10 s。如果伤员没有呼吸、脉搏,立即使用自动体外除颤器进行除颤。

## B.4 体外电击除颤

使用自动体外除颤器(AED)进行除颤,保持按压、吹气继续进行。操作方法如下:
 a) 将两块电极片分别贴于伤员右侧锁骨下方和左胸左乳头外侧,电极片必须与皮肤接触严实完好;
 b) 将电极片插头插入 AED 主机插孔,开启电源;
 c) AED 自动分析心率,严禁触碰伤员;
 d) AED 发出是否进行除颤的建议,有除颤指征时,应使救护人员及围观者远离伤员;
 e) 除颤结束后,再次分析心律,根据 AED 指示再次除颤或继续以 30∶2 的比例实施心肺复苏,直至心肺复苏有效或终止。

## B.5 心肺复苏有效或终止

### B.5.1 心肺复苏有效指标

如伤员出现以下征兆时,表明心肺复苏有效:

a)　瞳孔由大变小；

b)　面色(口唇)由发绀转为红润；

c)　恢复可探知的动脉搏动、自主呼吸；

d)　伤员眼球能够活动,手脚抽动、呻吟。

**B.5.2　心肺复苏终止指标**

心肺复苏应坚持连续进行 30 min,如有以下情况可考虑终止：

a)　心肺复苏有效；

b)　专业医疗救护人员到场接替；

c)　医生到场确定伤员死亡；

d)　环境安全危及施救者。

## 附　录　C
### （资料性附录）
### 伤情检查及处置记录单

《伤情检查及处置记录单》的式样见表C.1。

### 表C.1　伤情检查及处置记录单（式样）

| 灾害事故及伤员基本情况 | | | | | |
|---|---|---|---|---|---|
| 时间：　年　月　日　时　分 | | | 救护单位： | | |
| 地点： | | | 灾害事故类别： | | |
| 伤员编号：　　/　　姓名： | | 年龄： | 性别： | | |

| 初步检查情况 | | | | | |
|---|---|---|---|---|---|
| 意识检查 | | 呼吸检查 | | 循环体征检查 | |
| 是否清醒　□是　□否 | | 有无呼吸　□有　□无 | | 有无脉搏　□有　□无 | |
| 语言应答　□有　□无 | | 是否规律　□是　□否 | | 脉搏强弱　□强　□弱 | |
| 刺激反应　□有　□无 | | 是否困难　□是　□否 | | 面色苍白　□是　□否 | |
| 瞳孔反应　□有　□无 | | 异常呼吸音　□有　□无 | | 四肢湿冷　□是　□否 | |
| | | 发绀　□是　□否 | | 颤抖　□是　□否 | |
| | | 流汗　□是　□否 | | 脉搏频率　_____次/分 | |
| | | 呼吸频率　_____次/分 | | 收缩压___mmHg　舒张压___mmHg | |

| 全面检查情况 | | | | | |
|---|---|---|---|---|---|
| 头部 | 耳部 | 眼部 | 鼻部 | 口腔 | 颈部 |
| 伤口　□有　□无<br>骨折　□有　□无<br>畸形　□有　□无 | 血液　□有　□无<br>体液　□有　□无 | 瞳孔大小　□相等<br>　　　　　□不等<br>淤瘀　□有　□无 | 血液　□有　□无<br>体液　□有　□无<br>气味　□有　□无 | 异物　□有　□无<br>伤口　□有　□无 | 肿胀　□有　□无<br>畸形　□有　□无<br>触痛　□有　□无 |
| 肩部及锁骨 | 胸部 | 腹部 | 髋部与盆骨 | 脊柱 | 四肢与关节 |
| 肿胀　□有　□无<br>畸形　□有　□无<br>触痛　□有　□无 | 伤口　□有　□无<br>出血　□有　□无<br>塌陷　□有　□无<br>凸起　□有　□无<br>疼痛　□有　□无 | 伤口　□有　□无<br>压痛　□有　□无<br>内脏脱出　□有<br>　　　　　□无 | 骨折　□有　□无<br>出血　□有　□无<br>便失禁　□有　□无<br>疼痛　□有　□无 | 畸形　□有　□无<br>压痛　□有　□无<br>四肢感觉　□有<br>　　　　　□无 | 出血　□有　□无<br>疼痛　□有　□无<br>肿胀　□有　□无<br>畸形　□有　□无<br>活动能力　□有　□无 |

| 伤情处置 | |
|---|---|
| 伤情种类： | 伤情部位： |
| 伤情处置措施：<br><br><br> | |
| 其他需要说明的情况：<br><br><br> | |

附　录　D
（规范性附录）
伤员搬运方法

## D.1　徒手搬运

### D.1.1　适用对象

徒手搬运适用于紧急搬运或短距离运送，慎用于疑有脊椎损伤的伤员。

### D.1.2　拖行法

适用于现场环境危险、必须将伤员移至安全区域的情况。
救护人员位于伤员背后，将双手置于伤员腋下，缓慢向后拖行。

### D.1.3　扶行法

适用于伤势轻微、能够步行的清醒伤员。
救护人员位于伤员一侧，将伤员靠近救护人员一侧的手臂抬起，绕过救护人员肩部。救护人员外侧的手紧握伤员的手臂，另一只手扶持其腰，使伤员身体略靠向救护人员。

### D.1.4　抱持法

适用于儿童和体重轻的伤员。
救护人员位于伤员一侧，贴近伤员身旁蹲下。一只手臂从伤员的腋下绕过其肩背，环抱伤员身体。另一只手臂托起伤员大腿，将伤员抱起。

### D.1.5　爬行法

适用于狭小空间及火灾烟雾现场的伤员搬运。
救护人员俯身跪于伤员髋部，将伤员的双手用绷带捆绑后套于救护人员颈部，使伤员的头、颈、肩部离开地面，救护人员的双手着地，拖带伤员爬行前进。

### D.1.6　背驮法

不适用于呼吸困难或胸部创伤人员。
救护人员蹲于伤员身前，将伤员上肢拉向胸前，使伤员前胸紧贴救护人员后背。用双手托起伤员的大腿中部，使其大腿向前弯曲。救护人员站立平稳后缓步前行。

### D.1.7　肩掮法

不适用于疑有脊椎受伤的伤员。
救护人员呈半蹲位，将伤员的躯干绕过救护人员颈背部，伤员上肢垂于胸前。救护人员一手压伤员上肢，一手托伤员臀部，将伤员掮在肩上，缓步前行。

### D.1.8　双人抬式法

适用于无骨折、前臂无损伤的伤员。

扶伤员坐起,将伤员的双臂交叉于胸前。一名救护人员在伤员背后蹲下,将双臂从腋下穿过,抓紧伤员的手腕及前臂。另一名救护人员在伤员腿前蹲下,将双臂穿过伤员两腿近足踝部位,用力抓紧。

### D.1.9 双手搭椅法

两名救护人员分别蹲在伤员两旁,各伸出一手在伤员的背后交叉后抓住伤员的腰带,另外两手在伤员的大腿下互扣手腕,一同缓慢站起。

### D.1.10 双人杠轿法

两名救护人员相向蹲在伤员背后,各自用右手紧握左手腕,左手再紧握对方右手腕,组成杠轿。伤员将两手臂分别绕过救护人员颈部,坐在杠轿上。

## D.2 担架搬运

**D.2.1** 现场救护中宜使用用担架搬运伤员。

**D.2.2** 使用担架搬运需要四人,一人位于伤员头部,单膝跪地,双手掌抱于头部两侧轴向牵引颈部,另外三人分别位于伤员肩部、髋部和踝部,同时用力平稳将伤员抬起。

**D.2.3** 将伤员头部向前,足部向后固定于担架上。针对伤员伤情确定伤员体位:

    a) 骨折伤员取平卧位;

    b) 昏迷伤员取侧卧位;

    c) 呼吸困难、胸部损伤的伤员取半卧位;

    d) 伤员腹部损伤应屈膝、抬高足踝部;

    e) 伤员下肢损伤应抬高伤肢。

**D.2.4** 搬运时须四人相互配合,协调一致,保持平衡,密切注意伤员伤情变化并及时处理。

附　录　E
（规范性附录）
骨折固定方法

### E.1　锁骨骨折

#### E.1.1　锁骨固定带固定

伤员取坐位,双肩向后正中线靠拢,安放锁骨固定带。

#### E.1.2　三角巾固定

将三角巾折叠成适当宽带,中央放在前臂下 1/3 处,一底角放于健侧肩上,另一底角放于伤侧肩上并绕颈与健侧底角在颈侧方打结,将前臂悬吊于胸前。

### E.2　肱骨骨折

#### E.2.1　肢体固定气囊固定

伤员手臂伸直,安放肢体固定气囊,抽气固定。

#### E.2.2　铝芯塑型夹板固定

按上臂长度将夹板制成 U 型,屈肘套于上臂,用绷带缠绕固定。前臂用绷带或三角巾悬吊于胸前。

#### E.2.3　木板固定

将两块木板分别置于上臂内外侧,加衬垫,用三角巾或绷带捆绑固定,屈肘位悬吊于胸前,指端露出。

#### E.2.4　三角巾固定

操作方法应符合 GB/T 23648—2009 附录 F 中 F.1.2 的规定。

### E.3　前臂骨折

#### E.3.1　肢体固定气囊固定

伤员手臂伸直,安放肢体固定气囊,抽气固定。

#### E.3.2　木板固定

操作方法应符合 GB/T 23648—2009 附录 F 中 F.1.1 的规定。

### E.4　股骨干骨折

#### E.4.1　躯体固定气囊固定

将伤员平卧位放置于躯体固定气囊上,抽气固定。

### E.4.2 木板固定

操作方法应符合 GB/T 23648—2009 附录 F 中 F.1.3 的规定。

### E.4.3 健肢固定

将双下肢并拢，两膝、两踝及两腿间骨突出部加衬垫，用四条宽带将伤肢固定在对侧健肢上。先使用"8"字法固定足踝，再固定髋部和骨折上、下两端。

## E.5 小腿骨折

### E.5.1 肢体固定气囊固定

伤员取平卧位，安放肢体固定气囊，抽气固定。

### E.5.2 木板固定

操作方法应符合 GB/T 23648—2009 附录 F 中 F.1.4 的规定。

### E.5.3 健肢固定

将双下肢并拢，两膝、两踝及两腿间骨突出部加衬垫，用四条宽带将伤肢固定在对侧健肢上。先使用"8"字法固定足踝，再固定膝部和骨折上、下两端。

## E.6 脊柱骨折

### E.6.1 颈椎固定

双手牵引伤员头部恢复颈椎轴线位，为伤员佩戴颈托。

### E.6.2 胸、腰椎骨

#### E.6.2.1 躯体固定气囊固定

将伤员平卧位放置于躯体固定气囊上，抽气固定。

#### E.6.2.2 脊柱板固定

将伤员平卧位放置于脊柱板上，用四条宽带将伤员固定在脊柱板上。先使用"8"字法固定足踝，再固定胸部、髋部和双下肢。

#### E.6.2.3 木板固定

用一长、宽与伤员身高、肩宽相仿的木板做固定物，将伤员平卧位放置于木板上，保持身体平直，头颈部、足踝部及腰后空虚处加衬垫，用四条宽带将伤员固定在脊柱板上。先使用"8"字法固定足踝，再固定胸部、髋部和双下肢。

## E.7 骨盆骨折

### E.7.1 躯体固定气囊固定

将伤员平卧位放置于躯体固定气囊上，抽气固定。

**E.7.2 三角巾固定**

伤员取平卧位,两膝下放置衬垫,膝部屈曲,用宽带从臀后向前绕骨盆捆扎,在两腿间或一侧打结固定。两膝间、两踝间加放衬垫,用宽带捆扎膝部,"8"字法固定足踝。

# 参 考 文 献

［1］ DL/T 692—2008 电力行业紧急救护技术规范

［2］ 公安部消防局.公安消防部队灭火救援训练与考核大纲（试行）

［3］ 救护员指南（中国红十字会救护员培训教材）

［4］ 救护（中国红十字会救护师资培训教材）

［5］ 美国心脏学会.心肺复苏与心血管急救指南（2005）

［6］ NFPA 450—2009 Guide for Emergency Medical Services and Systems.

［7］ NFPA 1582—2003 Standard on Comprehensive Occupational Medical Program for Fire Departments.

ICS 13.220.10
C 83

中华人民共和国公共安全行业标准

GA/T 969—2011

# 火幕墙训练设施技术要求

Technical requirements for the training facility of fire screen

2011-12-09 发布

2012-03-01 实施

中华人民共和国公安部　　发 布

# 前　言

本标准按照 GB/T 1.1—2009 给出的规则起草。

本标准由公安部消防局提出。

本标准由全国消防标准化技术委员会灭火救援分技术委员会(SAC/TC 113/SC 10)归口。

本标准负责起草单位：中国人民武装警察部队学院。

本标准参加起草单位：公安部消防局警官培训基地、江苏省公安消防总队、天津市杰联科技发展有限公司。

本标准主要起草人：魏东、刘建民、张学魁、张福东、孙军田、李文波、苏联营、马龙、张立国、武荣。

本标准为首次发布。

# 引　言

　　火幕墙训练设施已应用于消防部队训练。利用火幕墙训练设施，消防部队及其他灭火救援人员可开展适应性训练、心理素质训练和技战术训练等项目。为规范此类产品的设计、施工、验收与维护等技术要求，以确保火幕墙训练设施的训练效果及操作等相关人员的安全，制定本标准。

# 火幕墙训练设施技术要求

## 1 范围

本标准规定了火幕墙训练设施的术语与定义、分类与型号、设施构成、技术要求、安全要求、验收、维护与保养等。

本标准适用于新建、改建火幕墙训练设施的设计、建设与维护。

## 2 规范性引用文件

下列文件对于本文件的应用是必不可少的。凡是注日期的引用文件,仅注日期的版本适用于本文件。凡是不注日期的引用文件,其最新版本(包括所有的修改单)适用于本文件。

GB/T 8163 流体输送用无缝钢管

GB 50028 城镇燃气设计规范

GB 50140 建筑灭火器配置设计规范

GB 50316 工业金属管道设计规范

GA/T 623 消防培训基地训练设施建设标准

SH 3038 石油化工企业生产装置电力设计技术规范

## 3 术语与定义

下列术语与定义适用于本文件。

### 3.1

**火幕墙训练设施 training facility of fire screen**

采用燃油、燃气的燃烧模拟火场高温效果,并利用金属墙面将热能集中于训练侧,用于消防人员灭火救援训练的设施。

### 3.2

**双燃料型火幕墙训练设施 dual-fuel training facility of fire screen**

可同时使用燃油、燃气两种燃料,也可单独使用其中一种燃料的火幕墙训练设施。

## 4 分类与型号

### 4.1 分类

火幕墙训练设施根据其使用的燃料不同分为燃气型、燃油型和双燃料型三种,见表1。

### 4.2 型号

火幕墙训练设施按墙面尺寸分为大、中、小三种型号,见表2。火幕墙墙面长度不宜小于 4 m,也不宜大于 10 m。

**表 1 火幕墙训练设施类型**

| 类 型 | 代号 | 燃料类型 |
|---|---|---|
| 燃气型 | Q | 液化石油气或管道天然气 |
| 燃油型 | Y | 柴油 |
| 双燃料型 | S | 液化石油气(或管道天然气)和柴油 |

**表 2 火幕墙训练设施型号及尺寸**

| 类 型 | 火幕墙墙面尺寸 | | 高度(H) |
|---|---|---|---|
| | 长度(L) | | |
| 大型 | L≥8 m | | |
| 中型 | 6 m≤L≤8 m | | 3 m～5 m |
| 小型 | L<6 m | | |

### 4.3 型号编制

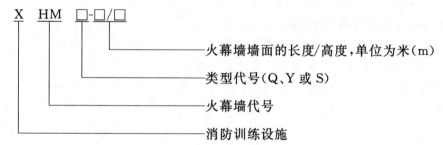

示例:XHMS-6/4 表示长 6 m、高 4 m 的双燃料型火幕墙训练设施。

## 5 设施构成

### 5.1 火幕墙训练设施

火幕墙训练设施应由火幕墙、燃烧装置、燃料供给装置、水冷却保护装置、控制装置以及安全监控装置等组成。

### 5.2 火幕墙

火幕墙应由墙面、框架、基座和基础四部分组成,如图 1 所示。

### 5.3 燃烧装置

燃烧装置由点火装置和燃油、燃气喷嘴组成。

### 5.4 燃料供给装置

5.4.1 燃料供给装置分为燃油供给装置和燃气供给装置。

5.4.2 燃油供给装置主要由油箱、输送管道、油泵、电磁阀、闸阀和过滤器等组成。

5.4.3 燃气供给装置分为瓶装液化石油气供给装置和管道天然气供给装置两种:

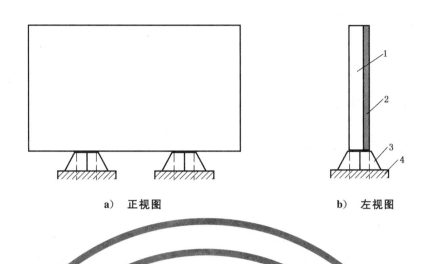

a) 正视图            b) 左视图

说明：

1——框架；

2——墙面；

3——基座；

4——基础。

**图 1　火幕墙结构示意图**

a) 瓶装液化石油气供给装置主要由储气钢瓶、减压阀、集气管、单向阀、安全阀、输送管道、电磁阀、闸阀和过滤器等组成；

b) 管道天然气供给装置应设有背压式调压器、电磁阀、闸阀、过滤器和安全阀等。

### 5.5　水冷却保护装置

水冷却保护装置应由水泵、阀门、管道、喷头和水带接口等组成。

### 5.6　控制装置

控制装置主要由控制柜、控制阀和电气控制设备等组成。

### 5.7　安全监控装置

安全监控装置主要由闭路监控系统、探测器和电气安全控制设备等组成。

## 6　技术要求

### 6.1　一般要求

6.1.1　火幕墙训练设施应符合本标准规定,并按经协商确定的图样和技术文件建造安装。

6.1.2　火幕墙训练设施各组件应符合下列要求：

  a)　自制件、外购件应有合格证书,附有验收标记。如技术上有变动,须经设计部门同意并签批；

  b)　原材料性能应符合国家相关标准的规定,并应有合格证书或质量保证书。原材料的代用须经设计部门同意并签批。

6.1.3　火幕墙训练设施的平面、立面布置应有利于开展训练,并便于安装和检修。

### 6.2　训练场地

6.2.1　火幕墙训练场地占地面积应符合 GA/T 623 的规定。

6.2.2　火幕墙训练场地地面应平整,火幕墙正面至少应设一条双向消防车道。

**6.2.3** 火幕墙训练场地内应至少设置 2 个室外消火栓。

**6.2.4** 火幕墙训练场地应设排水设施。

## 6.3 火幕墙

**6.3.1** 火幕墙墙面应符合以下规定：

　a) 墙面应具有良好的耐热性能，并具有足够的强度和刚度；

　b) 墙面材料可采用不锈钢钢板、耐热钢板或普通钢板。不锈钢钢板宜选用材质不低于 SUS304 的不锈钢钢板，厚度不小于 12 mm；普通钢板宜选用材质不低于 Q235B 的钢板，厚度不小于 20 mm。

**6.3.2** 火幕墙框架应符合以下规定：

　a) 框架用于增强墙面的强度和抗变形能力，应具有足够的强度和刚度；

　b) 框架（含立柱）可采用槽钢、工字钢、H 型钢或普通钢板制成，立柱应选用不小于 30# 的工字钢 或不小于 300 mm×200 mm 的 H 型钢，边框宜选用不小于 20# 的槽钢，普通钢板厚度不应小 于 20 mm。

**6.3.3** 火幕墙基座应符合以下规定：

　a) 基座应牢固可靠，并具有足够的强度和承载力；

　b) 基座应采用厚度不小于 20 mm 的钢板制成，材料宜选用材质不低于 Q235B 的钢板，确保焊接 质量、基座的强度和承载力；

　c) 基座与基础应采用螺栓连接，基座与框架可采用焊接或螺栓连接。

**6.3.4** 火幕墙基础应符合以下规定：

　a) 基础和预埋地脚螺栓的设计应根据墙体（墙面和框架）荷载及当地地质、风速计算确定；

　b) 基础应采用长、宽、高均不小于 1 000 mm 的 C30 现浇钢筋混凝土，高出地面距离不小于 200 mm；

　c) 基础内预埋地脚螺栓外螺纹不应小于 M30，地脚螺栓长度不应小于 800 mm，每个支撑点预埋 地脚螺栓不应少于 4 根，预埋地脚螺栓露出混凝土上表面的长度不应小于 120 mm。

## 6.4 燃烧装置

**6.4.1** 点火装置应符合以下规定：

　a) 点火宜采用电子点火装置；

　b) 电子点火装置应能直接点燃液化石油气、管道天然气和柴油等；

　c) 电子点火装置应能反复使用，并具有抗油、抗水、抗结焦、耐高温以及自净化等功能。

**6.4.2** 燃油、燃气喷嘴应符合以下规定：

　a) 燃油、燃气喷嘴应能耐高温，连续工作 2 h 不应有明显变形；

　b) 燃油喷嘴应具有良好的雾化性能；

　c) 燃油、燃气喷嘴应均匀布置，喷嘴中心轴线与火幕墙墙面平行，可形成连续火焰；

　d) 燃气型燃烧装置可采用气孔代替燃气喷嘴，气孔直径宜为 2 mm～5 mm，孔间距宜为 50 mm～ 100 mm；

　e) 液化石油气或管道天然气工作压力宜在 0.3 MPa～0.6 MPa 之间，柴油油泵出口压力宜在 0.3 MPa～0.8 MPa 之间。

## 6.5 燃料供给装置

**6.5.1** 燃料储存装置应符合以下规定：

a) 燃料储存装置设置在室外时,应避免暴晒;设置在室内时,应符合国家相关规范的要求;

b) 燃料储存装置与火幕墙之间的距离不应小于 30 m;

c) 燃料储存装置日常储备的燃料量不应大于火幕墙训练设施 3 h 的燃料使用量;

d) 液化石油气储存装置应选用 YSP118 型钢瓶;燃油储存装置宜选用标准油箱,并在油箱上安装阻火透气帽和磁性液位计,油箱周围 1.5 m 范围内的地面应填充黄沙防护;

e) 油泵宜设置在储油箱附近,并且油箱底标高应高于泵轴中心线;

f) 燃料储存区灭火器的配置应符合 GB 50140 的规定。

6.5.2 管道应符合以下规定:

a) 燃油、燃气输送管道应采用无缝钢管。无缝钢管应符合 GB/T 8163 的规定,壁厚不应小于 3 mm。管道焊接部位不得有砂眼、气孔、裂纹、夹渣等缺陷;

b) 当采用管道天然气作为燃料时,应从城市中压供气管上铺设专用管道供给,并应经过滤、调压后使用;

c) 设置在火幕墙墙面上的燃油、燃气管道宜采用环形布置或平行布置,如图 2 所示;

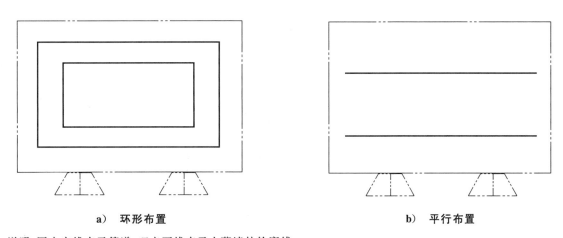

a) 环形布置　　　　　　　　　　　　　　　b) 平行布置

说明:图中实线表示管道,双点画线表示火幕墙外轮廓线。

**图 2　管道布置示意图**

d) 布置在火幕墙墙面上的燃油、燃气管道外壁距墙面的距离不应小于 30 mm。对于双燃料型火幕墙训练设施,燃油管道和燃气管道外壁之间的距离不应小于 50 mm;

e) 燃气管道设计、铺设应符合 GB 50028 和 GB 50316 的规定;

f) 所有管道应涂刷防锈漆作为底漆,不同介质的输送管道应涂刷色环或不同颜色的面漆加以区分;

g) 燃油、燃气输送管道及其附件不应使用铸铁件,也不应采用能被燃油、燃气腐蚀或溶解的材料,以保证所有管道连接严密紧固、无泄漏;

h) 在油泵进口管上应设置过滤器,过滤器的滤网网孔宜为 20 目~30 目,滤网流通截面积宜为其进口管横截面积的 4 倍~6 倍;

i) 燃气、燃油管道宜设置于地下,不应穿越建筑物。地下燃气、燃油管道应埋设于当地冻土层以下,且覆土厚度不小于以下规定:

　　1) 埋设在车行道下时,不小于 0.8 m;

　　2) 埋设在非车行道下时,不小于 0.6 m;

j) 燃油、燃气输送管道的立管上不应设置阀门。

## 6.6 水冷却保护装置

6.6.1 水冷却保护装置宜采用水幕喷头或中速水喷雾喷头,管道应采用镀锌钢管。

6.6.2 喷头应均匀布置,并应保证喷洒的冷却水在火幕墙墙面上不留空白点。

6.6.3 冷却水管径、流量应由计算确定,管径不宜小于 50 mm,压力不宜小于 0.3 MPa,流量不宜小于 0.5 L/(s・m)。

## 6.7 控制装置及控制室

6.7.1 控制装置应具有超量、超压报警和故障报警等功能。

6.7.2 燃油、燃气的燃烧应能实现分级控制,以保证其具有不同的燃烧效果。

6.7.3 火幕墙训练设施应设控制室,控制室内应设燃料流量和压力显示装置。

6.7.4 控制室应设有瞭望窗口,其设置应使控制操作人员具有良好的视野,能观察到整个训练区。

6.7.5 控制室应设在当地常年主导风向的上风向,使其不受烟火的危害,且距离火幕墙的安全距离不应小于 30 m。

6.7.6 控制室内灭火器的配置应符合 GB 50140 的规定。

# 7 安全要求

7.1 火幕墙训练设施应具有熄火保护功能,确保点火不成功时能自动切断燃料供给。

7.2 燃料输送管道上应同时设置自动和手动控制阀。

7.3 安全监控系统摄像头的设置应能保证全面观察到火幕墙训练场地。

7.4 火幕墙训练设施所用电机、电磁阀、油泵、电气元件等设备处于爆炸危险区域内时,应采用防爆型设备。爆炸危险区域的划分应符合 SH 3038 的规定。

7.5 燃料储存区应安装可燃气体监测报警装置,燃料泄漏时应能自动切断燃料供应。

7.6 燃油、燃气压力低于 0.2 MPa 时,控制系统应能自动切断燃油、燃气供应。

7.7 燃油管道应设回油管,确保熄火后未燃的油回流到油箱。

7.8 火幕墙下方应设置挡火设施,防止火焰从火幕墙下方穿越。

7.9 火幕墙训练设施应设防雷接地。

7.10 训练场地应设有清晰、醒目的危险区域警示标识。

# 8 验收

## 8.1 验收的组织

火幕墙训练设施的竣工验收应由建设单位组织,邀请消防作战训练等使用部门、设计单位、施工单位、监理单位、供货厂商及业内专家组成验收组,共同进行。验收组组长由建设单位负责人担任,副组长中应至少有一名具有高级职称的相关专业工程技术人员。

## 8.2 验收资料

火幕墙训练设施竣工验收时,应提交下列资料:

a) 经批准的竣工验收申请报告;

b) 施工记录和工程中间验收记录;

c) 竣工图和设计变更记录；

d) 竣工报告与调试记录；

e) 设计说明书；

f) 设施整体及其主要设备的使用维护说明书；

g) 原材料的质量检验合格证明；

h) 主要设备的检验报告、试验报告和出厂合格证。

## 8.3 验收规则

### 8.3.1 验收项目

竣工验收应包括第 5 章～第 7 章规定的全部内容。验收项目按表 3 进行。

表 3 验收项目

| 序号 | 条款 | 验 收 项 目 | 单项检验 | 竣工验收 |
|------|------|------------|----------|----------|
| 1 | 5 | 设施构成 | | √ |
| 2 | 6.1 | 一般要求 | | √ |
| 3 | 6.2 | 训练场地 | | √ |
| 4 | 6.3 | 火幕墙 | √ | |
| 5 | 6.4 | 燃烧装置 | √ | |
| 6 | 6.5 | 燃料供给装置 | √ | |
| 7 | 6.6 | 水冷却保护装置 | √ | |
| 8 | 6.7 | 控制装置及控制室 | | √ |
| 9 | 7 | 安全要求 | | √ |
| 注："√"为应验收的项目。 | | | | |

### 8.3.2 合格判定

验收项目全部符合本标准要求方为合格。

## 8.4 验收报告

8.4.1 竣工验收合格后，应按附录 A 的规定提供竣工验收报告。竣工验收报告的表格形式可按火幕墙训练设施的结构形式和功能组成的具体情况进行调整。

8.4.2 竣工验收不合格的，应限期整改，合格后方可投入使用。

8.4.3 竣工验收合格后，应将火幕墙训练设施及各部件恢复到正常工作状态。

## 9 维护与保养

9.1 火幕墙训练设施使用单位应建立岗位责任制，制定安全操作规程和定期检查维护等规章制度。

9.2 每次使用前应检查部件是否完好，控制设备、安全装置是否有效，操作是否灵活可靠。严禁设施带故障运行。

9.3 火幕墙训练设施正在运行时,禁止向燃料储存装置内添加燃料。

9.4 使用单位每半年应对设施进行一次全面检查和维护,对燃料储存装置、燃料输送管道等重要设备进行密闭性和耐压试验,对检查情况、维护措施、检修项目及处理结果登记存档。

9.5 火幕墙墙面应根据使用情况,至少每半年涂刷一次耐热漆,背面涂刷一次防锈漆。

9.6 使用单位对设施的操作、维护人员应定期进行安全操作培训。

# 附 录 A

## （规范性附录）

## 火幕墙训练设施竣工验收报告

火幕墙训练设施竣工验收报告格式见表 A.1

### 表 A.1 火幕墙训练设施竣工验收报告格式

| 工程名称 | | 设计单位 | | 建设单位 | |
|---|---|---|---|---|---|
| 制造单位 | | 施工单位 | | 项目经理 | |
| 验收单位 | | 验收日期 | | 验收负责人 | |
| 项目分类 | 项 目 | | | 结果 | |
| 验收资料审查 | 1. 竣工验收申请报告 | | | | |
| | 2. 施工记录和工程中间验收记录 | | | | |
| | 3. 竣工图和设计变更记录 | | | | |
| | 4. 竣工报告 | | | | |
| | 5. 调试记录 | | | | |
| | 6. 设计说明书 | | | | |
| | 7. 设施整体及其主要设备的使用维护说明书 | | | | |
| | 8. 原材料的质量检验合格证明 | | | | |
| | 9. 主要设备的检验报告、试验报告和出厂合格证 | | | | |
| 验收项目 | 1. 设施构成 | | | | |
| | 2. 一般要求 | | | | |
| | 3. 训练场地 | | | | |
| | 4. 火幕墙 | | | | |
| | 5. 燃烧装置 | | | | |
| | 6. 燃料供给装置 | | | | |
| | 7. 水冷却保护装置 | | | | |
| | 8. 控制装置及控制室 | | | | |
| | 9. 安全要求 | | | | |
| 验收组人员姓名 | 工作单位 | | 职务、职称 | | 签名 |
| | | | | | |
| | | | | | |
| 验收结论 | | | | | |
| | | | | （验收组组长签名）　　年　月　日 | |
| 建设单位　　　　　　年　月　日 | | 设计单位　　　　　　年　月　日 | | 施工单位　　　　　　年　月　日 | |

ICS 13.220.99
C 80

中华人民共和国公共安全行业标准

GA/T 970—2011

# 危险化学品泄漏事故处置行动要则

Guide for disposal of hazardous chemical leakage accident

2011-12-09 发布

2012-03-01 实施

中华人民共和国公安部　　发布

# 前　言

本标准按照 GB/T 1.1—2009 给出的规则起草。

本标准由公安部消防局提出。

本标准由全国消防标准化技术委员会灭火救援分技术委员会(SAC/TC 113/SC 10)归口。

本标准起草单位:中国人民武装警察部队学院。

本标准主要起草人:李建华、商靠定、邵建章、姜连瑞、夏登友、王慧飞、任少云、黄敬、傅岩。

本标准为首次发布。

# 危险化学品泄漏事故处置行动要则

## 1 范围

本标准规定了危险化学品泄漏事故的术语与定义、总则、处置程序、防护、处置行动、洗消和处置人员资质要求等内容。

本标准适用于公安消防部队和专职消防队伍处置危险化学品泄漏事故。

## 2 规范性引用文件

下列文件对于本文件的应用是必不可少的。凡是注日期的引用文件,仅注日期的版本适用于本文件。凡是不注日期的引用文件,其最新版本(包括所有的修改单)适用于本文件。

GA 770 消防员化学防护服装

公安消防岗位资格考试大纲

公安消防部队灭火救援业务训练与考核大纲

## 3 术语与定义

下列术语和定义适用于本文件。

3.1

**危险化学品 hazardous chemical**

有爆炸、易燃、毒害、腐蚀等性质的化学品。

3.2

**危险化学品泄漏事故 hazardous chemical leakage accident**

危险化学品在生产、储运、使用、销售和废弃过程中发生外泄造成的灾害事故。

3.3

**询情 inquiry**

在事故现场,针对危险化学品泄漏事故相关情况的询问调查。

3.4

**侦检 detection and inspection**

在事故现场,针对泄漏危险化学品种类、性质、浓度、危害范围和泄漏状况等进行的侦察和检测行动。

3.5

**泄漏介质 leaked medium**

泄漏事故中,外泄的危险化学品的总称,包括易燃泄漏介质、遇湿易燃泄漏介质、毒性泄漏介质、腐蚀性泄漏介质和爆炸性泄漏介质等。

3.6

**洗消 decontamination**

对沾染对象表面沾染的泄漏介质进行的消毒和消除行动。

3.7

**机动洗消 mobile decontamination**

利用移动洗消设备对沾染对象实施的洗消。

## 4 总则

4.1 危险化学品泄漏事故处置工作坚持现场指挥部统一领导,部门依法承担,相关单位按预案联动的机制运作。

4.2 公安消防部队和专职消防队应预先制定危险化学品泄漏事故处置相应级别预案。

4.3 危险化学品泄漏事故处置行动包括疏散抢救人员,制止泄漏,输转倒罐,泄漏介质处置,清理泄漏现场等。

4.4 现场指挥员应及时向上级报告现场处置情况。

4.5 处置人员资质应符合附录 A 中的相关要求。

## 5 处置程序

### 5.1 侦检

#### 5.1.1 原则

侦检应贯穿处置行动始终,遵循先识别、后检测,先定性、后定量的原则。

#### 5.1.2 询情

首批处置人员到场后,应向泄漏现场相关知情人,了解泄漏介质种类及性质;泄漏体的泄漏部位、容积、实际储量、压力和泄漏量大小;人员遇险和被困等与处置行动有关的信息。

#### 5.1.3 辨识与检测

装置泄漏介质,根据生产使用介质辨识;储存、销售和运输中泄漏介质,按泄漏介质容器或包装标志辨识;使用检测仪器测定泄漏介质浓度,测定风向、风速等气象数据,确定扩散范围,划分危险区域。

#### 5.1.4 判断

依据 5.1.2、5.1.3 获得的信息和数据,分析、判断可能引发爆炸、燃烧的各种危险源;确认现场及周边污染情况,确定处置方案。

### 5.2 警戒

根据 5.1.4,划定警戒区域,在其周边及其出入口设置警戒标志,视情由公安消防部队、公安民警或武警部队等负责实施;警戒命令应由指挥员或现场指挥部统一发布。

### 5.3 防护

根据泄漏介质的危险性及划定的危险区域,确定处置人员的防护等级,防护按第 6 章规定执行。

### 5.4 处置行动

处置行动按第 7 章规定执行;规模大、情况复杂的泄漏现场,由现场指挥部组织专家对处置方案进行会商。

## 5.5 洗消

根据泄漏介质性质和洗消对象类别,按第8章规定进行洗消。

### 5.6 现场恢复

#### 5.6.1 清理

现场清理按7.4实施,残留的泄漏介质收集后送至废物处理站或移交环保部门处置。

#### 5.6.2 交接

现场清理后,视情将现场管理交由物权单位或事权单位,并由负责人签字。

### 5.7 撤离

交接后,各参战单位应清点人数,整理装备,统一撤离现场。

## 6 防护

### 6.1 防护原则

6.1.1 泄漏介质不明时,采取最高级别防护。
6.1.2 泄漏介质具有多种危害性质时,应全面防护。
6.1.3 没有有效防护措施,处置人员不应暴露在危险区域。
6.1.4 不同区域人员之间应避免交叉感染。

### 6.2 防护等级

#### 6.2.1 等级划分

根据泄漏介质的危害性,将危险化学品泄漏事故防护等级划分为三级。一级防护为最高级别防护,适用于皮肤、呼吸器官、眼睛等需要最高级别保护的情况。二级防护适用于呼吸需要最高级别保护,但皮肤保护级别要求稍低的情况。三级防护适用于空气传播物种类和浓度已知,且适合使用过滤式呼吸器防护的情况。

#### 6.2.2 一级防护

一级防护适用具体情况如下:
a) 泄漏介质对人体的危害未知或怀疑存在高度危险时;
b) 泄漏介质已确定,根据测得的气体、液体、固体的性质,需要对呼吸系统、体表和眼睛采取最高级别防护的情况;
c) 事故处置现场涉及喷溅、浸渍或意外地接触可能损害皮肤或可能被皮肤吸收的泄漏介质时;
d) 在有限空间及通风条件极差的区域作业,是否需要一级防护不确定时。

#### 6.2.3 二级防护

二级防护适用具体情况如下:
a) 泄漏介质的种类和浓度已确定,需要最高级别的呼吸保护,而对皮肤保护要求不高时;
b) 当空气中氧含量低于19.5％时;
c) 当侦检仪器检测到蒸气和气体存在,但不能完全确定其性质,仅知不会给皮肤造成严重的化学

253

伤害,也不会被皮肤吸收;

 d) 当显示有液态或固态物质存在,而它们不会给皮肤造成严重的化学伤害,也不会被皮肤吸收时。

### 6.2.4 三级防护

三级防护适用具体情况如下:

 a) 与泄漏介质直接接触不会伤害皮肤也不会被裸露的皮肤吸收时;

 b) 泄漏介质种类和浓度已确定,可利用过滤式呼吸器进行防护时;

 c) 当使用过滤式呼吸器进行防护的条件都满足时。

### 6.3 防护标准

不同防护等级对应的防护标准如表1所示。各级防护服装的防护性能和技术要求见 GA 770。

表 1 防护标准

| 级别 | 形式 | 防 化 服 | 防 护 服 | 呼 吸 器 | 其 他 |
|---|---|---|---|---|---|
| 一级 | 全身 | 内置式重型防化服 | 全棉防静电内外衣 | — | — |
| 二级 | 全身 | 全封闭式防化服 | 全棉防静电内外衣 | 正压式空气呼吸器或正压式氧气呼吸器 | 防化手套、防化靴 |
| 三级 | 头部 | 简易防化服或半封闭式防化服 | 战斗服 | 滤毒罐、面罩或口罩、毛巾等防护器具 | 抢险救援手套、抢险救援靴 |

### 6.4 有毒性泄漏介质的防护

6.4.1 根据泄漏介质毒性和人员所处危险区域,确定相应的防护等级,见表2。

表 2 不同危险区域对应的防护等级

| 毒 性 级 别 | | 危险区类别 | | |
|---|---|---|---|---|
| | | 重度危险区 | 中度危险区 | 轻度危险区 |
| 毒害品 | 剧毒 | 一级 | 一级 | 二级 |
| | 高毒 | 一级 | 一级 | 二级 |
| | 中毒 | 一级 | 二级 | 二级 |
| | 低毒 | 二级 | 三级 | 三级 |
| | 微毒 | 二级 | 三级 | 三级 |

6.4.2 深入事故现场内部实施侦检、控制泄漏等处置人员,应着内置式重型防化服,视情使用喷雾水枪进行掩护。

6.4.3 使用过滤式呼吸防护装备时,应根据泄漏介质种类选择相应的滤毒罐类别,并注意滤毒罐的使用时间。

## 6.5 爆炸性泄漏介质的防护

6.5.1 进行排爆作业的处置人员应着排爆服,进行搜检作业的处置人员应着搜爆服。

6.5.2 爆炸性粉尘泄漏事故,处置人员应佩戴防尘面具,戴化学安全防护眼镜,穿紧袖防静电工作服、长筒胶鞋,戴橡胶手套。

6.5.3 泄漏介质为气态时,应使用防爆器材。

6.5.4 泄漏介质为压缩气体和液化气体时,处置人员应加强防冻措施。

## 6.6 腐蚀性泄漏介质的防护

6.6.1 进入事故危险区域的处置人员,应视情使用喷雾水枪进行掩护。

6.6.2 防护器材应具有防腐蚀性能,如抗腐蚀防护手套、抗腐蚀防化靴等。

6.6.3 深入事故现场内部实施作业的处置人员应着封闭式防化服。

## 7 处置行动

### 7.1 疏散抢救人员

7.1.1 隔离泄漏污染区,限制人员出入。

7.1.2 组成疏散小组,进入泄漏危险区域,组织群众沿上风或侧上风方向的指定路线疏散。

7.1.3 组成救生小组,携带救生器材迅速进入危险区域,将所有遇险人员移至安全区域。

7.1.4 对救出人员进行登记、标识和现场救助。

7.1.5 将需要救治人员送交医疗急救部门救治。

### 7.2 泄漏源处置

#### 7.2.1 制止泄漏

7.2.1.1 盛装固体介质的容器或包装泄漏时,应采取堵塞和修补裂口的措施止漏。

7.2.1.2 盛装或输送液态或气态的生产装置或管道发生泄漏,泄漏点处在阀门之后且阀门尚未损坏时,可协助技术人员或在技术人员指导下,使用喷雾水枪掩护,关阀止漏。

泄漏点处在阀门之前或阀门损坏,不能关阀止漏时,可使用各种针对性的堵漏器具和方法实施封堵泄漏口:

    a) 容器出入口、管线阀门法兰、输料管连接法兰间隙泄漏量较小时,应调整间隙消除泄漏;

    b) 阀门阀体、输料管法兰间隙较大时,应采用卡具堵漏;

    c) 常压容器本体或输料管线出现洞状泄漏时,应采用塞楔堵漏或用气垫内封、外封堵漏;本体侧面、侧下不规则洞状泄漏应采用磁压堵漏法堵漏;缝隙泄漏可采用胶粘法或强压注胶法堵漏;

    d) 压力容器的人孔、安全阀、放散管、液位计、压力表、温度表、液相管、气相管、排污管泄漏口呈规则状时,应用塞楔堵漏;呈不规则状时应用夹具堵漏;需要临时制作卡具时,制作卡具的企业应具备生产资质。

#### 7.2.2 倒罐输转

不能有效堵漏时,采取下列方法进行倒罐输转:

    a) 装置泄漏宜采用压缩机倒罐;

    b) 罐区泄漏宜采用烃泵倒罐或压缩气体倒罐;

    c) 移动容器泄漏宜采用压力差倒罐;

d) 无法倒罐的液态或固态泄漏介质,可将介质转移到其他容器或人工池中。

### 7.2.3 放空点燃

无法处理的且能被点燃以降低危险的泄漏气体,可通过临时设置导管,采用自然方式或用排风机将其送至空旷地方,利用装设适当喷头烧掉。

### 7.2.4 惰性气体置换

倒罐输转或放空点燃后应向储罐内充入惰性气体,置换残余气体。对无法堵漏的容器,当其泄漏至常压后也应用惰性气体实施置换。

### 7.3 泄漏介质处置

### 7.3.1 气体泄漏介质的处置

气体泄漏介质的处置方法为:
a) 合理通风、加速扩散;
b) 用喷雾状水中和、稀释、驱散、溶解。使用喷雾水枪、屏封水枪,设置水幕或蒸汽幕,驱散积聚、流动的气体,稀释气体浓度,中和具有酸碱性的气体,防止形成爆炸性混合物或毒性气体向外扩散;
c) 构筑围堤或挖坑收容处置过程中产生的大量废水。

### 7.3.2 液体泄漏介质的处置

#### 7.3.2.1 小量泄漏的一般处置措施

用沙土、活性炭、蛭石或其他惰性材料吸收小量液体泄漏介质。如果是可燃性液体也可在保证安全情况下,就地焚烧。

#### 7.3.2.2 大量泄漏的一般处置措施

液体泄漏介质大量泄漏的一般处置措施为:
a) 封闭下水道或沟口。用沙袋、内封式堵漏袋封闭泄漏现场的下水道口或排洪沟口;
b) 稀释蒸气。用雾状水或相应稀释剂驱散、稀释蒸气;
c) 覆盖。用泡沫或水泥等其他物质覆盖,降低蒸气危害;
d) 筑堤收容。用沙袋或泥土筑堤拦截,或挖坑导流、蓄积、收容;若是酸碱性物质,还可向沟、坑内投入中和(消毒)剂;
e) 收集转移。用泵将泄漏介质转移至槽车或专用收集器内,回收或运至废物处理场所处置。

### 7.3.3 固体泄漏介质的处置

#### 7.3.3.1 固体泄漏介质的一般处置措施

固体泄漏介质的一般处置措施为:
a) 收集。小量泄漏或现场残留的固体介质,可用洁净的铲子将泄漏介质收集到洁净、干燥、有盖的容器中;
b) 筑堤收容。如大量泄漏,构筑围堤收容,然后收集、转移、回收或无害化处理后废弃;
c) 覆盖。无法及时回收需要避光、干燥保存的物质,可用帆布临时覆盖;
d) 固化。无法回收或回收价值不大的介质,可以用水泥、沥青、热塑性材料固化后废弃。

#### 7.3.3.2 易燃泄漏介质的处置

易燃泄漏介质的处置方法为：
a) 小量泄漏。避免扬尘，并使用无火花工具将泄漏介质收集于袋中或洁净、有盖的容器中后，转移至安全场所，可在保证安全的情况下，就地焚烧；
b) 大量泄漏。构筑围堤或挖坑收容，可用水润湿，或用塑料布、帆布覆盖，减少飞散，然后使用无火花工具将泄漏介质收集转移至槽车或专用收集器内，回收或运至废物处理场所处置。

#### 7.3.3.3 遇湿易燃泄漏介质的处置

遇湿易燃泄漏介质的处置方法为：
a) 小量泄漏。用无火花工具将泄漏介质收集于干燥、洁净、有盖的容器中，转移回收。对于化学性质特别活泼的物质须保存在煤油或液体石蜡中；
b) 大量泄漏。不要直接接触泄漏介质，禁止向泄漏介质直接喷水。可用塑料布、帆布等进行覆盖。在技术人员和专家指导下清除。

#### 7.3.3.4 爆炸性泄漏介质的处置

爆炸性泄漏介质的处置方法为：
a) 小量泄漏。使用无火花工具将泄漏介质收集于干燥、洁净、有盖的防爆容器中，转移至安全场所；
b) 大量泄漏。用水润湿，然后收集、转移、回收或运至废物处理场所处置。

#### 7.3.3.5 腐蚀性泄漏介质的处置

腐蚀性泄漏介质的处置方法为：
a) 小量泄漏。将泄漏地面洒上沙土、干燥石灰、煤灰或苏打灰等，然后用大量水冲洗，冲洗水经稀释后放入废水系统；
b) 大量泄漏。构筑围堤或挖坑收容，可视情用喷雾状水进行冷却和稀释；然后，用泵或适用工具将泄漏介质转移至槽车或专用收集器内，回收或运至废物处理场所处置。

### 7.4 清理泄漏现场

7.4.1 用喷雾水、蒸汽、惰性气体清扫现场内事故罐、管道、低洼、沟渠等处，确保不留残气（液）。

7.4.2 少量残液，用干砂土、水泥粉、煤灰等吸附，收集后作无害化处理。

7.4.3 在污染地面上洒上中和或洗涤剂浸洗，然后用清水冲洗现场，特别是低洼、沟渠等处，确保不留残物。

7.4.4 少量残留遇湿易燃泄漏介质可用干砂土、水泥粉等覆盖。

### 7.5 处置行动要求

#### 7.5.1 基本要求

7.5.1.1 应选择上风或侧上风方向进入现场，车停在上风或侧上风方向，避开低洼地带，车头朝向撤退方向。

7.5.1.2 严禁人员和车辆在泄漏区域的下水道或地下空间的正上方及其附近、井口以及卧罐两端处停留。

7.5.1.3 安全员全程观察、监测现场危险区域或部位可能发生的危险迹象。

7.5.1.4 堵漏操作时,应以泄漏点为中心,在储罐或容器的四周设置水幕、喷雾水枪等对泄漏扩散的气体进行围堵、驱散或稀释降毒。

7.5.1.5 一线处置人员应少而精。采取工艺措施处置时,应掩护和配合事故单位和专业工程技术人员实施。

7.5.1.6 当现场出现爆炸险情征兆威胁到处置人员的生命安全时,应当立即命令处置人员撤离到安全地带并清点人数,待条件具备时,再组织处置行动。

7.5.1.7 对易燃易爆介质倒罐时应采取导线接地等防静电措施。

7.5.1.8 洗消污水的处理在环保部门的检测指导下进行。

### 7.5.2 特殊要求

#### 7.5.2.1 有毒性泄漏介质

除7.5.1要求外,对有毒性泄漏介质处置还应做到:
a) 泄漏危险区应设有毒品警告标志;
b) 需要采取工艺措施处置时,处置人员应掩护和配合事故单位和专业工程技术人员实施;
c) 对参与处置人员的身体状况,应进行跟踪检查。

#### 7.5.2.2 爆炸性泄漏介质

除7.5.1要求外,对爆炸性泄漏介质处置还应做到:
a) 现场应禁绝火源、电源、静电源、机械火花;高热、高能设备应停止工作;若泄漏区有非防爆电器开关存在则不应改变其工作状态;
b) 避免撞击和摩擦泄漏介质;
c) 避免现场的震动和扬尘;
d) 防止泄漏介质进入下水道、排洪沟等狭小空间。

#### 7.5.2.3 腐蚀性泄漏介质

除7.5.1要求外,对腐蚀性泄漏介质处置还应做到:
a) 应采取措施避免处置人员皮肤、眼睛、黏膜接触泄漏介质;
b) 禁止泄漏介质与易燃或可燃物、强氧化剂、强还原剂接触;
c) 禁止直接对强酸强碱泄漏介质和泄漏点喷水。

## 8 洗消

### 8.1 原则

受到有毒或腐蚀性泄漏介质污染的人员、装备和环境都应洗消,洗消应坚持合理防护、及时彻底、保障重点、保护环境、避免洗消过度的原则。

### 8.2 人员洗消

#### 8.2.1 公众洗消

##### 8.2.1.1 洗消站洗消

到达洗消站的受沾染公众采取固定洗消,洗消站洗消应包括以下步骤和内容:
a) 在交通便利、场地平整的现场上风方向的轻度危险区边缘处,架设洗消帐篷,设立公众洗消站;

洗消帐篷前设待洗区、接待处和衣物存放处,地面铺设耐磨、耐腐、防水隔离材料;洗消帐篷后部设检伤区和观察区;

b) 在接待处对公众进行沾染的检测、伤情初步判断和分类;

c) 进入待洗区领取淋浴用品后进入洗消帐篷淋浴冲洗等候洗消,在洗消中,重症伤员应有医护人员监护;

d) 淋浴后进行检测,不合格者重新冲洗,直至合格;

e) 合格后,洗消用品放入指定回收点,更换清洁的衣物;

f) 洗消后,伤者进行医疗救治。

### 8.2.1.2 机动洗消

不能及时到洗消站的受沾染公众采取机动洗消,机动洗消应包括以下步骤和内容:

a) 对受沾染的人员,利用喷雾水进行全身冲洗;

b) 对于皮肤局部受沾染的人员,除去受沾染部位衣物,用纱布或棉布吸去可见的毒液或可疑液滴,选用相应的消毒剂对沾染部位进行洗消;

c) 对于眼睛部位受沾染的人员,用眼睛冲洗器冲洗,或用水、敌福特灵洗眼液等冲洗沾染部位。

### 8.2.2 处置人员洗消

处置人员洗消应包括以下步骤和内容:

a) 搭建处置人员洗消帐篷或设置洗消器具,地面铺设耐磨、耐腐、防水隔离材料;

b) 处置人员身着防护服进入洗消帐篷或利用洗消器具进行冲洗,注意死角的冲洗;

c) 检测合格后进入安全区,脱去防护装具,放入塑料袋中密封,待处理;

d) 对于不能及时到洗消站洗消的处置人员,利用单人洗消圈、清洗机、喷雾器等装备进行冲洗。

## 8.3 装备洗消

### 8.3.1 车辆洗消

车辆洗消应包括以下步骤和内容:

a) 利用洗消车、消防车或其他洗消装备等架设车辆洗消通道;

b) 选择合适的洗消剂,配置适宜的洗消液浓度,调整好水温、水压、流速和喷射角度,对受污染车辆进行洗消;

c) 卸下车辆的车载装备,集中在器材装备洗消区进行洗消;

d) 对于不能到洗消通道洗消的受污染车辆,可利用高压清洗机或水枪就地对其实施由上而下地冲洗,然后对车辆隐蔽部位进行彻底地清洗;

e) 被洗消的车辆经检测合格后进入安全区。

### 8.3.2 器材装备洗消

器材装备洗消应包括以下步骤和内容:

a) 将器材装备放置在器材装备洗消区的耐磨、耐腐、防水的衬垫上;

b) 将器材装备分为耐水和不耐水,精密和非精密仪器装备,登记;

c) 选择合适的洗消剂及其浓度;

d) 耐水装备可用高压清洗机或高压水枪进行冲洗;

e) 精密仪器和不耐水的仪器,用棉签、棉纱布、毛刷等进行擦洗;

f) 检测合格后方可带入安全区。

#### 8.4 地面和建筑物表面洗消

地面和建筑物洗消应包括以下步骤和内容：

a) 根据现场地形和建筑物分布特点，将现场划分成若干个洗消作业区域；

b) 确定洗消方法，对洗消车、检测仪器与人员编组；

c) 对各洗消作业区域从上风向开始，逐片逐段实施洗消，直至检测合格。

### 8.5 泄漏介质洗消方法

#### 8.5.1 人体表面沾染洗消

8.5.1.1 对于有毒泄漏介质，先用纱布或棉布吸去人体表面沾染的可见毒液或可疑液滴；然后根据有毒性泄漏介质的特性，选用相应的洗消剂对皮肤进行清洗；再利用约 40 ℃温水（可加中性肥皂水或洗涤剂）冲洗。

8.5.1.2 对于酸性腐蚀性泄漏介质，可利用约 40 ℃温水（可加中性肥皂水或洗涤剂）冲洗；局部洗消可用清水、碳酸钠溶液、碳酸氢钠溶液、专用洗消液等洗消剂清洗。

8.5.1.3 对于碱性腐蚀性泄漏介质，可利用约 40 ℃温水（可加中性肥皂水或洗涤剂）冲洗；局部洗消可用清水、硼酸、专用洗消液等洗消剂清洗。

#### 8.5.2 物体表面沾染洗消

##### 8.5.2.1 化学消毒

对物体表面沾染的化学消毒方法为：

a) 对于有毒泄漏介质，将石灰粉、漂白粉、三合二等溶液喷洒在染毒区域或受污染物体表面，进行化学反应，形成无毒或低毒物质；

b) 对于酸性腐蚀性泄漏介质，用石灰乳、氢氧化钠、氢氧化钙、氨水等碱性溶液喷洒在染毒区域或受污染物体表面，进行化学中和；

c) 对于碱性腐蚀性泄漏介质，用稀硫酸等酸性水溶液喷洒在染毒区域或受污染物体表面，进行化学中和。

##### 8.5.2.2 冲洗稀释

利用高压水枪对污染物体喷洒冲洗，对染毒空气喷射雾状水进行稀释降毒或用水驱动排烟机吹散降毒。

##### 8.5.2.3 吸附转移

用吸附垫、吸附棉、消毒粉、活性炭、砂土、蛭石、粉煤灰等具有吸附能力的物质，吸附回收有毒物质后，转移处理。

##### 8.5.2.4 溶洗去毒

利用浸以汽油、煤油、酒精等溶剂的棉纱、纱布等，溶解擦洗染毒物表面的毒物。但不宜用于类似未涂油漆木制品的多孔性的物体表面，以及能被溶剂溶解的塑料、橡胶制品等表面。擦洗过的棉纱、纱布等要集中处理。利用热水或加有普通洗涤剂（如肥皂粉等）后溶洗效果更好。

##### 8.5.2.5 机械清除

利用铲土工具将地面的染毒层铲除。铲除时，应从上风方向开始。为作业便利，可在染毒地面、物品表面覆盖沙土、煤渣、草垫等,供处置人员暂时通过。也可采用挖土坑掩埋法埋掉染毒物品,但土坑应有一定深度,掩埋时应加大量消毒剂。

### 8.5.3 爆炸性泄漏介质洗消

若没有其他毒性和腐蚀性,一般不用洗消。如果具有毒性和腐蚀性,人体沾染洗消可按照 8.5.1.1~8.5.1.3 方法洗消;物体表面沾染洗消可按照 8.5.2.1~8.5.2.5 的方法洗消。

## 附　录　A
### （规范性附录）
### 处置人员资质要求

处置人员资质要求详见表 A.1。

### 表 A.1　处置人员资质要求

| 处置人员类别 | 资　质　要　求 |
|---|---|
| 指挥员 | 承担危险化学品泄漏处置过程中组织指挥职责的处置人员 |
|  | 达到《公安消防岗位资格考试大纲》要求,应具备与本人职级相对应等级的公安消防岗位资格 |
|  | 达到《公安消防部队灭火救援业务训练与考核大纲》要求,应通过考核 |
|  | 应具备一定基础化学知识 |
|  | 经过相关机构的培训,应取得危险化学品处置资格 |
|  | 单独指挥现场的指挥员应有三年以上的工作实践 |
|  | 应具备良好的体力、视力 |
|  | 应具备分析判断和科学决策的能力,熟悉化学灾害事故处置辅助决策系统 |
| 侦检人员 | 承担对泄漏介质进行检测,辨别危险物种类,测定染毒程度和范围等职责的处置人员 |
|  | 达到《公安消防部队灭火救援业务训练与考核大纲》要求,应通过考核 |
|  | 应具备一定基础化学知识 |
|  | 经过相关机构的培训,应取得危险化学品处置资格 |
|  | 单独操作的侦检人员应有三年以上的工作实践 |
|  | 应具备良好的体力、视力 |
|  | 应具备辨别危险物种类、熟练使用侦检器材的能力 |
| 堵漏人员 | 承担在带压、带温或不停车的情况下,采用调整、堵塞或重建密封等方法制止泄漏职责的处置人员 |
|  | 达到《公安消防部队灭火救援业务训练与考核大纲》要求,应通过考核 |
|  | 应具备一定基础化学知识 |
|  | 经过相关机构的培训,应取得危险化学品处置资格 |
|  | 单独操作的堵漏人员应有三年以上的工作实践 |
|  | 应具备良好的体力、视力 |
|  | 应具备熟练使用堵漏器材以制止泄漏的能力 |
| 洗消人员 | 承担对染毒对象进行洗涤和消毒,降低或消除毒物的污染程度至可以接受的安全水平职责的处置人员 |
|  | 达到《公安消防部队灭火救援业务训练与考核大纲》要求,应通过考核 |
|  | 应具备一定基础化学知识 |
|  | 经过相关机构的培训,应取得危险化学品处置资格 |
|  | 单独操作的洗消人员应有三年以上的工作实践 |
|  | 应具备良好的体力、视力 |
|  | 应具备与公众沟通能力和熟练使用洗消器材的能力 |

表 A.1（续）

| 处置人员类别 | 资　质　要　求 |
|---|---|
| 消防急救人员 | 承担处置现场重度受伤人员和先期生命救治职责的处置人员 |
| | 达到《公安消防部队灭火救援业务训练与考核大纲》要求,应通过考核 |
| | 应具备一定基础化学知识 |
| | 经过相关机构的培训,应取得危险化学品处置资格和国际红十字会救生员资格 |
| | 单独救生的消防急救人员应有三年以上的工作实践 |
| | 应具备良好的体力、视力 |
| | 心理素质稳定,应具有语言沟通能力和紧急医疗救护能力 |
| 现场文书 | 承担记录现场命令、指示和部队贯彻执行情况,统计汇总情况,编制上报作战信息职责的处置人员 |
| | 达到《公安消防部队灭火救援业务训练与考核大纲》要求,应通过考核 |
| | 应具备一定基础化学知识 |
| | 经过相关危险化学品处置课程培训,应取得合格 |
| | 应具备良好的体力、视力 |
| | 应具备快速记录、统计数据能力 |
| 现场安全员 | 承担现场险情实时监测、检查安全防护器材、记录进入危险区的作业人员数量和时间及防护能力、保持不间断的联系并及时清点核查职责的处置人员 |
| | 应具备一定基础化学知识 |
| | 经过相关机构的培训,应取得危险化学品处置资格 |
| | 应具备良好的体力、视力 |
| | 应具备准确判断突发险情的能力,并熟悉紧急撤离信号 |
| 专家 | 承担判断灾情变化趋势、评估危害程度和影响范围以及可能发生的后果、提供技术支持并解决技术难题职责的专业人员 |
| | 经过相关机构的培训,应取得危险化学品处置资格 |
| | 应熟悉危险化学品安全管理的有关法律、法规、规章和国家标准,掌握危险化学品安全技术、职业危害预防与化学事故应急救援等专业知识 |
| | 应具有 20 年以上从事化工生产、设计、管理、研究、教学工作经历,任高级技术职务 |
| | 应具备危险化学品泄漏处置经验和处置能力 |

ICS 13.220.10
C 83

# 中华人民共和国公共安全行业标准

GA/T 998—2012

# 乡 镇 消 防 队 标 准

Standard for rural fire department

2012-06-05 发布　　　　　　　　　　　　　　　2012-07-01 实施

中华人民共和国公安部　　发 布

# 前　言

本标准按照 GB/T 1.1—2009 给出的规则起草。

本标准由公安部消防局提出。

本标准由全国消防标准化委员会灭火救援分技术委员会(SAC/TC 113/SC 10)归口。

本标准负责起草单位:公安部消防局。

本标准参加起草单位:广东省公安消防总队、江苏省公安消防总队、浙江省公安消防总队、吉林省公安消防总队、河南省公安消防总队、云南省公安消防总队。

本标准主要起草人:张明灿、司戈、张国庆、孙宇、翟明松、何宁、章志慰、金继忠、王育琼、王新凯、杨磊、段炼。

本标准为首次发布。

# 引　言

　　根据《中华人民共和国消防法》等法律法规,为积极引导和规范乡镇消防队建设发展,满足乡镇火灾扑救和应急救援需求,就乡镇消防队的建队标准、选址、装备配备、人员配备和执勤管理等提出指导性意见,以更好落实"因地制宜、分类指导"的多种形式消防队伍发展原则,提高乡镇、农村抗御火灾等灾害事故的能力,制定本标准。

# 乡镇消防队标准

## 1 范围

本标准规定了乡镇消防队的术语和定义、总则、建队标准、选址、装备配备、人员配备、执勤管理。

本标准适用于地方人民政府根据《中华人民共和国消防法》第三十六条规定建立的乡镇专职消防队、志愿消防队。村民委员会及企业按照《中华人民共和国消防法》第四十一条规定建立的志愿消防队等其他多种形式的消防组织,可参照本标准。

## 2 规范性引用文件

下列文件对于本文件的应用是必不可少的。凡是注日期的引用文件,仅注日期的版本适用于本文件。凡是不注日期的引用文件,其最新版本(包括所有的修改单)适用于本文件。

GBZ 221　消防员职业健康标准

GB/T 3181　漆膜颜色标准

GB 8108　车用电子警报器

GB 13954　警车、消防车、救护车、工程救险车标志灯具

GB 50016　建筑设计防火规范

GA 856(所有部分)　合同制消防员制式服装

建标 152　城市消防站建设标准

## 3 术语和定义

下列术语和定义适用于本文件。

### 3.1

**乡镇消防队　rural fire department**

由地方人民政府建立,在乡镇、农村地区承担火灾扑救和预防工作,并按照国家规定承担重大灾害事故和其他以抢救人员生命为主的应急救援工作的消防队,包括乡镇专职消防队和乡镇志愿消防队。

### 3.1.1

**乡镇专职消防队　rural career fire department**

由地方人民政府建立,由乡镇消防员组成(其中乡镇专职消防员占半数以上),承担乡镇、农村火灾扑救和预防工作,并按照国家规定承担重大灾害事故和其他以抢救人员生命为主的应急救援工作的乡镇消防队。

### 3.1.2

**乡镇志愿消防队　rural volunteer fire department**

由地方人民政府建立,由乡镇消防员组成(其中乡镇志愿消防员占半数以上),承担乡镇、农村火灾扑救工作、开展群众性自防自救的乡镇消防队。

### 3.2

**乡镇消防员　rural firefighter**

在乡镇消防队从事火灾预防、扑救和应急救援工作的人员,包括乡镇专职消防员和乡镇志愿消

防员。

**3.2.1**

**乡镇专职消防员** rural career firefighter

在乡镇消防队专职从事火灾预防、扑救和应急救援工作的人员。

**3.2.2**

**乡镇志愿消防员** rural volunteer firefighter

在乡镇消防队志愿从事火灾预防、扑救和应急救援工作的人员。

## 4 总则

**4.1** 乡镇消防队应纳入城镇体系规划、乡镇规划及消防专项规划,有计划地组织建设。

**4.2** 经济发达、城市化水平较高地区的乡镇消防队和相邻多个乡镇联合建立的乡镇消防队,可参照《城市消防站建设标准》执行。

**4.3** 乡镇消防队应承担以下任务:

    a) 根据火灾报告、救援求助或地方政府、公安机关及其消防机构的指令,及时赶赴现场实施火灾扑救和应急救援;

    b) 熟悉所在乡镇、农村的情况,制定完善灭火救援预案,定期开展灭火救援演练;

    c) 开展防火巡查和消防宣传教育,普及消防安全知识;

    d) 完成地方政府或有关部门交办的其他与消防工作有关的任务。

**4.4** 乡镇消防队的建设与管理,应遵循利于执勤值班、安全实用、方便生活等原则。

## 5 建队标准

### 5.1 分类分级

**5.1.1** 乡镇消防队分为乡镇专职消防队和乡镇志愿消防队两类。

**5.1.2** 乡镇专职消防队分为一级乡镇专职消防队和二级乡镇专职消防队。

**5.1.3** 乡镇消防队车库的车位数应符合表1的规定,根据需要可增设备用车位。

**5.1.4** 停车面积应根据乡镇消防队的车辆情况确定,且每个车位的停车面积不宜小于 50 m²。

**表 1 车库的车位数**

| 乡镇消防队类别 | 一级乡镇专职消防队 | 二级乡镇专职消防队 | 乡镇志愿消防队 |
| --- | --- | --- | --- |
| 车位数/个 | ≥4 | ≥3 | ≥2 |

### 5.2 适用

**5.2.1** 在公安消防队辖区面积之外的乡镇,应按照5.2.2、5.2.3、5.2.4 的规定建立相应的乡镇消防队。

**5.2.2** 符合下列情况之一的,应建立一级乡镇专职消防队:

    a) 建成区面积超过 5 km² 或者建成区内常住人口超过 50 000 人以上的乡镇;

    b) 易燃易爆危险品生产、经营单位和劳动密集型企业集中的乡镇;

    c) 全国重点镇。

**5.2.3** 符合下列情况之一的,应建立二级乡镇专职消防队:

a) 建成区面积 2 km²～5 km² 或者建成区内常住人口为 20 000 人～50 000 人的乡镇；
b) 省级重点镇、中心镇；
c) 历史文化名镇；
d) 其他经济较为发达、人口较为集中的乡镇。

5.2.4 属于5.2.2和5.2.3规定以外的乡镇应建立乡镇志愿消防队。

## 5.3 项目构成

5.3.1 乡镇消防队建设项目由场地、房屋建筑、装备等组成。乡镇消防队的场地,主要是指室外训练场。

5.3.2 乡镇消防队的房屋建筑,包括业务用房和辅助用房。其中,业务用房包括:消防车库、通信值班室、备勤室、器材库、会议室(学习室)和体能训练室、清洗(烘干)室、训练塔等;辅助用房包括:餐厅、厨房、浴室、厕所等。

5.3.3 乡镇消防队的装备,由消防车辆、灭火器材、灭火药剂、抢险救援器材、消防员防护器材、通信器材、训练器材等组成。

5.3.4 乡镇消防队的场地和房屋建筑,可在满足使用功能需要的前提下与其他单位合用。

5.3.5 乡镇消防队应设置技能、体能训练设施和器材。

## 5.4 建筑面积

5.4.1 乡镇消防队的建筑面积指标,应符合下列规定:
a) 一级乡镇专职消防队为 500 m²～700 m²；
b) 二级乡镇专职消防队为 300 m²～500 m²；
c) 乡镇志愿消防队为 100 m²～300 m²。

5.4.2 乡镇消防队业务用房和辅助用房的建筑面积指标,可参照表2确定。

表 2　业务用房和辅助用房的建筑面积指标　　　　　　　　　　单位为平方米

| 名　称 | 乡镇消防队类别 | | |
|---|---|---|---|
| | 一级乡镇专职消防队 | 二级乡镇专职消防队 | 乡镇志愿消防队 |
| 消防车库 | ≥200 | ≥150 | ≥50 |
| 通信值班室 | 20～40 | 15～40 | 0～30 |
| 备勤室 | 60～100 | 25～70 | 10～40 |
| 器材库 | 60～100 | 25～50 | 10～30 |
| 会议室(学习室) | 50～80 | 25～70 | 0～50 |
| 餐厅、厨房 | 50～80 | 25～60 | 10～50 |
| 浴室 | 40～60 | 20～30 | 10～30 |
| 厕所 | 20～40 | 15～30 | 10～20 |
| 体能训练室[a] | 50～70 | 40～60 | 30～50 |
| 清洗(烘干)室[a] | 20～40 | 20～30 | 10～30 |
| 训练塔[a] | 110～140 | 80～120 | 80～100 |
| 合计 | 500～700 | 300～500 | 100～300 |
| [a]　该项要求未列入合计范围可根据当地实际情况自行确定。 | | | |

### 5.5 用地面积

5.5.1 乡镇消防队的建设用地面积,应根据建筑占地面积、车位用地和室外训练场地面积等确定。

5.5.2 乡镇消防队的建设用地面积,应符合下列规定:

    a) 一级乡镇专职消防队为 1 200 m² ～2 000 m²;

    b) 二级乡镇专职消防队为 800 m² ～1 200 m²;

    c) 乡镇志愿消防队为 300 m² ～800 m²。

    注:上述指标未包含道路、绿化用地面积。

    乡镇消防队的建设用地面积应根据乡镇消防队建筑面积大小合理确定,并按照 0.4～0.6 的容积率进行测算。

### 5.6 建筑构造

5.6.1 一级乡镇专职消防队宜采用独立设置的单层或多层建筑;二级乡镇专职消防队、乡镇志愿消防队可独立设置,也可附设在其他单层或多层建筑内。

5.6.2 乡镇消防队建筑物的耐火等级不应低于二级;附设在其他建筑物中的,应采用耐火极限不低于 2 h 的隔墙和不低于 1 h 的楼板与其他部位隔开,并有独立的功能分区。

5.6.3 乡镇消防队建筑物位于抗震设防烈度为 6 度～9 度地区的,应符合乙类建筑抗震要求。

5.6.4 建筑物内的走道、楼梯等供出动用通道的净宽,单面布房时不应小于 1.4 m,双面布房时不应小于 2.0 m,楼梯梯段净宽不应小于 1.4 m。通道两侧的墙面应平整、无突出物,地面应做防滑处理。楼梯踏步应平缓,两侧应设扶手,楼梯倾角不应大于 30°。

5.6.5 乡镇消防队的车库应保障车辆停放、出动和维护保养需要,并符合下列条件:

    a) 车库宜设修理间和检修地沟。修理间应采用防火墙与其他部位隔开,并不宜靠近通信室;

    b) 车库应设置车辆充气、充电和废气排放的设施;

    c) 车库内外沟管盖板的承载能力应满足消防车的满载轮压要求,车库宜设倒车定位、限高装置;

    d) 车库内(外)应有供消防车加水的水源设施,地面和墙面应便于清洗,地面应有排水设施。

5.6.6 乡镇消防队建筑装修、采暖通风空调和给排水设施的设置应符合下列规定:

    a) 外装修应庄重、简洁,宜采用体现消防工作特点的装修风格。内装修应适应乡镇消防员生活和训练的需要,并宜采用色彩明快和容易清洗的装修材料;

    b) 位于采暖地区的乡镇消防队应按国家有关规定设置采暖设施,最热月平均温度超过 25 ℃地区的乡镇消防队备勤室、通信值班室、餐厅、体能训练室等宜设空调等降温设施;

    c) 应设置给水、排水系统。

5.7 乡镇消防队建筑的供电负荷等级不宜低于二级,应设火灾报警受理电话和电视、网络、广播系统,并按照规定设置应急照明系统,其照度应符合 GB 50016 的规定。

## 6 选址

    乡镇消防队的选址应符合下列条件:

    a) 应设在辖区内的适中位置和便于车辆迅速出动的临街地段;

    b) 消防车辆出入口两侧宜设置交通信号灯、标志、标线或隔离设施,距医院、学校、幼儿园、托儿所、影剧院、商场、体育场馆、展览馆等公共建筑的主要疏散出口不应小于 50 m;

    c) 辖区内有生产、贮存危险化学品单位的,乡镇消防队应设置在常年主导风向的上风或侧风处,其边界距上述危险部位不宜小于 200 m。

## 7 装备配备

7.1 乡镇消防队的装备配备,应满足扑救本辖区内火灾和应急救援的需要。

7.2 乡镇消防队的消防车辆配备,应符合表3的规定。水罐或泡沫消防车的载水量不应小于1.5 t。

表3 乡镇消防队配备车辆数

单位为辆

| 消防车种类 | 乡镇消防队类别 | | |
|---|---|---|---|
| | 一级乡镇专职消防队 | 二级乡镇专职消防队 | 乡镇志愿消防队 |
| 水罐或泡沫消防车 | ≥2 | ≥1 | ≥1(含消防摩托车) |
| 消防摩托车<sup>a</sup> | 2 | 1 | 1 |
| <sup>a</sup> 该项要求可根据当地实际情况自行确定。 | | | |

7.3 乡镇消防队的消防车随车器材装备配备标准不应低于表4、表5的规定,可根据实际情况选配其他特种装备。消防摩托车应根据需要配备相应随车器材。乡镇消防队配备分水器和接口等相关器材的公称压力应与水带相匹配。随车器材装备应符合相关国家标准或行业标准的要求。

表4 水罐消防车随车器材装备配备标准

| 序　号 | 器　材　名　称 | 数　量 |
|---|---|---|
| 1 | 消防轻型安全绳 | 2根 |
| 2 | 直流水枪 | 4支 |
| 3 | 多功能消防水枪 | 2支 |
| 4 | 水带 | 12盘~20盘 |
| 5 | 水带挂钩 | 6个 |
| 6 | 水带包布 | 4个 |
| 7 | 水带护桥 | 4个 |
| 8 | 分水器 | 2个 |
| 9 | 异型接口 | 4个 |
| 10 | 异径接口 | 4个 |
| 11 | 机动消防泵(含手抬泵、浮艇泵) | 1台 |
| 12 | 集水器 | 1个 |
| 13 | 吸水管 | 2根 |
| 14 | 吸水管扳手 | 2把 |
| 15 | 消火栓扳手 | 2把 |
| 16 | 多功能挠钩 | 1套 |
| 17 | 强光照明灯 | 2个 |
| 18 | 消防腰斧 | 2把 |
| 19 | 单杠梯 | 1架 |
| 20 | 两节拉梯 | 1架 |
| 21 | 手动破拆工具组 | 1套 |

表 5　泡沫消防车随车器材装备配备标准

| 序　号 | 器 材 名 称 | 数　量 |
|---|---|---|
| 1 | 直流水枪 | 4 支 |
| 2 | 多功能消防水枪 | 2 支 |
| 3 | 泡沫比例混合器、泡沫液桶、泡沫枪 | 2 套 |
| 4 | 消防水带 | 12 盘～20 盘 |
| 5 | 水带挂钩 | 6 个 |
| 6 | 水带包布 | 4 个 |
| 7 | 水带护桥 | 4 个 |
| 8 | 分水器 | 2 个 |
| 9 | 异型接口 | 4 个 |
| 10 | 异径接口 | 4 个 |
| 11 | 机动消防泵(含手抬泵、浮艇泵) | 1 台 |
| 12 | 集水器 | 1 个 |
| 13 | 吸水管 | 2 根 |
| 14 | 吸水管扳手 | 2 个 |
| 15 | 消火栓扳手 | 2 个 |
| 16 | 多功能挠钩 | 1 套 |
| 17 | 强光照明灯 | 2 个 |
| 18 | 消防腰斧 | 1 把 |
| 19 | 单杠梯 | 1 个 |
| 20 | 两节拉梯 | 1 个 |
| 21 | 手动破拆工具组 | 1 套 |

7.4　乡镇消防员防护装备由基本防护装备和特种防护装备组成。

7.5　乡镇消防员基本防护装备配备标准不应低于表 6 的规定,特种防护装备的品种及数量参照《城市消防站建设标准》的规定。乡镇志愿消防队的正压式消防空气呼吸器配备数量可适当减少,但应保证本队专职消防员和同一时间参加值班备勤的志愿消防员每人一具。防护装备应符合相关国家标准或行业标准的要求。

表 6　乡镇消防员基本防护装备配备标准

| 序号 | 器 材 名 称 | 配备标准 | |
|---|---|---|---|
| | | 数量 | 备份<br>比例 |
| 1 | 消防头盔 | 1 顶/人 | 4∶1 |
| 2 | 消防员灭火防护服 | 1 套/人 | 4∶1 |
| 3 | 消防手套 | 1 付/人 | 4∶1 |
| 4 | 消防安全腰带 | 1 根/人 | 4∶1 |

表 6（续）

| 序号 | 器材名称 | 配备标准 | |
|------|----------|----------|---|
| | | 数量 | 备份比例 |
| 5 | 消防员灭火防护靴 | 1双/人 | 4∶1 |
| 6 | 正压式消防空气呼吸器 | 1具/人 | 5∶1 |
| 7 | 佩戴式防爆照明灯 | 1个/人 | 6∶1 |
| 8 | 消防员呼救器 | 1个/人 | 4∶1 |
| 9 | 方位灯 | 1个/人 | 6∶1 |
| 10 | 消防轻型安全绳 | 1根/人 | 4∶1 |
| 11 | 消防腰斧 | 1把/人 | 5∶1 |

7.6 乡镇消防队应结合实际选择配备抢险救援器材等，其品种及数量参照《城市消防站建设标准》的规定。抢险救援器材应符合相关国家标准或行业标准的要求。

7.7 乡镇消防队应结合实际选择配备通信摄影摄像器材，其配备标准不宜低于表7的规定。通信摄影摄像器材应符合相关国家标准或行业标准的要求。

表 7 乡镇消防队通信摄影摄像器材配备标准

| 类别 | 序号 | 器材名称 | 配备标准 |
|------|------|----------|----------|
| 通信器材 | 1 | 基地台ª | 1台/队 |
| | 2 | 手持对讲机 | 2台/班 |
| | | | 1台/人ª |
| 摄影摄像器材 | 3 | 数码相机 | 1台/队 |
| | 4 | 摄像机ª | 1台/队 |
| ª 该项要求可根据当地实际情况自行确定。 | | | |

7.8 乡镇消防队的消防水带、灭火剂等易损耗装备，应按照不低于投入执勤配备量1∶1的比例保持库存备用量。

## 8 人员配备

### 8.1 人员数量

乡镇消防队的专职消防员和志愿消防员配备数量不应低于表8的规定。

表 8 乡镇消防员配备数量

| 乡镇消防队类别 | 一级乡镇专职消防队 | 二级乡镇专职消防队 | 乡镇志愿消防队 |
|----------------|--------------------|--------------------|----------------|
| 乡镇消防员总人数 | ≥15 | ≥10 | ≥8 |
| 其中专职消防员人数 | ≥8 | ≥5 | ≥2 |

## 8.2 人员构成

8.2.1 乡镇消防队应设正、副队长各1名。

8.2.2 乡镇消防队每班(组)应由不少于4名乡镇消防员组成,并设班(组)长1名。

8.2.3 乡镇消防队应明确1名通信员、1名安全员;乡镇志愿消防队的驾驶员可兼任通信员。

## 8.3 岗位职责

8.3.1 乡镇消防队队长、副队长应履行以下职责:

   a) 组织指挥火灾扑救和应急救援;

   b) 组织制定执勤、管理制度,掌握人员和装备情况,组织开展灭火救援业务训练、落实安全措施;

   c) 组织熟悉所在乡镇、农村的道路、水源和单位情况以及灭火救援预案,掌握常见火灾及其他灾害事故的种类、特点及处置对策,组织建立业务资料档案;

   d) 组织开展防火巡查、消防宣传教育;

   e) 及时报告工作中的重要情况;

   f) 副队长协助队长工作,队长离开工作岗位时履行队长职责。

8.3.2 乡镇消防队班(组)长应履行以下职责:

   a) 组织指挥本班(组)开展火灾扑救和应急救援;

   b) 掌握所在乡镇、农村的道路、水源、单位情况和常见火灾及其他灾害事故的处置程序及行动要求,熟悉灭火救援预案;

   c) 熟悉装备性能和操作使用方法,落实维护、保养;

   d) 组织开展防火巡查和消防宣传教育;

   e) 管理本班(组)人员,确定任务分工。

8.3.3 乡镇消防队驾驶员应履行以下职责:

   a) 熟悉所在乡镇、农村的道路、水源、单位情况,熟悉灭火救援预案;

   b) 熟练掌握车辆构造及车载固定装备的技术性能和操作使用方法,能够及时排除一般故障;

   c) 负责车辆和车载固定灭火救援装备的维护保养,及时补充消防车辆的油、水、电、气和灭火剂。

8.3.4 乡镇消防队通信员应履行以下职责:

   a) 按照火灾报告、救援求助或地方政府、公安机关及其消防机构的指令,及时发出出动信号,并做好记录;

   b) 熟练使用和维护通信装备,及时发现故障并报修;

   c) 掌握所在乡镇、农村的道路、水源、单位情况,熟记通信用语和有关单位、部门的联系方法;

   d) 及时整理灭火与应急救援工作档案;

   e) 及时向值班队长报告工作中的重要情况。

8.3.5 乡镇消防员应履行以下职责:

   a) 根据职责分工,完成火灾扑救和应急救援任务;

   b) 熟悉所在乡镇、农村的道路、水源和单位情况;

   c) 保持个人防护装备和负责保养装备完整好用,掌握装备性能和操作使用方法;

   d) 参加防火巡查和消防宣传教育。

## 8.4 从业条件和待遇

8.4.1 乡镇消防员应为男性公民,具有初中以上文化程度,身体健康,年满18周岁。

8.4.2 乡镇消防员上岗前应经健康体检,身体条件符合GBZ 221的规定方可录用。

8.4.3 乡镇专职消防员应取得与其岗位职责相适应的灭火救援员国家职业资格证书。

8.4.4 地方政府应按照有关规定落实乡镇专职消防员的工资待遇、社会保险,确保乡镇专职消防员的工资水平与其承担的高危险性职业相适应。

# 9 执勤管理

## 9.1 日常管理

9.1.1 乡镇专职消防队由地方政府或者公安机关及其消防机构管理,乡镇志愿消防队由乡镇政府或者公安派出所管理。

9.1.2 乡镇专职消防队的经费保障、岗位管理和人员工资待遇、社会保险等宜参照事业单位管理。

9.1.3 乡镇消防员的上岗培训由县级及以上地方公安机关消防机构组织。乡镇专职消防员的培训时间不少于 30 个工作日,学习消防法律法规、火灾预防和扑救及应急救援业务,开展体能和消防技能训练。乡镇志愿消防员的培训时间和培训内容由省或市级公安机关消防机构确定。

9.1.4 乡镇消防队应定期对乡镇消防员进行在岗消防业务培训。

9.1.5 乡镇消防队应建立健全日常管理制度,落实考核奖惩。

9.1.6 乡镇消防队应开展遵纪守法教育和职业道德教育,增强人员法纪观念和职业荣誉感。

9.1.7 乡镇消防队应建立安全防事故制度,定期开展安全防事故检查,及时消除不安全因素。

9.1.8 乡镇专职消防员应按照 GA 856 的要求统一着装。

9.1.9 乡镇消防队应做好党、团组织建设,依法建立工会组织。

## 9.2 执勤训练

9.2.1 乡镇消防队应建立值班备勤制度,分班编组执勤,确保 24 h 值班(备勤),值班驾驶员数量不应少于本队消防车总数。乡镇志愿消防队每班应保证至少 2 名人员在队值班,包括队长、驾驶员(通信员),其他值班人员可在队外备勤。乡镇专职消防员可执行不定时工作制,采取轮休调休等适当方式,确保休息休假权利。

9.2.2 乡镇消防队可参照《公安消防部队执勤战斗条令》、《公安消防部队灭火救援业务训练与考核大纲(试行)》建立执勤训练制度,积极开展业务训练,规范执勤行动。

9.2.3 乡镇消防队应建立器材装备检查保养制度,定期检查、及时维护保养。

9.2.4 乡镇消防队接到火灾报告、救援求助或地方政府、公安机关及其消防机构的指令后,应立即出动赶赴现场处置。

## 9.3 标牌标识

### 9.3.1 门牌标语

乡镇消防队称谓:××(市、县、区)××乡(镇)专职(志愿)消防队。

各类库室的门牌标志、标语设置要求参照《公安消防部队基层正规化管理若干规定(试行)》。

### 9.3.2 消防车辆标识

乡镇消防队的消防车辆(艇)纳入特种车(艇)管理范围,按特种车辆(艇)上牌,警报器、标志灯具配备应符合 GB 8108、GB 13954 的规定;车身应按照 GB/T 3181 的要求喷涂为红色,在显著位置喷涂"消防"字样或标志图案;车辆前门适当位置设置车辆编号。

### 9.3.3 灭火救援服装装具标识

消防员灭火防护服的背面、消防头盔的侧面统一喷涂"××(乡镇名称简称)消防"。

灭火救援服装装具标识参照《公安消防部队灭火救援服装装具标识暂行管理规定》的有关要求执行。

## 参 考 文 献

[1] GB 50313—2000 消防通信指挥系统设计规范

[2] GB 1589 道路车辆外廓尺寸、轴荷及质量限值

[3] GB 50011—2010 建筑抗震设计规范

[4] 建标 152—2011 城市消防站建设标准

[5] GA/T 114—2003 消防车产品型号编制方法

[6] GA 621—2006 消防员个人防护装备配备标准

[7] GA 768—2008 消防摩托车

[8] 中华人民共和国消防法,2009 年 5 月 1 日

[9] 国务院关于加强和改进消防工作的意见,2011 年 12 月 30 日

[10] 国务院关于进一步加强消防工作的意见,2006 年 5 月 10 日

[11] 国务院令第 524 号,历史文化名城名镇名村保护条例,2008 年 7 月 1 日

[12] 关于加强多种形式消防队伍建设发展的意见,公安部、国家发展改革委员会、财政部、劳动保障部、交通部,2006 年 9 月 8 日

[13] 关于深化多种形式消防队伍建设发展的指导意见,公安部、国家发展和改革委员会、民政部、财政部、人力资源和社会保障部、交通运输部、中华全国总工会,2010 年 8 月 12 日

[14] 关于规范和加强多种形式消防队伍消防车辆管理的通知,公安部、交通运输部、国家税务总局,2011 年 6 月 16 日

[15] 关于公布全国重点镇名单的通知,建设部、国家发展和改革委员会、民政部、国土资源部、农业部、科学技术部,2004 年 2 月 4 日

[16] 灭火救援员国家职业技能标准,人力资源和社会保障部办公厅、公安部办公厅,2011 年 1 月 17 日

[17] 地方消防经费管理办法,财政部,2011 年 12 月 16 日

[18] 关于企业实行不定时工作制和综合计算工时工作制的审批办法,劳动部,1994 年 12 月 14 日

[19] 公安消防部队执勤战斗条令,公安部,2009 年 5 月 16 日

[20] 公安消防部队灭火救援业务训练与考核大纲(试行),公安部消防局,2009 年 6 月 3 日

[21] 公安消防部队灭火救援服装装具标识暂行管理规定,公安部消防局,2009 年 3 月 6 日

[22] 2010 年第六次全国人口普查主要数据公报,国家统计局,2011 年 4 月 28 日

[23] 中国城乡建设统计年鉴,住房和城乡建设部,2011 年 9 月 1 日

ICS 13.220.99
C 80

# 中华人民共和国公共安全行业标准

GA/T 1039—2012

## 消防员心理训练指南

Guidelines for firemen psychological trainings

2012-12-26 发布　　　　　　　　　　2013-01-01 实施

中华人民共和国公安部　　发 布

# 前　　言

本标准按照 GB/T 1.1—2009 给出的规则起草。

本标准由公安部消防局提出。

本标准由全国消防标准化技术委员会灭火救援分技术委员会(SAC/TC 113/SC 10)归口。

本标准负责起草单位:中国人民武装警察部队学院。

本标准主要起草人:张学魁、卢立红、张颖花、侯祎、张福东、陈秉安、史秋香、张晓丽、程建新、宋淑艳、刘颖杰。

本标准为首次发布。

# 消防员心理训练指南

## 1 范围

本标准规定了消防员心理训练的训练目的及原则、训练组织、训练场所与设施要求、训练内容及方法、训练效果评价。

本标准适用于公安消防部队、专职消防队消防员开展心理训练。

## 2 规范性引用文件

下列文件对于本文件的应用是必不可少的。凡是注日期的引用文件，仅注日期的版本适用于本文件。凡是不注日期的引用文件，其最新版本（包括所有的修改单）适用于本文件。

GA/T 623 消防培训基地训练设施建设标准

GA 943 消防员高空心理训练设施技术要求

## 3 术语与定义

下列术语与定义适用于本文件。

### 3.1

**消防员心理训练 fireman psychological training**

为增强消防员在灭火与应急救援环境中的行动能力，提升其心理健康水平而采取的一系列有针对性的训练活动。

### 3.2

**心理行为拓展训练 psychological behavior outward development**

在专门针对消防员心理行为的训练场地，利用相应训练设施，通过精心设计的训练过程达到培养消防员良好心理、情绪、意志和品质的训练活动。

### 3.3

**心理危机 psychological crisis**

由于突然遭受严重灾难、重大生活事件或精神压力，使生活状况发生明显的变化，或者遇到现有的生活条件和经验难以克服的困难，致使当事人陷于痛苦、不安的状态。常伴有绝望、麻木不仁、焦虑以及植物神经症状和行为障碍。

### 3.4

**心理危机干预 psychological crisis intervention**

针对处于心理危机状态的个人及时给予适当的心理援助，使之尽快摆脱困难。

### 3.5

**负性情绪 negative affect**

也称消极情绪，反映个体主观紧张体验与不愉快投入的一般性情绪维度，包含了一系列令人厌恶的情绪体验。

## 4 训练目的及原则

### 4.1 目的

通过心理训练,提高消防员的心理素质,培养消防员的意志品质,树立健康的人格,使其适应各种复杂战斗环境,最大限度地提高整体战斗力。

### 4.2 原则

4.2.1 遵循从严从难与循序渐进相结合、普遍提高与区别对待相结合、安全稳妥与合理冒险相结合、自我调整与专业人员辅导相结合的原则,坚持心理训练与执勤业务训练、政治教育、技能体能训练和日常管理相结合。

4.2.2 遵循心理发生、发展的规律特点,有意识地营造现场情境,开展针对性的心理训练。

## 5 训练组织

### 5.1 一般性要求

5.1.1 心理训练应适时进行。处置重大灾害事故后应进行心理恢复训练。

5.1.2 消防中队应指定心理训练负责人。消防总(支)队应依托内、外部资源定期对心理训练负责人进行培训、考核。

5.1.3 消防中队应对受训消防员的心理测评和训练评价结果进行存档,建立个人心理训练档案,并做好保密工作。

### 5.2 训练流程

5.2.1 实施心理训练前,可采用问卷调查法、观察法、他人评价法或访谈法,对消防员的心理状况进行初评:
   a) 常用心理评价量表的评测内容和方法参见附录 A;
   b) 应根据心理评价结果填写消防员心理问卷测评卡并存档,其样式见附录 B;
   c) 运用观察法、他人评价法或访谈法获得的初评结果以文字形式体现,并存档。

5.2.2 根据初评结果,各消防支队结合实际情况,制定支队心理训练与评价方案,其样式参见附录 C,训练过程中可对方案进行修订。

5.2.3 按照心理训练与评价方案实施心理训练。

5.2.4 每阶段训练结束后,均应对消防员的训练效果进行评价:
   a) 应采取定性评价与定量评价相结合的方法逐人进行评价;
   b) 心理评价获得的结果应再次填写附录 B 中表 B.1;
   c) 心理训练成绩评定法获得的结果应填写附录 D 中表 D.1;
   d) 其他评价方法获得的结果应做好记录并存档;
   e) 应对所有方法获得的评价结果进行综合分析,形成全面、客观、准确的综合性评价结论,填写附录 E 中的表 E.1。

## 6 训练场所与设施要求

### 6.1 场所

6.1.1 消防支队级单位应独立或依托训练基地、培训中心设立综合性心理训练场所。

6.1.2 心理训练场所功能分区应全面合理,可包括室外心理行为拓展训练场及室内心理训练室。室内心理训练室可视情况划分为心理测试室、情绪宣泄室、心理放松及治疗室等。

6.1.3 心理训练场所应符合 GA/T 623 的规定。

## 6.2 设施

6.2.1 高空训练设施应符合 GA 943 的规定。

6.2.2 心理测试室可配备心理指标检测仪、生理指标检测仪及心理测试软件。

6.2.3 情绪宣泄室可适当配备情绪宣泄器材,如沙袋、橡皮人、宣泄墙等。

6.2.4 心理放松及治疗室可选配放松椅、放松模拟软件、音乐播放器、心理沙盘等。

## 7 训练内容及方法

### 7.1 心理调节训练

#### 7.1.1 转换法

##### 7.1.1.1 目标

使消防员实现有目的地改变自我意识的指向性,摆脱令人烦恼的念头,保存神经潜能。

##### 7.1.1.2 内容

包括以下方法:
a) 阅读转换法:通过阅读书籍、有趣味的小说、翻阅收藏品,如邮票、纪念章等转换思维意识;
b) 聆听转换法:通过聆听喜爱的音乐、故事等转换思维意识;
c) 观看转换法:通过观看引人入胜的风景或场景转换思维意识;
d) 其他转换法:通过回忆美好画面或与他人交谈等方式转换思维。

#### 7.1.2 言语暗示法

##### 7.1.2.1 目标

通过言语暗示调整心理状态,使消防员克服心理困难。

##### 7.1.2.2 内容

言语暗示训练。多次反复默念或大声对自己喊出一些暗示性的指令,如"安静!","我应当克服困难……","我一定能完成这项任务。"等等,并清楚地理解和想象其含义,使言语的作用同取得成效的意志力屡次结合起来。

#### 7.1.3 身体练习调整法

##### 7.1.3.1 目标

降低消防员出动前过分激动状态和兴奋水平或改变部分消防员过分平静状态和消极观念,使消防员心理达到最佳状态。

##### 7.1.3.2 内容

包括以下方法:
a) 针对战前过分激动的消防员,应进行一些身体放松练习,练习方法参见附录F;

b) 针对兴奋程度不够(即处于淡漠状态)的消防员,应进行强度较大、速度较快的身体练习,如快
跑、俯卧撑等。

### 7.1.4 呼吸调整法

#### 7.1.4.1 目标

使消防员的兴奋或紧张状态减弱。

#### 7.1.4.2 内容

包括以下方法:
a) 第一练习(以坐姿或卧姿进行):深呼吸一次,然后屏住呼吸,同时轻微地使全身肌肉紧张约 5 s~
7 s。然后,一边尽量放松全身肌肉,一边缓慢呼吸。反复 9~10 次,每次均延长屏息和呼气时
间,并增加放松肌肉的程度;
b) 第二练习(仰身躺下):叉开双膝,使双脚掌着地。在突然并拢双膝时,做一次深吸气。用这种
姿势屏住呼吸几秒钟,然后一边做一次缓慢的呼气,一边使双膝自然地倒向两侧。反复 9~
10 次;
c) 第三练习(在站立、静坐或躺卧时):按一定速度做若干次缓慢而不紧张的深呼吸。吸气时轻微
地使各部分肌肉紧张,呼气时尽量使全身肌肉放松。此练习做 2 min~3 min。

### 7.1.5 自我觉查监督法

#### 7.1.5.1 目标

消防员通过有意识的自问自答,同时完成一定的动作,使呼吸节奏均匀,减少心跳次数,在执行困难
任务前保持镇静,以预防不良情绪的发展。

#### 7.1.5.2 内容

包括以下方法:
a) 边思索"肌肉有没有无意识地紧张? 是否感到拘束?"边放松手臂、双腿和身躯的肌肉;
b) 边思索"我做得怎么样? 表情如何(是否紧靠战斗员座位上的靠背或车厢内壁,缩着头并紧缩
下颚)?"边放松背部、胸部、颈部和脸部肌肉;
c) 边思索"我的呼吸怎么样(是否连贯、短促、不由自主地暂停)?"边做二三次深呼吸,使呼吸节奏
平稳。

### 7.1.6 自我暗示法

#### 7.1.6.1 目标

提升消防员的自我暗示能力。

#### 7.1.6.2 内容

包括以下方法:
a) 消极的自我暗示:对过度紧张、焦虑或兴奋的消防员,可采取如附录 G 中 G.1 和 G.2.1 所示的
方法和内容进行训练;
b) 积极的自我暗示:对过度平静、态度消极的消防员,可采取如附录 G 中 G.1 和 G.2.2 所示的
方法和内容进行训练。

#### 7.1.7 实施方法

心理调节训练可采用讲授与亲身体验相结合的方法实施。

### 7.2 心理实践训练

#### 7.2.1 实施程序

##### 7.2.1.1 训前讲解

组训人员对训练目的、内容、意义、注意事项、安保方法等进行讲解,激发消防员训练的积极性。

##### 7.2.1.2 组织施训

根据训练科目的要求,组织消防员训练。为激发消防员的竞争意识和团队意识,可分组施训。

##### 7.2.1.3 训后分享

训练后,组训人员用引导式和启发式的语言引导消防员进行自检和互检,分享各种体验,找到自我认知中需要提升的盲点。

#### 7.2.2 注意事项

7.2.2.1 不宜强调训练速度和强度,注重强调训练后的体验共享,以便引导参训消防员找到自我认知的盲点。

7.2.2.2 应做好训练设施和安保设备的检查,保证训练安全。

#### 7.2.3 模拟训练设施的使用

##### 7.2.3.1 目标

借助模拟训练设施,再现灾害事故救援现场情境,使消防员体验灾害现场高温、浓烟、爆炸、毒气、高空恐惧等刺激所带来的各种心理压力,提升消防员的心理素质,重点是心理适应能力、心理承受能力及心理耐力。

##### 7.2.3.2 要求

包括以下方面:

a) 应选择再现灾害事故救援活动中最特殊、最复杂的情境进行训练;

b) 应消除千篇一律的做法并保留突然性的因素;

c) 能高质量地反应受训者的心理变化过程;

d) 体验前强调注意事项。新入伍消防员可提前适应一次场地,遵循由易至难、由简至繁、循序渐进的原则。练习时,应以最快速度完全通过心理训练区;

e) 每月宜安排1~2次在模拟训练区的训练。

##### 7.2.3.3 内容

包括以下方面:

a) 高温、浓烟环境体验:如利用火幕墙、烟热训练室训练;

b) 爆炸、毒气环境体验:如利用模拟化工装置进行训练;

c) 高空体验:如利用消防塔、高空心理训练设施等进行训练;

d) 其他环境体验:如利用隧道、水上或交通事故模拟训练设施等进行训练,体验现场环境。

#### 7.2.4 心理行为拓展训练

##### 7.2.4.1 目标

利用室外心理行为拓展训练场开展训练,营造能够引起消防员心理紧张、不安、激动、害怕的训练气氛,同时也迫使消防员挑战自己去完成所要求的训练动作,以提高消防员的意志品质,提升自信,增强其抗挫折能力和团队精神。

##### 7.2.4.2 内容

包括以下方面:

a) 增强意志品质训练。通过设置一系列的训练科目,提高消防员的心理耐受力和应对能力,激发心理潜能,增强意志品质。包括:
    1) 体验极限:可选择挑战极限、高温训练、湿热训练、勇攀高峰、飞跃自我等科目;
    2) 磨练意志:可选择 5 000 m 跑步或黑暗、严寒、酷暑等恶劣条件下进行业务训练等。

b) 提升自信训练。通过训练,使消防员克服烦躁、恐惧等消极心理,增强自信心,提高独立克服困难的胆量和勇气。包括:
    1) 抗挫折能力:可选择感受失败、直面批评、荆棘排雷、急速云梯等科目;
    2) 增强自信心:可选择战胜恐惧、勇攀高峰、飞跃自我、勇往直前、勇闯天堑、凌空跨越等科目。

c) 铸造团队精神。通过训练,培养和提高消防员集体观念和团结协作精神。可选择信任背摔、孤岛求生、生死关卡、同心同行、信任之旅、合力冲击、相互依存等科目。

##### 7.2.4.3 实施方法

到室外心理行为拓展训练场地现场体验,体验前强调注意事项,并做好安全防护工作。

#### 7.2.5 其他形式的训练

##### 7.2.5.1 目标

可根据自身情况,适当采取其他形式的心理训练方法,以弥补运用模拟训练设施和心理行为拓展训练的不足。

##### 7.2.5.2 内容

包括以下方面:

a) 通过媒体播放方式进行训练,如播放教学电影、录像片、录音带等,再现灾害现场的情境,分析典型战例;

b) 通过电脑三维模拟软件进行训练,如高层建筑灭火软件、油罐区灭火软件等,模拟灾害现场,对消防员进行训练;

c) 到车祸现场、停尸房、灾害现场等进行实地体验,克服恐惧心理;

d) 通过想定作业、综合演练等途径实施训练,增强意识;

e) 运用模型、相册以及其他训练器材进行训练;

f) 运用各种运动器材或开展体育比赛等形式进行训练,增强消防员的心理耐受性。

### 7.3 心理恢复训练

#### 7.3.1 战后心理调节

7.3.1.1 每次灭火与应急救援任务后,都应对出现负性情绪的消防员进行心理调节训练。

**7.3.1.2** 针对消防员的心理状况,采取合理的形式,包括以下几个方面:

a) 借助 7.1 规定的心理调节方法进行心理调节训练;

b) 借助心理放松及治疗室内的训练器材及软件等进行心理放松训练;

c) 借助情绪宣泄室内宣泄器材或采取倾诉等方式进行情感宣泄。

**7.3.1.3** 针对消防员经常出现的一般负性情绪,可采用下列方法进行调节:

a) 恐惧的应对:

1) 引导消防员主动增加对相关信息的理解,了解预防和抵御突发灾害的科学知识;

2) 鼓励消防员多与他人做信息方面的交流,转移注意力,增强信念,释放紧张、焦虑的情绪;

3) 鼓励消防员勇于实践,敢于面对,接纳自身所出现的恐惧感、紧张情绪,用自己的理智或意志去控制这种情绪。

b) 焦虑的应对:

1) 鼓励具有焦虑特质的消防员积极了解灾害的相关知识;

2) 提醒其认识自己的个性弱点,尽量以理性的态度对客观环境做出反应;

3) 鼓励其运用投射、幽默、补偿、合理化等心理防御手段去克服焦虑;

4) 传授给焦虑者应付焦虑的技巧,如松弛技术、生物反馈技术等方法。

c) 抑郁的应对:

1) 鼓励有症状的消防员阅读有益读物,积极从事体育锻炼,参加文娱活动,观看使人开怀大笑的演出等;

2) 传授给有症状的消防员合理的宣泄方法:如理智性的宣泄和情感性的宣泄。

d) 内疚自责的应对:

1) 引导消防员认识到灾害的不可控制性及个人能力的局限性,鼓励消防员学会原谅自己,宽容失败,勇敢面对现实;

2) 引导消防员肯定自己的成绩,认可自身存在的价值;

3) 引导消防员减轻压力,提高心理承受能力,改变不现实、不合理的信念,逐渐消除内疚心理。

### 7.3.2 心理疏导

#### 7.3.2.1 目的

用心理学方法和技术疏导消防员个体在部队内外所面临的种种心理困惑。

#### 7.3.2.2 方式

可采取面谈、电话、书信、短信、信箱留言、即时通信软件等方式。其中,面谈是最有效的方式,可全面掌握消防员的心理状况,进行系统性的心理指导。对于路途较远、不愿意暴露身份的消防员,可采取其他方式进行疏导。

#### 7.3.2.3 要求

包括以下方面:

a) 执行心理疏导的人员应将本人的联系方式(通信地址、电话、信箱、即时通信软件号码)公诸于消防员;

b) 执行心理疏导的人员要做好记录,遵守心理执业操守,保护消防员的隐私;

c) 对于寻求帮助的内容存在有严重危险性或违反法律规定、伤害自身或他人的消防员,要按保密例外来对待,及时向有关部门报告。

### 7.3.3 心理危机干预

#### 7.3.3.1 对象

包括以下方面：
a) 通过心理测试筛查出的、需要重点关注的消防员；
b) 遭遇重大事件（失恋、考学失利、丧亲、重大自然灾害、场面残酷的救援）而出现心理、行为异常的消防员；
c) 患有严重生理疾病而心理极度痛苦的消防员；
d) 个性非常偏执或者患有严重心理疾病的消防员。

#### 7.3.3.2 措施

建立四级监测网络，指定负责人，发现有心理问题人员及时进行干预，具体内容如下：
a) 一级监测网络：以班级为单位，发挥班长的骨干作用，通过日常观察及沟通交流，掌握本班消防员的思想动态和心态。一旦有异常情况发生，能够做到及时发现、初步干预、及时向上一级监测网络汇报，把可能出现的突发事件解决在萌芽状态。班长为第一负责人；
b) 二级监测网络：以中队为单位，发挥中队指导员的作用，需经常深入消防员身边，及时了解其学习、生活、思想以及心理健康状况。对发现或得知有心理及行为异常表现的消防员，要及时找其谈话，进行干预。需要上报情况的要及时报告上级监测网络。中队指导员为第一负责人；
c) 三级监测网络：以大队为单位，在发现或得知有心理及行为异常表现的消防员后，要采取积极有效措施稳定当事人情绪，防止事态进一步扩展，并在 24 h 内向上级监测网络报告。大队教导员（政委）为第一负责人；
d) 四级监测网络：以支队为单位，在得知有危机事件发生后，迅速调集领导小组成员到达现场，采取积极有效措施，防止事态进一步扩展。支队政委为第一责任人。

#### 7.3.3.3 注意事项

经初步心理危机干预后，仍不能解除症状的消防员，应送专业机构进行鉴定或送医疗机构进行治疗。

## 8 训练效果评价

### 8.1 定性评价

#### 8.1.1 口头访谈

8.1.1.1 访谈应由心理训练负责人主持，采取一对一的方式进行。

8.1.1.2 访谈主要了解消防员在训练前后心理状态的变化情况。

8.1.1.3 访谈可采取消防员主诉、心理训练负责人提问等方式。

8.1.1.4 做好访谈笔录并存档。

#### 8.1.2 自我感觉报告

8.1.2.1 每阶段心理训练结束以后，应组织消防员撰写自我感觉报告。

8.1.2.2 自我感觉报告应重点强调本阶段心理训练的作用和训练后的主要收获，分析自身仍存在且必须要进一步提高的薄弱环节。

8.1.2.3　应做好报告的存档。

### 8.1.3　他人评价

8.1.3.1　心理训练负责人还应采取通过与战友交流等方式,听取他人对受训消防员的评价。

8.1.3.2　可考查消防员单一心理能力或综合心理能力提高的情况,也可考查消防员存在的心理问题。

8.1.3.3　做好评价笔录并存档。

## 8.2　定量评价

### 8.2.1　心理问卷调查

根据心理训练与评价方案,选择合适的心理评价量表(附录 A)。

### 8.2.2　生理指标检测

8.2.2.1　根据心理训练与评价方案,选择合适的生理指标检测方法,并将检测结果存档。

8.2.2.2　主要对消防员的情绪紧张/放松程度进行评价。

8.2.2.3　常用的生理检测指标有前额肌电变化(EMC)、手指皮肤导电性变化(SC)、手掌心温度变化(ST)、指端血容量变化(BVP)、心率(HR)、呼吸频率和深度(RFP)等。

### 8.2.3　心理指标检测

8.2.3.1　根据心理训练与评价方案,选择合适的心理指标检测方法,并将检测结果存档。

8.2.3.2　常见的评价方法有各种划消测试法、操作思维测试法、动觉误差测试法等。

8.2.3.3　还可通过测试软件或测试游戏评价消防员的心理指标。

### 8.2.4　心理训练成绩评定

8.2.4.1　用心理训练成绩作为评定指标应十分谨慎,因其影响因素多,且可能会有交互作用。

8.2.4.2　主要是通过各项心理实践训练测试,评定现场技术战术发挥的水平,适当给出成绩。

8.2.4.3　可分为五级:A(优秀)、B(良好)、C(中等)、D(合格)、E(不合格)。

## 8.3　评价结论

8.3.1　评价结论应体现在心理训练效果评价卡上(见附录 E)。

8.3.2　由心理训练负责人根据平时训练表现,及 8.1 和 8.2 中的评价方法获得的评价资料,综合分析,如实进行填写。

附　录　A
（资料性附录）
常用心理评价量表

### A.1　SCL—90 精神症状自评量表

#### A.1.1　简介

《SCL—90 精神症状自评量表》由 L.R.Derogatis 编制于 1975 年,是世界上著名的心理健康测试量表之一,1980 年引进我国。该量表包括 90 个项目,涵盖感觉、思维、情感等内容,可以评定一个特定的时间段,通常是评定一周来的心理健康状况。SCL—90 是目前我国使用最广的一种检查心理健康的量表,具有内容多、反映症状丰富、能准确刻画出测试者自觉症状等优点。

#### A.1.2　测验目的

从多个角度,评定个体或群体是否有某种心理症状及其症状的严重程度如何,但它不适合于躁狂症和精神分裂症。

#### A.1.3　测验功能

该量表对有心理症状的人具有良好的区分能力,适用于测查某人群中哪些人可能有心理障碍、有何种心理障碍及其严重程度如何,不仅可以自我测查,也可以对他人进行核查,如发现得分较高,则表明急需治疗。

#### A.1.4　测验构成

该量表共 90 个自我评定项目,分为五级评分(即 1～5 级):1—从无,2—轻度,3—中度,4—相当重,5—严重;有的也用 0～4 级评分。

90 个项目可以概括成 9 个因子(9 组症状群),包括:

a)　躯体化(somatization);

b)　强迫(obsessive-compulsive);

c)　人际关系敏感(interpersonal-sensitivity);

d)　抑郁(depression);

e)　焦虑(anxiety);

f)　敌对性(hostility);

g)　恐怖(phobic-anxiety);

h)　偏执(paranoid-ideation);

i)　精神病性症状(psychotismo)。

#### A.1.5　统计方法

##### A.1.5.1　总分的统计方法(单份问卷)

90 个项目所得分之和为总分,总分＞160 者,提示有阳性意义。

##### A.1.5.2　阳性项目的统计方法(单份问卷)

阳性项目数是指评为 2～5 分的项目数,阳性项目数≥43 者,提示有阳性意义。

#### A.1.5.3 因子分的计算方法

单个问卷的 9 个因子(9 组症状群)可单独计分,每个因子分按公式(A.1)计算:

$$因子分 = 组成某一因子的各项目总分/组成某一因子的项目数 \quad\cdots\cdots\cdots\cdots(A.1)$$

因子分>2分,提示有阳性意义。

要检测被测群体的症状,可先计算每份问卷的单个因子分,然后针对不同的因子,计算所有问卷因子分的平均值,将其与地方常模及军队常模进行比对,高于地方常模及军队常模的因子,即表示该群体具有这方面的症状。

### A.2 艾克森情绪稳定性测评量表

#### A.2.1 简介

艾克森是英国伦敦大学心理学教授,是当代最著名的心理学家之一,编制过多种心理测评量表。情绪稳定性测评量表可以被用于诊断是否存在自卑、抑郁、焦虑、强迫症、依赖性、疑心病观念和负罪感。

#### A.2.2 计分方法

该量表 210 道题中包含 7 个分量表,每 30 道题一个量表,分别从自卑感、抑郁性、焦虑、强迫症、依赖型、疑心病观念和负罪感 7 个方面评价一个人的心理健康状态。题号后带"+"号表示该问题回答"是"则得 1 分;题号后带"—"号表示该问题回答"否"则得 1 分;凡是回答与此不一致的得 0 分,凡是回答"不好说"的一律得 0.5 分。最后计算分量表的得分总和。

#### A.2.3 分量表得分的涵义

##### A.2.3.1 自卑感

高分者(22~30):对自己及自己的能力充满自信,认为自己是有价值的、有用的人,并相信自己是受人欢迎的。这种人非常自爱,不自高自大。

低分者(6~21):自我评价低,自认为自己不被人喜欢。

##### A.2.3.2 抑郁性

高分者(23~30):欢快乐观,情绪状态良好,对自己感到满意,对生活感到满足,与世无争。

低分者(7~22):悲观厌世,易灰心,心情抑郁,对自己的生活感到失望,与环境格格不入,感到自己在这个世界上是多余的。

##### A.2.3.3 焦虑

高分者(30~16):容易为一些区区小事而烦恼焦虑,对一些可能发生的不幸事件存在着毫无必要的担忧,杞人忧天。

低分者(15~1):平静、安详,并且对不合理的恐惧、焦虑有抵抗能力。

##### A.2.3.4 强迫状态

高分者(25~11):谨小慎微,认真仔细,追求细节的完美,规章严明,沉着稳重,容易因脏污不净、零乱无序而烦恼不安。

低分者(9~1):不拘礼仪,随遇而安,不讲究规则、常规、形式、程序。

### A.2.3.5　自主性

高分者(21~29):自主性强,尽情享受自由自在的乐趣,很少依赖别人,凡事自己做主,把自己视为命运的主人,以现实主义的态度去解决自己的问题。

低分者(5~20):常缺乏自信心,自认为是命运的牺牲品,易受周围其他人或事件所摆布,趋附权威。

### A.2.3.6　疑心病症

高分者(21~6):常常抱怨躯体各个部分的不适感,过分关心自己的健康状况,经常要求医生、家人及朋友对自己予以同情。

低分者(5~1):很少生病,也不为自己的健康状况而担心。

### A.2.3.7　负罪感

高分者(23~8):自责、自卑,常为良心的折磨所烦恼,不考虑自己的行为是否真正应受到道德的谴责。

低分者(7~1):很少有惩罚自己或追悔过去行为的倾向。

### A.3　焦虑自评量表(SAS)

该量表共有 20 个题目,有正向和反向,每题有 A、B、C、D 四个选项,正向题目评分依次为 1~4 分,打"＊"为反向评分,即 4~1 分。将 20 道题的得分相加得到总粗分($Z$),通过公式(A.2)可换算成标准分($Y$):

$$标准分(Y)=总粗分(Z)×1.25 \quad\cdots\cdots\cdots\cdots\cdots\cdots\cdots\cdots( A.2 )$$

当:$Y<35$,表示心理健康,无焦虑症状;

　　$35≤Y<55$,表示偶有焦虑,症状轻微;

　　$55≤Y<65$,表示经常焦虑,中度症状;

　　$Y≥65$,表示有重度焦虑,必需时请教医生。

分数越高,焦虑倾向越明显,分值越小越好。

### A.4　状态特质焦虑问卷

状态特质焦虑问卷(State-Trait Anxiety Inventory,STAI)由 Charles Spielberger 于 1977 年编制(X 版本),并于 1983 年修订(Y 版本)。其特点是简便,效度高,易于分析,能相当直观地反映焦虑病人的主观感受,尤其是能将当前(状态焦虑)和一贯(特质焦虑)区分开来。前者描述一种不愉快的短期的情绪体验,如紧张、恐惧、忧虑等,常伴有植物神经系统功能亢进。后者则用来描述相对稳定的,作为一种人格特征且具有个体差异的焦虑倾向。通过分别评定状态焦虑和特质焦虑问卷,可区别短暂的情绪焦虑状态和人格特质性焦虑倾向,为不同的研究目的和临床实践服务。

该问卷共 40 道题,第 1~20 题为状态焦虑量表,主要用于反应即刻的或最近某一特定时间的恐惧、紧张、忧虑和神经质的体验或感受,可以用来评价应激情况下的焦虑水平。第 21~40 题为特质焦虑量表,用于评定人们经常的情绪体验。

该问卷进行 1~4 级评分。状态焦虑:1—完全没有;2—有些;3—中等程度;4—非常明显。特质焦虑:1—几乎没有;2—有些;3—经常;4—几乎总是如此。由受试者根据自己的体验选圈最合适的等级。分别计算出状态焦虑和特质焦虑量表的累加分值,最小值为 20 分,最大值 80 分。凡正性情绪项目均为反序计分。某量表上的得分越高,反映了受试者该方面的焦虑水平越高。

## A.5 BECK抑郁自评问卷（BDI）

该量表共21题,测试时一定要强调评定的时间范围,只能用于评定此时此刻或今天的情绪。一般而言,该量表不适合于文盲和低教育人群。

各项均为四级评分(0～3分)。将21道题目的得分相加,用总分来区分抑郁症状的有无及其严重程度。

0≤总分≤4:(基本上)无抑郁症状;

5≤总分≤13:轻度抑郁症状;

14≤总分≤20:中度抑郁症状;

总分＞20:严重抑郁症状。

## A.6 抑郁自评量表（SDS）

### A.6.1 简介

该量表共有20个题目,每题有A、B、C、D四个选项,评分从1～4分,其中,有10个正向题目,问题是按症状的有无提问的,逐渐加重;反向有10道题,问题与正向相反,在评分时,也正好相反,是逐渐减轻的。

### A.6.2 标准分评测方法

把20个题目得分相加,得出总粗分($Z$),并按公式（A.3）换算成标准分($Y$):

$$标准分(Y)＝总粗分(Z)×1.25 \quad\cdots\cdots\cdots（A.3）$$

标准分$Y$值越小越好,分界值为50,50分以下说明无抑郁症状,50分以上说明有抑郁症状。

### A.6.3 百分指数评测方法

转换成百分指数,方法如公式（A.4）所示:

$$指数＝\{总分(得分)/总分满分(80)\}×100\% \quad\cdots\cdots\cdots（A.4）$$

指数与抑郁症状的严重程度的关系如下:

a) 指数在50%以下,为正常范围(无抑郁症状);

b) 指数在50%～59%,为轻度抑郁;

c) 指数在60%～69%,为中度抑郁;

d) 指数在70%及以上为重度到严重抑郁。

## A.7 卡特尔16种性格因素问卷（16PF）

### A.7.1 性格因素分类

该量表共187题,包括对乐群性、智慧性、稳定性、影响性、活泼性、有恒性、交际性、情感性、怀疑性、想象性、世故性、忧虑性、变革性、独立性、自律性、紧张性等16种性格因素的测评。

### A.7.2 计分方法

将每项性格因素所包括的测试题得分加起来,就是该项性格因素的原始得分。

评定时,通过查16种性格因素常模表,将原始分对应换算成标准分(最高为10分)。以下是每项性格因素不同得分者的特征,每项因素得分在 8 分以上者为高分,3 分以下者为低分。

A——乐群性:

低分数的特征(以下统称低):内向,孤独,冷漠,标准分低于 3 者通常固执,对人冷漠,落落寡合,喜欢吹毛求疵,宁愿独自工作,对事而不对人,不轻易放弃自己的主见,为人做事的标准常常很高。严谨而不苟且。

高分数的特征(以下统称高):外向,热情,乐群。标准分高过 8 者,通常和蔼可亲,与人相处,合作与适应的能力特强。喜欢和别人共同工作,参加或组织各种社团活动,不斤斤计较,容易接受别人的批评。萍水相逢也可以一见如故。

B——智慧性:

低:思想迟钝,学识浅薄,抽象思考能力弱。低者通常学习与了解能力不强,不能"举一隅而以三隅反"。迟钝的原因可能由于情绪不稳定,心理病态或失常所致。

高:聪明,富有才识,善于抽象思考。高者通常学习能力强,思考敏捷正确,教育文化水准高,个人心身状态健康。机警者多有高 B,高 B 反映心理机能的正常。

C——稳定性:

低:情绪激动,易生烦恼。低者通常不能以"逆来顺受"的态度,应付生活上所遭遇的阻扰和挫折,容易受环境的支配,而心神动摇不定。不能面对现实,时时会暴躁不安,心身疲乏,甚至于失眠,噩梦,恐怖等症象。所有神经病人和精神病人都属低 C。

高:情绪稳定而成熟,能面对现实,高者通常以沉着的态度应付现实各项问题。行动充满魄力,能振奋勇气,维持团队精神。有时高 C 也可能由于不能彻底解决许多生活难题,而不得不自我宽解。消防队员应有高 C。

E——影响性:

低:谦逊,顺从,通融,恭顺。低者通常行为温顺,迎合别人的意旨,也可能因为可遇而不可求,即使处在十全十美的境地,而有"事事不如人"之感,许多精神病人都有这样消极的心情。

高:好强固执,独立积极。高者通常自视甚高,自以为是。可能非常地武断,时常驾驭不及他的人和反抗权势者。消防队员的 E 值应当是越高越好。

F——活泼性:

低:严肃,谨慎,冷静,寡言。低者通常行动拘禁,内省而不轻易发言,较消极,忧郁。有时候可能过分深思熟虑,又近乎骄傲自满。在职责上,他常是认真而可靠的工作人员。

高:轻松兴奋,随遇而安。高者通常活泼,愉快,健谈,对人、对事热心而富有感情。但是有时也可能会冲动,以致行为变化莫测。

G——有恒性:

低:苟且敷衍,缺乏奉公守法的精神。低者通常缺乏较高的目标和理想,对于人群及社会没有绝对的责任感,甚至于有时不惜知法犯法,不择手段以达到某一目的。但他常能有效的解决实际问题,而无须浪费时间和精力。

高:持恒负责,做事尽职。高者通常细心周到,有始有终。是非善恶是他的行为指针。所结交的朋友多是努力苦干的人,而不十分欣赏诙谐有趣的人。消防队员应具有极高的 G 值。

H——交际性:

低:畏怯退缩,缺乏自信心。低者通常在人群中羞怯。有不自然的姿态,有强烈的自卑感。拙于发言,更不愿和陌生人交谈。凡事采取观望的态度,有时由于过分的自我意识而忽视了社会环境中的重要事物与活动。

高:冒险敢为,少有顾忌。高者通常不掩饰,不畏缩,有敢做敢为的精神,使他能经历艰辛而保持刚毅的一例。有时可能太粗心大意,忽视细节,遭受无谓的打击与挫折。可能无聊多事,喜欢向异性殷勤卖力。消防队员应具有高 H。

I——情感性：

低：理智的，着重现实，自恃其力。低者常以客观，坚强，独立的态度处理当前的问题。重视文化修养，可能过分冷酷无情。

高：敏感，感情用事。高者通常心肠软，易受感动，较女性化，爱好艺术，富于幻想。有时过分不切实际，缺乏耐心和恒心，不喜欢接近粗俗的人和做笨重的工作。在团体活动中，不着实际的看法与行为常常降低了团队的工作效率。

L——怀疑性：

低：信赖随和，易与人相处。低者通常无猜忌，不与人角逐竞争，顺应合作，善于体贴人。

高：怀疑，刚愎，固执己见。高者通常怀疑，不信任别人，与人相处，常常斤斤计较，不顾及到别人的利益。

M——想象性：

低：现实，合乎成规，力求妥善合力。低者通常先要斟酌现实条件，而后决定取舍，不鲁莽从事。在紧要关头时，也能保持镇静，有时可能过分重视现实，为人索然寡趣。

高：幻想的，狂放不羁。高者通常忽视生活的细节，只以本身的动机、当时兴趣等主观因素为行为的出发点。可能富有创造力，有时也过分不务实际，近乎冲动。因而容易被人误解及奚落。

N——世故性：

低：坦白、直率、天真。低者通常思想简单，感情用事，与人无争，与世无忤，自许，心满意足。但有时显得幼稚、粗鲁，笨拙，似乎缺乏教养。

高：精明能干，世故。高者通常处事老练，行为得体。能冷静地分析一切，近乎狡猾。对于一切事物的看法是理智的，客观的。

O——忧虑性：

低：乐群，沉着，有自信心。低者通常有信心，不轻易动摇，信任自己有应付问题的能力，有安全感，能适应世俗。有时因为缺乏同情，而引发别人的反感与恶意。

高：忧虑抑郁，烦恼自扰。高者通常觉得世道艰辛，人生不如意事常有八九，甚至沮丧悲观，时时有患得患失之感。自觉不容于人，也缺乏和人接近的勇气。各种神经病和精神病人都有高 O。消防队员多应是低 O。

Q1——变革性：

低：保守的，尊重传统观念与行为标准。低者通常无条件地接受社会中许多相沿已久而有权威性的见解，不愿尝试探求新的境界。常常激烈的反对新思想以及一切新的变动。在政治与宗教信仰上，墨守成规，可能被称为老顽固或时代的落伍者。

高：自由的，批评激进，不拘泥现实。高者通常喜欢考验一切现有的理论与实施，而予以新的评价，不轻易判断是非，企图了解较前卫的思想与行为。可能广见多闻，愿意充实自己的生活经验。

Q2——独立性：

低：依赖，随群附和。低者通常宁欲与人共同工作，而不愿独立孤行。常常放弃个人的主见而附和取得别人的好感，需要团体的支持以维持其自信心，却并非真正的乐群者。

高：自立自强，当机立断。高者通常能够自作主张，独自完成自己的工作计划，不依赖别人，也不受社会舆论的约束，同样也无意控制或支配别人，不讨人嫌，但是也不需要别人的好感。

Q3——自律性：

低：矛盾冲突，不顾大体。低者通常既不能克制自己，又不能尊重礼俗，更不愿考虑别人的需要，充满矛盾却无法解决。适应生活有问题者多低 Q3。

高：知己知彼，自律谨严。高者通常言行一致，能够合理的支配自己的感情行动。为人处世，总能保持其自尊心，赢得别人的尊重，有时却不免太固执己见。

Q4——紧张性：

低：心平气和，闲散宁静，低者通常知足常乐，保持内心的平衡。也可能过分疏懒，缺乏进取心。

高：紧张闲扰，激动挣扎。高者通常缺乏耐心，心神不安，态度兴奋。时常感觉疲乏，又无法彻底摆脱以求宁静。在社群中，他对人与事都缺乏信心。每日生活战战兢兢，而不能自已。

附　录　B

（规范性附录）

消防员心理问卷测评卡（样式）

消防员心理问卷测评卡（样式）见表 B.1。

表 B.1　消防员心理问卷测评卡（样式）

姓名：　　　　性别：　　　　　出生日期：　　　　　军龄：　　　　　文化程度：

| 评测阶段 | 测试内容 | 评测结果 | | | | |
|---|---|---|---|---|---|---|
| | | A（优秀） | B（良好） | C（中等） | D（一般） | E（较差） |
| 训练前初评 | 焦虑性 | | | | | |
| | 忧虑性 | | | | | |
| | 恐惧性 | | | | | |
| | 自尊心 | | | | | |
| | 自信心 | | | | | |
| | 情绪稳定性 | | | | | |
| | 敏感性 | | | | | |
| | 人际关系 | | | | | |
| | 自律性 | | | | | |
| | 合群性 | | | | | |
| | …… | | | | | |
| 训练后评价 | 焦虑性 | | | | | |
| | 忧虑性 | | | | | |
| | 恐惧性 | | | | | |
| | 自尊心 | | | | | |
| | 自信心 | | | | | |
| | 情绪稳定性 | | | | | |
| | 敏感性 | | | | | |
| | 人际关系 | | | | | |
| | 自律性 | | | | | |
| | 合群性 | | | | | |
| | …… | | | | | |

附 录 C

（资料性附录）

心理训练与评价方案（样式）

心理训练与评价方案（样式）见表C.1。

表 C.1 心理训练与评价方案（样式）

| |
|---|
| 一、总则 |
| 二、训练目的 |
| 三、初评 |
|     时间： |
|     地点： |
|     实施手段：(主要包括采用哪些初评方法，如何组织。例如问卷调查，说明所选心理评价量表，组织方式。) |
| 四、训练内容 |
|     1. 心理教育训练 |
| 科目一：… |
|     条件：(包括场地、使用的器材等。) |
|     内容：(要训练的内容框架。) |
|     实施方法：(包括训练方式、方法和手段。) |
|     时间：(包括训练的大致时间段及训练时数。) |
|     标准：(通过训练，达到的目的及要求。) |
| 科目二：…… |
|     …… |
|     2. …… |
| 五、训练效果评价 |
|     1. 方法：(针对不同的心理训练科目，规定相应的评价方法。如问卷调查、访谈、训练成绩评定等。) |
|     2. 标准：(规定评价应达到的效果。) |
|     3. 补训：(对评价不合格的人员，提出补训的方法和手段。) |
|     …… |

## 附 录 D
### （规范性附录）
### 心理训练测试成绩评定卡（样式）

心理训练测试成绩评定卡（样式）见表 D.1。

### 表 D.1 心理训练测试成绩评定卡（样式）

姓名：　　　性别：　　　出生日期：　　　军龄：　　　文化程度：

| 测试内容 | 成绩 | | | | |
|---|---|---|---|---|---|
| | A | B | C | D | E |
| 信任背摔 | | | | | |
| 孤岛求生 | | | | | |
| 生死关卡 | | | | | |
| 同心同行 | | | | | |
| 合力冲击 | | | | | |
| 相互依存 | | | | | |
| …… | | | | | |

附 录 E

（规范性附录）

心理训练效果评价卡（样式）

心理训练效果评价卡（样式）见表 E.1。

表 E.1 心理训练效果评价卡（样式）

姓名：　　　　性别：　　　　出生日期：　　　　军龄：　　　　文化程度：

| 评价内容 | 评价结果 | | | | 结论 |
|---|---|---|---|---|---|
| | 很大提高 | 较大提高 | 有提高 | 没有提高 | |
| 自我情绪控制及调节能力 | | | | | |
| 心理承受能力 | | | | | |
| 抗恐惧能力 | | | | | |
| 心理适应能力 | | | | | |
| 自信心 | | | | | |
| 意志品质 | | | | | |
| 耐力 | | | | | |
| 团队精神 | | | | | |
| …… | | | | | |

# 附　录　F
## （资料性附录）
## 身体放松练习实施方法

身体放松练习实施方法见表F.1。

### 表 F.1　身体放松练习实施方法

| 练　习　内　容 | 练习方法 |
|---|---|
| 1. 使全身肌肉紧张而后放松的练习：<br>　　数"1"时深吸气,双臂上举,向两侧伸展(五指并拢)；<br>　　数"2"时全身肌肉紧张,屏住呼吸；<br>　　数"3"至"5"时继续屏住呼吸,全身肌肉紧张；<br>　　数"6"时放松身体肌肉,身体下蹲,头部自然地垂于胸前。<br>　　练习时,做一次深呼吸,然后做几次吸气和缓慢的呼气(使肌肉最大限度的放松) | 用任何姿势(站、坐、卧)做4～5次。<br>　进行坐姿练习时,尽可能仰靠椅背,双臂可不上举而在双膝上伸直,然后放下 |
| 2. 使胸廓肌放松的练习：<br>　　数"1"、"2"时做深吸气；<br>　　数"3"时屏住呼吸,胸廓肌和腹肌收缩；<br>　　数"4"至"7"时做一次缓慢的呼气。肌肉尽量放松,注意力集中在呼气上 | 可用任何姿势 |
| 3. 锻炼动作节奏均匀的练习：<br>　a)　第一项：<br>　　　数"1"时双肩耸起；<br>　　　数"2"时双肩向后,肩胛骨展开(吸气)；<br>　　　数"3"、"4"时双肩放下,头部垂于胸前(缓慢地呼气)。<br>　b)　第二项：<br>　　　数"1"时缓慢地将双手提起,放至锁骨处(两肘朝下),稍仰体(吸气)；<br>　　　数"2"、"3"时轻轻地向下后方甩手,然后呈惯性前后摆动(呼气)。<br>　c)　第三项：<br>　　　两脚自然交替站立,同时身体有节奏地沿着身体重心稍向两侧反复倾斜。呼吸<br>　　　要有节奏 | 练习时用立姿或坐姿,应当使动作很有节奏 |
| 4. 使全身肌肉尽量放松的练习：<br>　a)　第一项：<br>　　　数"1"时深吸气,使全身肌肉收缩；<br>　　　数"2"至"10"时屏住呼吸,全身肌肉紧张；<br>　　　数"11"时呼气,肌肉尽量放松。做几次深呼吸,使呼吸平稳,肌肉进一步放松。<br>　b)　第二项：<br>　　　预备姿势:仰身,两腿伸直,脚掌抬起；<br>　　　数"1"时深吸气,双膝用力并拢,头抬高 10 cm～15 cm,全身肌肉收缩,屏住<br>　　　呼吸；<br>　　　数"2"至"10"时屏住呼吸,全身肌肉紧张；<br>　　　数"11"时全身肌肉尽量放松,使头部和双腿轻轻放下,呼气。做几次深呼吸,逐<br>　　　渐使呼吸均匀。<br>　c)　第三项：<br>　　　做一次平稳的吸气,短暂的屏住呼吸,使肌肉收缩,然后做一次缓慢的深呼气,<br>　　　使全身肌肉充分放松 | 用仰卧姿势,适于在床上睡觉前练习。在头和腿放下时尽量不用肌肉控制,注意力集中在呼气上。<br>　第一、二次连续各做一次,第三练习做到感觉全身轻松,心情安宁 |

附　录　G

（资料性附录）

自我暗示练习方法及内容

## G.1　练习方法

可采取任何姿势，闭上双眼，心中默念如"练习内容"中所示的暗示性语言，并随之感受。

## G.2　练习内容

### G.2.1　消极的自我暗示练习

默念如下暗示性语言：

a)　我感到安宁；

b)　我感到很安宁；

c)　我的全身都在放松；

d)　我的思维都安定下来；

e)　我内心十分安宁；

f)　我在放松手臂肌肉，双手越来越温暖；

g)　我清楚地感觉到双手很温暖；

h)　我在放松腿脚肌肉，双脚越来越温暖；

i)　我清楚地感觉双脚很温暖；

j)　我的腹部和胸部舒适地感觉到温暖；

k)　我的全身都舒适地感觉到温暖；

l)　我感觉很好；

m)　我感觉自己轻松、舒畅；

n)　我的心脏跳动平稳，呼吸自然；

o)　我十分镇定，我感觉很好。

### G.2.2　积极的自我暗示练习

默念如下暗示性语言：

a)　产生轻微的打寒颤的感觉；

b)　感到好像刚洗完冷水浴那样；

c)　各部分肌肉失去沉重无力的感觉；

d)　肌肉开始轻微的颤动；

e)　打寒颤越来越厉害；

f)　头部和后脑壳发冷；

g)　有蚂蚁在全身爬行的感觉；

h)　身上出了鸡皮疙瘩；

i)　手掌和脚掌发冷；

j)　呼吸深沉、加快；

k)  心动有力,脉搏加快;

l)  打寒颤更加厉害;

m)  各部分肌肉都轻松、有力、有弹性;

n)  我感到越来越精神;

o)  我睁开双眼;

p)  我紧张地注视着,注意力非常集中;

q)  我愉快的感到兴奋;

r)  我精力充沛;

s)  我像一只压缩的弹簧;

t)  我完全动员起来了;

u)  我做好了行动准备。

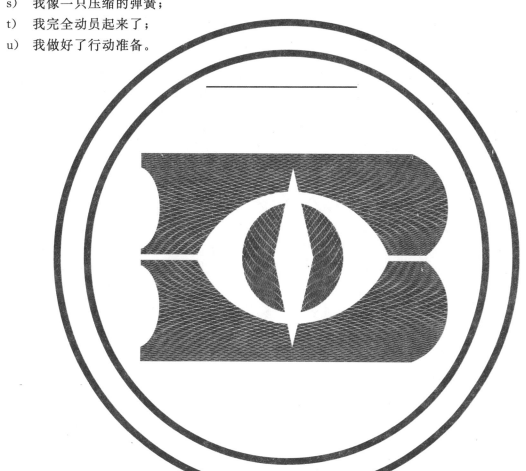

ICS 13.220.99
C 80

# 中华人民共和国公共安全行业标准

GA/T 1040—2013

# 建筑倒塌事故救援行动规程

Code of practice for rescue operation of building collapse accident

2013-01-05 发布

2013-01-05 实施

中华人民共和国公安部    发布

# 前　言

本标准按照 GB/T 1.1—2009 给出的规则起草。

本标准由公安部消防局提出。

本标准由全国消防标准化技术委员会灭火救援分技术委员会(SAC/TC 113/SC 10)归口。

本标准负责起草单位:中国人民武装警察部队学院。

本标准参加起草单位:公安部消防局、中国地震应急搜救中心、浙江省公安消防总队。

本标准主要起草人:刘立文、魏捍东、贾群林、王振雄、李向欣、李伟、黄长富、张智、辛晶、梁强、武麟。

# 建筑倒塌事故救援行动规程

## 1 范围

本标准规定了建筑倒塌事故救援的术语和定义、总则、救援程序和行动要求。

本标准适用于公安消防部队处置建筑倒塌事故的救援行动。专职消防队等其他专业救援队伍进行建筑倒塌事故救援时可参照执行。

## 2 规范性引用文件

下列文件对于本文件的应用是必不可少的。凡是注日期的引用文件，仅注日期的版本适用于本文件。凡是不注日期的引用文件，其最新版本（包括所有的修改单）适用于本文件。

GB 5082 起重吊运指挥信号

GA/T 968 消防员现场紧急救护指南

GA/T 970 危险化学品泄漏事故处置行动要则

## 3 术语和定义

下列术语和定义适用于本文件。

### 3.1

**建筑倒塌事故 building collapse accident**

由于自然或人为因素引发建筑结构整体或局部倒塌，并造成人员伤亡或财产损失的事件。

### 3.2

**建筑倒塌事故救援行动 rescue operation of building collapse accident**

对被埋压或困阻在倒塌建筑内的人员开展的搜索定位和营救等行动。

### 3.3

**营救 rescue**

采用各种方法使被困者脱离险境，并及时采取初步紧急救护措施的行动。

### 3.4

**搜索定位 search and location**

救援人员利用犬搜索、仪器搜索和人工搜索等方法在建筑倒塌事故现场搜寻被困人员，并准确确定其位置的行动。

### 3.5

**生存空间 survival space**

由建筑构件、建筑内家具、设备等彼此支撑而随机形成的可供人员临时避险的空间。

### 3.6

**救生通道 escape and rescue trunk**

为营救被困人员而开辟的供人员出入或救援器材运输的通道。

### 3.7

**支撑 sustain**

为保证救援人员和被困人员的安全，对开辟的救援通道或生存空间所进行的结构稳固措施。

3.8

**警戒标志 warning band**

用于划定救援现场的绳、带、桩等标志物。

3.9

**警示标志 warning mark**

用于表征救援现场应特别注意的场点位置和各种潜在危险的图形符号、警示标牌等标志。

3.10

**挤压综合征 crush syndrome**

四肢、臀部等肌肉丰富部位受到长时间压迫(>1 h),导致肌肉坏死并引起高血钾、急性肾衰综合征。

## 4 总则

4.1 救援行动应坚持"救人第一、科学施救"的指导思想。

4.2 救援力量到达现场,应根据应急预案及时成立应急救援指挥部,协调各方救援力量,统一指挥现场救援行动。

4.3 消防部队应在政府统一领导下,充分发挥专业技术优势,并加强与公安、武警、解放军、安监、卫生、通信、供水、供电、供气、环保等部门的协同配合。

4.4 营救过程中应坚持"先多后少,先易后难,先救生后救出"的原则。

## 5 救援程序

### 5.1 接警出动

#### 5.1.1 接警

5.1.1.1 问清倒塌建筑的名称、地址、倒塌原因、时间、有无人员被困等情况。

5.1.1.2 随时与报警人或报警单位保持联系,掌握事态发展变化状况。

5.1.1.3 作战指挥中心应将警情立即报告值班领导,并根据指示要求报告当地政府、公安机关和上级消防部门。

#### 5.1.2 力量调集

##### 5.1.2.1 消防队

根据事故规模,按照应急预案,迅速调派辖区消防力量进行处置,并根据现场情况和上级消防部门指示视情启动跨区域救援机制,调派增援力量参与救援。

##### 5.1.2.2 社会力量

视情报请当地政府启动应急预案,调集公安、武警、解放军、安监、卫生、通信、供水、供电、供气、环保、建设、施工等相关单位和建筑结构专家到场协同救援。

##### 5.1.2.3 装备器材

视情调集抢险救援、化学事故抢险救援、防化洗消、举高、水罐、照明等消防车,以及检测、破拆、起重、起吊、牵引、撑顶、防护、救护、通信、照明、搜救犬、机器人等器材、设备。

### 5.1.3 赶赴现场

可请求事故地区的交警部门做好交通疏导和接应工作,并根据预案到指定地点集结待命或直接进入指定区域展开救援行动。

## 5.2 侦察检测

### 5.2.1 侦察检测方法

侦检人员可以采取下列方法进行侦察检测:

a) 通过询问事故单位负责人、现场目击者、报警人、事故中的幸存者等知情人了解灾情;

b) 利用各种检测仪器探测现场险情。

### 5.2.2 侦察检测内容

对建筑倒塌事故现场进行初步侦察检测,重点了解和掌握下列情况:

a) 建筑倒塌的原因;

b) 倒塌建筑的结构形式、使用性质、层数、面积、布局、修建时间;

c) 倒塌建筑内是否有人员被困,被困人员的大致数量和方位;

d) 是否造成燃气、自来水管道泄漏,漏电等;

e) 有无易燃、易爆、有毒有害等危险化学品,并确定其数量、存放形式和具体位置;

f) 周边环境、气象等情况;

g) 先期救援活动及开展情况;

h) 周围交通情况以及搜救通道;

i) 通过外部观察和仪器检测,判断倒塌建筑结构的整体安全性,未倒塌部分是否还有再次倒塌的危险。

## 5.3 设置警戒

### 5.3.1 确定警戒范围

5.3.1.1 对一般建筑倒塌事故现场,根据人工或监测仪器测定的倒塌事故的范围以及开展抢险救援工作所需要的行动空间和安全要求,设置警戒范围。

5.3.1.2 对有危险化学品泄漏的特殊建筑倒塌事故现场,设置警示标志,并根据测定的可燃、有毒气体浓度及扩散区域,确定警戒范围。

5.3.1.3 对储存有易燃易爆物品但未发生泄漏的建筑倒塌事故现场,应根据储存物品的性质、数量以及现场情况合理确定警戒范围。

5.3.1.4 警戒范围宜根据救援工作的进程或险情排除情况,适时进行调整。

### 5.3.2 实施警戒

5.3.2.1 在警戒区域边缘设置现场警戒标志。

5.3.2.2 隔离围观群众、被困人员亲属及其他无关人员,禁止无关车辆及人员进入事故现场,维护现场秩序。

5.3.2.3 封锁事故路段交通,建立进出事故现场的通道。

## 5.4 安全评估

应急救援指挥部应组织现场指挥人员和专家根据 5.2.2 对事故现场进行安全评估,重点评估以下内容：

    a)  建筑倒塌的类型、程度及主要破坏部位；

    b)  倒塌建筑设施破坏程度(主要为水、电、气以及其他重型设备)；

    c)  发生泄漏、火灾、爆炸等次生灾害的可能性；

    d)  是否存在二次倒塌的危险；

    e)  邻近建筑的结构稳定性；

    f)  施救措施对建筑结构稳定性的影响；

    g)  其他因素对建筑结构稳定性的影响。

## 5.5　制定方案

应急救援指挥部根据 5.2.2 和 5.4 制定处置方案，主要包括以下内容：

    a)  被困人员的搜索、营救方案；

    b)  潜在险情的排险或避险方案；

    c)  次生灾害的处置方案；

    d)  救援人员的安全防护、紧急撤离等措施。

## 5.6　排除险情

5.6.1　协同供水、供电、供气部门，切断倒塌建筑的水、电、气供应。

5.6.2　利用喷雾、开花水流扑灭现场火灾。

5.6.3　转移威胁被困人员安全的易燃、易爆、有毒有害等危险化学品。

5.6.4　若有危险化学品发生泄漏，处置方法应符合 GA/T 970 的规定。

5.6.5　对可能发生倒塌的部位或临近建筑进行必要的破拆、支撑、牵引、加固等措施。

5.6.6　征求建筑结构专家和技术人员的处置意见，协同配合开展救援行动。

## 5.7　搜索定位

### 5.7.1　确定搜索区域

5.7.1.1　根据现场情况，对建筑倒塌区域进行划分，分区分片实施搜索。

5.7.1.2　搜索的重点部位是可能存在的生存空间。主要有：

    a)  门道、墙角、关着未破坏的房门口；

    b)  楼梯下的空间；

    c)  没有完全倒塌的楼板下的空间；

    d)  由家具或重型机械、预制构件支撑形成的空间；

    e)  地下室和地窖等。

### 5.7.2　实施搜索定位

5.7.2.1　询问知情人。

5.7.2.2　利用敲、喊、听、看等手段对表面或浅埋的被困人员进行人工搜索。

5.7.2.3　利用搜救犬搜索。

5.7.2.4　利用生命探测仪器进行搜索。

5.7.2.5　根据实际情况，综合利用犬搜索、仪器搜索和人工搜索等方法，对被困人员进行复核和定位。

## 5.8 生命营救

### 5.8.1 开辟救生通道

选用合适的方法和工具开辟救生通道,可采取的措施主要有:

a) 在楼板、墙体上打洞;

b) 挖掘竖井;

c) 移除障碍物;

d) 用梯子、绳索、三脚架等搭建救生通道;

e) 推倒一面墙或割断一块楼板;

f) 有选择地使用起重机等重型设备清理部分建筑废墟。

### 5.8.2 拓展救生空间

可采取的措施主要有:

a) 清理被困人员周围的建筑废墟;

b) 扩张、顶升倒塌建筑形成的空间;

c) 起吊、牵引被困人员周围的大型建筑构件;

d) 切割建筑钢筋或梁柱,加固建筑构件。

### 5.8.3 转移被困人员

根据被困人员的情况,视情采取引导、搬运等方式安全转移被困人员。

### 5.8.4 现场紧急救护

5.8.4.1 安慰、稳定被困人员。

5.8.4.2 视情对被困人员进行心理疏导。

5.8.4.3 根据被困人员的伤情和现场条件,及时予以现场救护。

## 5.9 清场撤离

5.9.1 会同公安、事故单位,再次对事故现场进行搜索确认。

5.9.2 根据任务分区,按照先后次序,做好现场清理。

5.9.3 留有必要力量实施监护和配合后续处置,并向事故单位或相关主管部门移交现场。

5.9.4 清点人员,收集整理器材装备,安全归队。

# 6 行动要求

## 6.1 行动安全要求

### 6.1.1 个人防护要求

6.1.1.1 救援人员进入一般建筑倒塌现场应穿戴抢险救援头盔、防尘口罩、抢险救援服、抢险救援手套、抢险救援靴、硬质护膝、护肘等个人基本防护装备。

6.1.1.2 救援人员进入有危险化学品泄漏的特殊建筑倒塌现场应依据 GA/T 970 的要求穿戴个人特种防护装备。

### 6.1.2 废墟行走安全要求

6.1.2.1 在废墟上行走的人员不宜过多。

6.1.2.2 不宜在废墟上直立行走。

6.1.2.3 身体重心应放低,尽量使双手、双肘、双膝和双脚与废墟表面接触。行走或移动时,应采取试探的方式确定支撑点。

## 6.2 安全评估要求

6.2.1 未经初步安全评估和排险之前,不得在废墟上进行搜索、营救等作业。

6.2.2 由建筑结构专家对倒塌建筑及邻近建筑的破坏程度及稳定性进行初步评估,并提出危险部位的支撑和加固建议。

6.2.3 由危险化学品专家对泄漏危险化学品的危害范围及危害程度进行评估,并提出处置建议。

6.2.4 由水、电、气部门的专业人员对水、电、气管线破坏程度及危害范围进行评估,并提出处置建议。

6.2.5 根据评估结果利用警示标志对危险区域进行标识。

6.2.6 根据建筑倒塌事故规模,应设置一个或若干个安全哨,每个安全哨配置 1 名～2 名安全员,采用外部观察和仪器监测相结合的方式对危险区段、部位进行实时观测,发现危险征兆立即向应急救援指挥部报告。情况紧急时,可直接发出紧急撤离信号。

6.2.7 安全评估工作结束,应填写附录 A 中的表 A.1。

## 6.3 搜索行动要求

6.3.1 根据搜集的相关信息,绘制事故现场草图,并进行搜索区域划分和力量部署。

6.3.2 尽可能保持现场安静。

6.3.3 搜索时,一般先采用人工搜索对废墟表面或浅埋处被困人员进行搜索,再采用搜救犬和生命探测仪器对废墟内部被困人员进行搜索定位。

6.3.4 深入内部进行搜索时,应编组进入,并携带照明灯具和可用于地下的通信设备,铺设照明安全绳。搜索过程中要稳步推进、小心谨慎,实时观察结构稳定情况。

6.3.5 进行人工搜索时,搜索人员间隔 4 m,1 人负责呼叫或敲击,其他人员将耳朵贴近废墟表面进行倾听。每次呼叫或敲击后要有停顿,保持安静,仔细捕捉被困人员从废墟下发出的声音,并辨别声音的位置。

6.3.6 搜救犬连续工作时间不宜超过 30 min。

6.3.7 当不能直接确定被困人员是否存在时,应采用不少于两种技术手段进行确认。

6.3.8 搜索到幸存者后,应对其进行心理安抚,并保持联络。

6.3.9 确定被困人员位置后,应进行标记,并向应急救援指挥部报告。

6.3.10 使用固定、醒目的标记符号对已经完成搜索的区域进行标识。

6.3.11 搜索工作应贯穿于整个救援工作的始终,直至所有被困人员全部被救出。

6.3.12 搜索定位结束,应填写附录 B 中的表 B.1。

## 6.4 营救行动要求

6.4.1 救援人员应在建筑结构专家的协助下制定营救方案、开展营救行动。

6.4.2 进入倒塌建筑之前,应事先确定紧急撤离路线、紧急撤离信号和集结地点。

6.4.3 紧急情况下,现场的救援人员均有权发布紧急撤离信号,紧急撤离的信号宜采取声、光、电等多种手段。

6.4.4 营救过程中,应视情对被困人员采取安全保护措施,并根据被困人员埋压部位的支撑结构选用合适的器材装备和救援方法。

6.4.5 特殊装备应由经过专业培训并获得资质的人员操作。

6.4.6 接近被困人员时,不宜用利器或大型机械设备刨挖。

6.4.7 营救过程中,宜暴露头部,清除口腔、呼吸道异物,按胸、腹、腿的顺序将被困人员救出。

6.4.8 开挖、支撑、顶升、破拆作业应按相应装备的操作规程进行操作。

6.4.9 使用切割装备破拆时,应确认现场无易燃、易爆物品。

6.4.10 支撑作业时,不允许将受力或承重的墙体和结构回复到原位。

6.4.11 顶升前,应评估被顶升构件的结构稳定性,并对其重量进行估算,以便选择合适的装备、型号及顶升支点。

6.4.12 破拆过程中注意喷水降尘。

6.4.13 当使用起吊、牵引、铲土、挖掘等大型工程机械时,应严密组织,谨慎实施。在未完全确认埋压人员已无生还可能的情况下,不得使用大型工程机械清理现场。

6.4.14 采用起重设备救人时,应认真观察受力情况。尤其是使用起重机械作业时,每台机械都应配有安全观察员,发现生命征兆应立即停车。起重吊运建筑构件的指挥信号应符合 GB 5082 的规定。

6.4.15 短时间无法救出时,应视情向被困人员输送新鲜空气、水及牛奶等流食,水和流食的输送要循序渐进。对处于黑暗中的被困人员,救出时应注意保护眼睛。

6.4.16 医疗救护人员应协同配合营救行动的每个环节,及时提出意见和建议。

6.4.17 对可能发生挤压综合征的被困人员,需在必要的医疗处置后方可移开重物。

6.4.18 被困人员肢体被压,伤势较重,且短时间内不能被救出时,应由医疗救护人员决定是否采取截肢措施,以保全被困人员生命。

6.4.19 对倒塌建筑废墟 2 m 以上位置被困人员的营救过程中,安全与防护应符合高空事故处置行动要求。

6.4.20 着火建筑倒塌后,现场指挥员要立即清点参战人员,查明有无人员受伤或被埋压,及时调整作战部署,抢救被埋压的人员,同时加强对火势的控制,灭火用水以扑灭明火,降低温度为宜。

6.4.21 营救工作结束,应填写附录 C 中的表 C.1。

## 6.5 现场救护要求

6.5.1 救援人员应经过初级医疗救护培训。

6.5.2 救援人员应设法稳定被困人员的情绪,对其进行观察、询问和必要的检查,了解其伤势、体力、精神状态等,并视情采取救护措施。

6.5.3 救援人员应根据伤员伤情,选用正确的搬运方法转移伤员。

6.5.4 对已脱险人员,应根据伤情和现场条件,及时予以救护。

6.5.5 创伤、出血、骨折、气道梗阻等常见伤情处置方法应符合 GA/T 968 的规定。

6.5.6 经现场救护且伤情稳定后,迅速将伤员转送医院接受进一步救治。

附　录　A

（规范性附录）

建筑倒塌事故现场安全评估记录表

建筑倒塌事故现场安全评估记录表见表 A.1。

表 A.1　建筑倒塌事故现场安全评估记录表

| 建筑名称 | | | | |
|---|---|---|---|---|
| 地址 | | | | |
| 基本描述 | 结构类型 | □砖混结构<br>□底框结构<br>□框架结构<br>□框架剪力墙结构<br>□钢结构<br>□砖木结构<br>□其他结构 | 状况描述： | |
| | 用途 | □学校　□医院<br>□住宅　□办公楼<br>□超市　□体育馆<br>□酒店　□其他 | 位置描述： | |
| 结构安全评估 | 倒塌模式 | □局部倒塌<br>□整体坍塌 | 说明： | |
| | 稳定情况 | □稳定<br>□不稳定<br>□极不稳定 | 说明： | |
| | 危险部位 | | | |
| | 支撑和加固建议 | | | |
| | 邻近建筑稳定性 | | | |
| | 撤离方案 | 撤离路线： | | 安全集结地点： |
| 危险品评估 | 危险品泄漏情况 | | | |
| | 处置建议 | | | |
| 设施破坏评估 | 水、电、气管线破坏情况 | | | |
| | 处置建议 | | | |
| 存档编号 | | | | |
| 负责人：　　　　　　　填表人：　　　　　　　　　　　年　月　日 | | | | |

## 附 录 B
（规范性附录）
## 建筑倒塌事故现场搜索定位记录表

建筑倒塌事故现场搜索定位记录表见表 B.1。

### 表 B.1 建筑倒塌事故现场搜索定位记录表

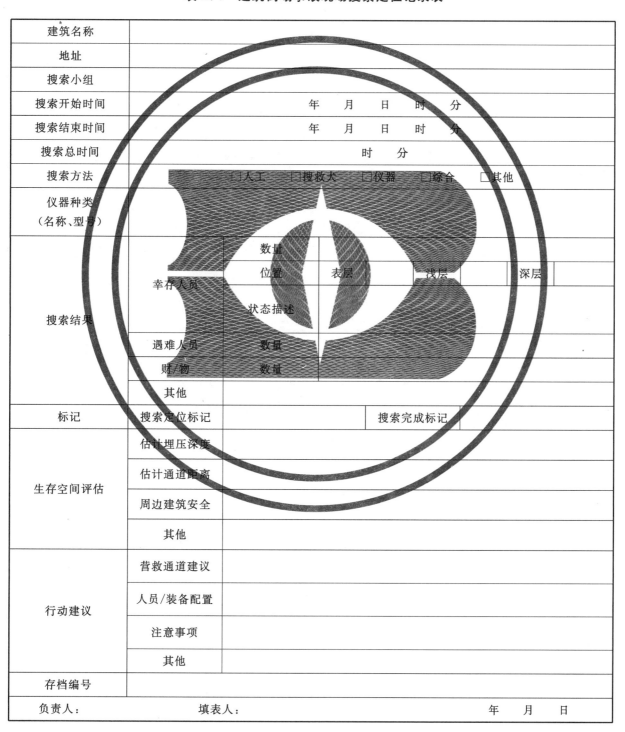

| 建筑名称 | | | | | |
|---|---|---|---|---|---|
| 地址 | | | | | |
| 搜索小组 | | | | | |
| 搜索开始时间 | 年　月　日　时　分 | | | | |
| 搜索结束时间 | 年　月　日　时　分 | | | | |
| 搜索总时间 | 时　分 | | | | |
| 搜索方法 | □人工　□搜救犬　□仪器　□综合　□其他 | | | | |
| 仪器种类<br>（名称、型号） | | | | | |
| 搜索结果 | 幸存人员 | 数量 | | | |
| | | 位置 | 表层　　　浅层　　　深层 | | |
| | | 状态描述 | | | |
| | 遇难人员 | 数量 | | | |
| | 财/物 | 数量 | | | |
| | 其他 | | | | |
| 标记 | 搜索定位标记 | | 搜索完成标记 | | |
| 生存空间评估 | 估计埋压深度 | | | | |
| | 估计通道距离 | | | | |
| | 周边建筑安全 | | | | |
| | 其他 | | | | |
| 行动建议 | 营救通道建议 | | | | |
| | 人员/装备配置 | | | | |
| | 注意事项 | | | | |
| | 其他 | | | | |
| 存档编号 | | | | | |
| 负责人： | 填表人： | | | 年　月　日 | |

## 附　录　C
### （规范性附录）
### 建筑倒塌事故现场营救信息记录表

建筑倒塌事故现场营救信息记录表见表 C.1。

表 C.1　建筑倒塌事故现场营救信息记录表

| | | | | | | | | |
|---|---|---|---|---|---|---|---|---|
| 建筑名称 | | | | | | | | |
| 地址 | | | | | | | | |
| 营救小组 | | | | | | | | |
| 营救开始时间 | | | 年　　月　　日　　时　　分 | | | | | |
| 营救结束时间 | | | 年　　月　　日　　时　　分 | | | | | |
| 营救总时间 | | | 时　　　分 | | | | | |
| 营救设备<br>（名称、型号） | | | | | | | | |
| 营救过程<br>简要说明 | | | | | | | | |
| 营救结果 | 幸存人员 | 数量 | | | | | | |
| | | 位置 | 表层 | | 浅层 | | 深层 | |
| | | 救出状况 | | | | | | |
| | 遇难人员 | 数量 | | | | | | |
| | 财/物 | 数量 | | | | | | |
| | 其他 | | | | | | | |
| 特别事项 | | | | | | | | |
| 行动启示 | | | | | | | | |
| 存档编号 | | | | | | | | |
| 负责人：　　　　　　填表人：　　　　　　　　　　　　　　年　　月　　日 | | | | | | | | |

ICS 13.220.10
C 83

# 中华人民共和国公共安全行业标准

GA/T 1041—2012

# 跨区域灭火救援指挥导则

Guidelines for command of cross-regional firefighting and rescue

2012-12-28 发布

2013-01-01 实施

中华人民共和国公安部    发 布

# 前　言

本标准按照 GB/T 1.1—2009 给出的规则起草的。

本标准由公安部消防局提出。

本标准由全国消防标准化技术委员会灭火救援分技术委员会(SAC/TC 113/SC 10)归口。

本标准负责起草单位:中国人民武装警察部队学院。

本标准参加起草单位:江苏省公安消防总队。

本标准主要起草人:康青春、李文波、程晓红、贾定夺、夏登友、孟庆刚、王士军、杨绍芳。

本标准为首次发布。

# 引　言

　　为规范消防部队跨区域灭火救援指挥工作,提高消防部队跨区域灭火救援作战能力和效率,依据《中华人民共和国消防法》和《国务院关于进一步加强消防工作的意见》,制定本标准。

# 跨区域灭火救援指挥导则

## 1 范围

本标准规定了跨区域灭火救援指挥的术语和定义、指挥体系、战斗编成、力量调集、现场力量部署和战勤保障。

本标准适用于公安消防队、专职消防队的跨区域灭火救援组织指挥工作。

## 2 规范性引用文件

下列文件对于本文件的应用是必不可少的。凡是注日期的引用文件,仅注日期的版本适用于本文件。凡是不注日期的引用文件,其最新版本(包括所有的修改单)适用于本文件。

GB 50313—2000　消防通信指挥系统设计规范

## 3 术语和定义

下列术语和定义适用于本文件。

### 3.1

**跨区域灭火救援行动**　cross-regional firefighting and rescue operation

参与非本行政区划(地市级以上)的灭火救援行动。

### 3.2

**跨区域灭火救援指挥**　command of cross-regional firefighting and rescue

对属地部队和参与跨区域灭火救援行动的增援力量进行的组织领导活动。

### 3.3

**指挥关系**　command relationship

各级灭火救援指挥机构之间,以及属地部队和增援部队指挥机构之间所形成的各种关系的总和。

### 3.4

**灭火救援战斗编成**　combat formation of firefighting and rescue

简称战斗编成或编成。在灭火战术范畴内,根据作战需要对所属消防车辆、器材装备和战斗人员所进行的战斗编组。

### 3.5

**编成的战斗力**　combat effectiveness of formation

在扑救火灾及处置其他灾害事故时,战斗编成所能够承担特定任务的灭火救援作战能力。

### 3.6

**集结地点**　staging area

增援力量从本行政区划(地市级以上)集中编队出发的地点。

### 3.7

**集结时间**　rendezvous time

从发出增援指令到增援力量到达集结地点的时间。

**3.8**

**行进时间 marching time**

救援力量从增援集结地点出发到达灾害现场所需的时间。

**3.9**

**时间距离 time distance**

将灭火救援力量调集至灾害现场所需要的时间,即集结时间与行进时间之和。

## 4 跨区域灭火救援指挥体系

### 4.1 工作原则

跨区域灭火救援指挥工作坚持"政府领导、统一指挥、属地为主、多方参与"的原则。

### 4.2 指挥机构

#### 4.2.1 分类

指挥机构分为灭火救援总指挥部、现场作战指挥部和前沿指挥部三个层次。

#### 4.2.2 灭火救援总指挥部

由政府负责组建,政府领导担任总指挥,负责各救援力量协调、重大事项决策及战勤保障等工作,重大行动命令由灭火救援总指挥部统一下达。公安消防部队现场最高指挥员及相关人员应当参加总指挥部。

应根据灾害性质,召集相关专家参与决策。同时,应由各救援力量和相关部门的负责人参与指挥。

#### 4.2.3 现场作战指挥部

一般由消防部队总队级以上指挥机构组成,负责现场的作战指挥工作。

#### 4.2.4 前沿指挥部

一般由消防部队支队级指挥机构组成,负责战斗段的灭火救援指挥。

### 4.3 指挥关系

灭火救援总指挥部是跨区域灭火救援现场的最高指挥机构,所有参与灭火救援的力量都必须接受总指挥部的领导。

现场作战指挥部根据灭火救援总指挥部的命令和指示,组织现场灭火救援行动并协调各前沿指挥部的救援行动。

前沿指挥部在现场作战指挥部的指挥下组织实施灭火救援行动。

### 4.4 指挥原则

跨区域灭火救援指挥应遵循统一指挥和逐级指挥的原则:

a) 统一指挥。即在跨区域灭火救援行动中,所有救援力量应在指挥机构的统一指挥下实施灭火救援行动;

b) 逐级指挥。即在跨区域灭火救援行动中,各级指挥员应按照隶属关系对所属作战力量实施指挥。紧急情况下,可以实施越级指挥,接受指挥者应当执行命令并及时向上一级指挥员报告。

## 4.5 指挥方式

跨区域灭火救援指挥主要有属地指挥和授权指挥两种方式：

a) 属地指挥。即两个以上公安消防总（支）队协同作战时，上级指挥员到达现场前，由本区域消防指挥机构实施指挥；

b) 授权指挥。即两个以上公安消防总（支）队协同作战时，上级指挥员到达现场后，可根据灾害现场实际情况将指挥权交给完成此类任务经验丰富的指挥员代行指挥，或授权给属地指挥员指挥。

## 4.6 指挥程序

由掌握现场情况、定下决心、组织实施、协调控制及落实战勤保障等环节和内容构成。

## 4.7 指挥手段

跨区域灭火救援指挥手段分为：

a) 利用公共通信资源实施指挥：可利用互联网、移动通信、GPS＋GIS卫星导航系统或海事卫星等手段对增援力量实施指挥；

b) 利用消防专网实施指挥：依据GB 50313—2000的8.1.4规定，可利用消防三级组网实施指挥。

## 5 跨区域灭火救援战斗编成

### 5.1 制定原则

跨区域灭火救援战斗编成的制定原则为：

a) 优选作战车辆。即选取性能较好的消防车辆作为跨区域灭火救援战斗编成的作战车辆；

b) 功能匹配。即同一灭火救援战斗编成内，消防车辆的功能及技术参数应匹配。

### 5.2 制定方法

跨区域灭火救援战斗编成的制定方法为：

a) 确定编成的类型和数量。即根据灾害处置需要和作战任务分工，确定战斗编成的车辆装备类型、数量和投入兵力规模；

b) 选定主战车辆及配属车辆。即按照编成的类型选定主战车辆，并根据主战车辆性能选择与之匹配的其他消防车辆；

c) 确定人员数量，形成战斗编成。即把战备人员根据需要分配于各装备编组，最终形成战斗编成。战斗编成要分配统一的编成代码，以方便调集和使用。

## 6 跨区域灭火救援力量调集

### 6.1 力量调集原则

跨区域灭火救援力量的调集原则为：

a) 就近优先。即优先调集距灾害发生地较近的灭火救援力量和资源；

b) 时间距离最短。即以重特大灾害发生地为中心，向周围辐射，以时间距离最短为原则从周围消防站点调集各种灭火救援力量和资源；

c) 类型适应。即应针对不同类型、不同性质的火灾或其他灾害,调集相应类型的灭火救援力量;

d) 编成的战斗力等级优先。即在符合灾害类型需求的前提下,编成的战斗力等级高的优先调集;

e) 力量调集比例限定。即跨区域调集灭火救援力量时,所调集的力量不宜超过增援部队所属力量的 40%。

## 6.2 力量调集方法

跨区域灭火救援力量的调集方法为:

a) 跨地市调集力量。即由辖区消防支队根据灾情向消防总队提出跨区域增援请求,消防总队根据请求情况,确定参与增援的支队及战斗编成种类和数量,并实施调集;

b) 跨省调集力量。即当需要跨省调集增援力量时,辖区消防总队向公安部消防局请求跨省增援,并确定参与增援的消防总队及战斗编成情况,由公安部消防局实施调集。

## 6.3 力量出动方式

跨区域灭火救援力量的出动方式为:

a) 按作战指挥中心指令出动。即跨区域增援力量以消防支队为单位自行确定集结地点,集结完毕后,选取最优路线统一奔赴救援现场;

b) 按省(市)间消防部队救援约定出动。即跨区域增援力量按约定方式奔赴救援现场。

## 6.4 力量到达

跨区域增援力量到达灾害地时,属地部队应按约定方式接应,并及时向作战指挥中心汇报。

## 7 跨区域灭火救援现场力量部署

跨区域灭火救援现场力量部署应:

a) 辖区优先,兼顾增援。即优先安排辖区力量在火场的主要方面,同时根据增援力量的类型和数量,预留作战空间;

b) 统筹安排,合理分配。即对所有灭火救援力量统筹考虑、科学安排,合理分配兵力;

c) 相对独立,协同作战。即部署力量时应尽量保持各作战单元的独立性,并在指挥部的统一指挥下协同作战。

## 8 跨区域灭火救援战勤保障

## 8.1 战勤保障原则

遵循"全国统筹、本地为主、分工保障、社会联动"的原则。

## 8.2 战勤保障组织

### 8.2.1 战勤保障大队

以消防支队建制保障为基础,实施跨区域增援保障。

### 8.2.2 省级战勤保障机构

以消防支队现有的战勤保障为基础,组建隶属于省消防总队的省级战勤保障机构,实施跨区域增援保障。

### 8.2.3 国家级战勤保障机构

在省级战勤保障机构的基础上,组建隶属于公安部消防局的国家级战勤保障机构,实施大型灾害救援跨区域增援保障。

## 8.3 战勤保障内容

### 8.3.1 灭火剂、油料保障

各级战勤保障部门除自己保有一定的灭火剂与燃油储备量外,还应建立与地方单位、灭火剂生产厂家、燃油供应部门建立应急保障联动机制。

### 8.3.2 特种设备保障

各级战勤保障部门应与相关部门建立协调机制,确保发电机、充电设备、大型机械设备等第一时间投入使用。

### 8.3.3 医疗救护保障

各级战勤保障部门应与城市120、各级医疗机构等专业急救站协同,实施医疗救护保障。

### 8.3.4 信息网络保障

各级战勤保障部门应建立信息资源保障网络,确保跨区域灭火救援现场各类信息的上传下达和远程共享。

### 8.3.5 技术保障

灭火救援总指挥部应组织相关专家成立灭火救援专家组,提供技术支持。

### 8.3.6 其他保障

各级战勤保障部门应积极组织和发挥各职能部门的作用,配合和满足跨区域灭火救援行动中的供电、供水、环保、饮食及车辆维修等其他保障工作。

———————————

ICS 13.220.01
C 83

# 中华人民共和国公共安全行业标准

GA/T 1150—2014

# 消防搜救犬队建设标准

Standard for construction of facilities for fire search and rescue dogs

2014-04-16 发布
2014-04-16 实施

中华人民共和国公安部　发布

# 前　言

本标准按照 GB/T 1.1—2009 给出的规则起草。

本标准由全国消防标准化技术委员会灭火救援分技术委员会(SAC/TC 113/SC 10)归口。

本标准负责起草单位:公安部消防局。

本标准参加起草单位:山东省公安消防总队、公安消防部队山东搜救犬培训基地。

本标准主要起草人:魏捍东、杨国宏、王治安、何宁、杨千红、张玉升、邵卫国、王坤亮、杜春发、娄磊磊、李靖、陈荣卿、邵帅、李国腾、魏鹏。

本标准为首次发布。

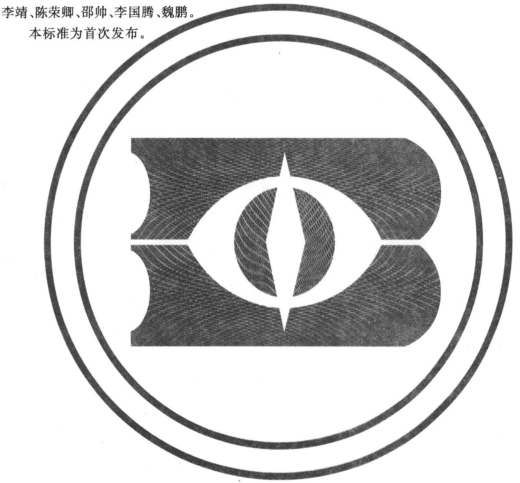

# 引　言

　　搜救犬作为公安消防部队专业救援力量的重要组成部分,在地震及建筑倒塌等各种事故救援中发挥了特殊而又不可替代的重要作用。为进一步规范和加强公安消防部队搜救犬队伍建设,根据我国当前消防工作实际需要,参考国内外警犬、军犬、搜救犬队建设经验,严格遵循国家基本建设和消防工作的有关方针、政策,结合我国消防搜救犬队建设发展的实际情况,按照利于执勤战备、满足饲养训练需要、方便官兵生活、确保安全实用等建设思路,制定本标准。

# 消防搜救犬队建设标准

## 1 范围

本标准规定了消防搜救犬队的术语和定义、建设原则、建设规模与项目构成、选址和总平面布局、建设项目要求。

本标准适用于消防搜救犬队基础设施的建设,其他搜救犬队的建设可参照执行。

## 2 规范性引用文件

下列文件对于本文件的应用是必不可少的。凡是注日期的引用文件,仅注日期的版本适用于本文件。凡是不注日期的引用文件,其最新版本(包括所有的修改单)适用于本文件。

建标 152—2011 城市消防站建设标准

## 3 术语和定义

### 3.1

**消防搜救犬 fire search and rescue dog**

经过消防搜救专业训练,通过专业机构认定,能够根据人体和特定生物的气味信息做出规律性应答反应,达到搜寻被困、失踪人员目的的工作犬。

### 3.2

**消防搜救犬训导员 fire search and rescue dog handler**

经过消防搜救技术培训,通过专业机构认定,能够对搜救犬进行饲养、管理、训导、指挥、使用的专门人员。

### 3.3

**消防搜救犬训练设施 training facility for fire search and rescue dog**

用于进行消防搜救犬训练的场地、装置和设备等的总称。

## 4 建设原则

### 4.1 合理规划

消防搜救犬队的建设应根据各地实际情况,统一规划应建项目,合理选择选建项目,提高建设项目的利用率。

### 4.2 实用有效

消防搜救犬队的建设应符合所承担任务的实际,满足日常执勤战备、技术训练、饲养管理的需要。

### 4.3 节约资源

消防搜救犬队的建设应充分考虑资金、土地、配置的消防搜救犬训练设施等资源的合理配套使用,注重节约,讲究多功能综合利用。

### 4.4 安全环保

消防搜救犬队的建设应充分考虑避免环境污染,其配置的消防搜救犬训练设施应安全可靠,并采取必要的技术措施,确保训练安全。

## 5 建设规模与项目构成

5.1 消防搜救犬队建设用地面积不小于 3 200 m²,建筑面积不宜小于 1 800 m²,犬舍应按照"一犬一舍"的标准建设,工作犬舍与隔离犬舍按照 9∶1 的比例设置,总数量不少于 20 间。

5.2 消防搜救犬队的建设项目包括搜救犬用房、训练场地,以及搜救犬队人员用房、训练设施等。

5.3 消防搜救犬用房主要包括犬舍和犬病诊疗室、犬粮加工间、犬粮储藏间、犬浴室、训练器材库等。

5.4 消防搜救犬训练场应建项目包括服从科目训练区、箱体搜救训练区、血迹搜索训练区、废墟搜救训练区、障碍训练区五个项目。其中,服从科目训练区、箱体搜救训练区、血迹搜索训练区可共用场地;选建项目包括水域救援训练区和室内训练馆。

5.5 搜救犬队人员用房及训练设施等建设项目应按照建标 152—2011 的规定执行。

## 6 选址和总平面布局

### 6.1 选址

6.1.1 消防搜救犬队应选择采光良好、空气流通、场地干燥、排水通畅的地段,并有稳定、可靠的电力供给和洁净、安全的水源。

6.1.2 消防搜救犬队宜远离居民区等人员密集场所,与产生有害气体、烟雾、粉尘等物质的工业企业及其他污染源的距离,应符合以下动物防疫条件要求:
——距离动物诊疗场所不少于 200 m;
——距离城镇居民区、文化教育科研等人口集中区域、生活饮用水源地、动物屠宰加工场所、动物和动物产品集贸市场及公路、铁路等主要交通干线不少于 500 m;
——距离种畜禽场不少于 1 000 m;
——距离动物隔离场所、无害化处理场所不少于 3 000 m。

### 6.2 总平面布局

6.2.1 消防搜救犬队应分别设置人员办公生活区、犬饲养区、犬训练区、犬隔离区等区域。

6.2.2 犬舍宜南北朝向建设,整排宜东西走向排列。

6.2.3 隔离区应建在消防搜救犬队的下风下水处,并配备无害化处理设施。

## 7 建设项目要求

### 7.1 犬舍

7.1.1 犬舍可分为工作犬舍和隔离犬舍两类。

7.1.2 犬舍一端应设消防搜救犬训导员更衣、淋浴室。舍内一侧为公用走廊,另一侧为喂养区、休息区、室外活动区,满足犬只喂养、休息、活动需要。

7.1.3　单个犬舍面积不宜小于 14 m²。其中,喂养区不宜小于 3.5 m²,休息区不宜小于 4.5 m²,室外活动区不宜小于 6 m²。犬舍高度不应低于 2.6 m,"人"字形舍顶檐高不应低于 1.8 m,跨度以 4.5 m~5 m 为宜,并应设置犬只介绍铭牌。

7.1.4　犬舍室内部分的地面及墙壁(不宜低于 1.8 m)应铺(贴)防滑、耐磨的瓷砖,便于清理打扫。

7.1.5　犬舍内部公用走廊可采用全封闭式或半封闭式,宽度不宜小于 1.4 m。全封闭走廊宜设置通风设施,走廊外墙对应每间犬舍设置通风采光窗;半封闭式走廊对应犬舍隔墙设置支撑立柱;工作犬舍公用走廊与喂养区之间设置金属栅栏墙,并设置面积不宜小于 180 cm×120 cm 的金属材质结构门,方便人犬出入;隔离犬舍公用走廊与喂养区之间应采用实体墙及封闭结构门隔离。

7.1.6　犬舍喂养区应设置饮水、饮食设施。

7.1.7　犬舍休息区应设有犬床,面积不宜小于 120 cm×80 cm,高度不宜小于 30 cm,并设置紫外线杀菌装置及下(排)水管道,管道管径不应小于 16 cm,地面向排水孔方向倾斜角度不宜小于 5°,通向室外活动区应设门和窗。

7.1.8　相邻工作犬舍室外活动区应设置高度不低于 2 m 的混合结构墙,其下部的砖砌防护墙不低于 60 cm,墙上设置固定钢筋网;活动区南侧设置钢筋栅栏墙,并设置面积不小于 180 cm×120 cm 的栅栏门。相邻隔离犬舍活动区应设置实体墙隔离。

7.1.9　室外活动区外墙基角下应开设半径不小于 5 cm 的排水孔洞,并用铁丝网封闭孔洞,地面向排水孔方向倾斜角度不宜小于 5°。在墙外侧设置一条宽度不小于 40 cm、深度不小于 15 cm 的封闭式排污沟,沟顶搭盖可开启的水泥板,沟底应有一定坡度,便于污水排放至沉淀池。

## 7.2　犬病诊疗室

7.2.1　犬病诊疗室应配备检查器械、急救包、消毒器、保定设备、注射输液设备、医用冰箱,以及药品柜等设施、设备。

7.2.2　犬病诊疗室应布局紧凑,分区合理,清污线路清楚,避免或减少交叉感染。

7.2.3　犬病诊疗室建筑面积不宜小于 25 m²,地面、墙裙、墙面、顶棚应便于清扫、冲洗,其阴阳角宜做成圆角,并设置栓犬桩、空调、冰箱、洗手盆等设施。

7.2.4　犬病诊疗室出入口不应少于两处,人员出入口不应兼作犬尸体和废弃物出口。

7.2.5　应妥善处理废弃物,并符合国家现行有关环境保护法律、法规的要求。

## 7.3　犬粮加工间

7.3.1　犬粮加工间应配备操作台、灶台,抽油烟机、绞肉机、消毒柜、冰柜、电子秤、犬用厨具等设备,可根据搜救犬生长发育及执勤训练活动所需营养进行犬粮加工。

7.3.2　犬粮加工间建筑面积不宜小于 20 m²,并设置冷热供水管道。

## 7.4　犬粮储藏室

7.4.1　犬粮储藏室应配备冰柜、犬粮防潮板(台)等设备,满足犬粮储藏需要。

7.4.2　犬粮储藏室建筑面积不宜小于 20 m²,并设置防潮、防鼠害等设施。

## 7.5　犬浴室

犬浴室建筑面积不宜小于 20 m²,应设置喷头、浴缸、暖气吹风机等设施,满足搜救犬洗浴需要。

## 7.6　训练器材库

训练器材库面积不宜小于 20 m²,应设置器材摆放架、器材柜等设施,满足训练器材存放需要。

## 7.7 服从科目训练区

服从科目训练区面积不宜小于 800 m²，地面应宽阔平整，具有良好的排水性，满足服从科目训练需要。

## 7.8 箱体搜救训练区

箱体搜救训练区面积不宜小于 800 m²，应设置搜救箱，满足箱体搜救训练需要。

## 7.9 血迹搜索训练区

血迹搜索训练区面积不宜小于 100 m²，并设警戒带隔离，满足血迹搜索训练需要。

## 7.10 废墟搜救训练区

7.10.1 废墟搜救训练区应设置地上建筑废墟和地下掩体两部分，主要训练搜救犬对被困人员的快速搜索、定位能力，可供多人多犬同时开展人员搜救训练。

7.10.2 废墟搜救训练区面积不宜小于 800 m²。

7.10.3 地上建筑废墟应设置梁、架、柱、楼板、砖石等建筑废墟构件，填充废旧家具、家电、管道、灯具等室内常见物品，并设有地下掩体出入口及地下气味散发口。

7.10.4 地下掩体宜采用砖混结构，上方采用钢筋混凝土楼板覆盖，设置深坑加固、防蛇、鼠、虫等入侵及排水措施，确保掩体内助训员的人身安全。

7.10.5 地下掩体内应设置照明、通信、监控、观测和报警等装置，确保训练安全。

## 7.11 障碍训练区

7.11.1 障碍训练区宜设置独木桥、鱼鳞板、四级跳、踩桥、断桥、匍匐笼、高板墙、木圈、跳栏、轮圈、火圈、跳高架等障碍设施，满足搜救犬体能素质综合训练需要。

7.11.2 障碍训练区面积不宜小于 1 000 m²。

7.11.3 障碍训练区宜采用三合土压实地面，并适度倾斜以利排水。

7.11.4 各类障碍均非固定式安装，可根据训练需要灵活调整。

## 7.12 水域救援训练区

7.12.1 水域救援训练区用于开展搜救犬水上救援能力训练。可设置安全区、浅水区、深水区。

7.12.2 水域救援训练区面积不宜小于 200 m²，平面形状宜设为矩形，设置上岸、下池的踏步，配备救生衣、救生圈等安全设施和消毒设备，定期换水，确保安全、卫生。

7.12.3 安全区深度不宜大于 30 cm，浅水区深度不宜大于 50 cm，深水区深度不宜大于 140 cm，各区面积宜按照占水域救援训练区总面积的 20%、30%、50% 比例设置，分界处应设明显标志。

7.12.4 池壁、池底及水下台阶宜采用陶瓷马赛克或瓷砖贴壁，便于清洁。

7.12.5 泄水口应设在池底的最低处，并应设耐腐、坚固的栅盖板，盖板表面应与池底最低处表面相平。

## 7.13 室内训练馆

7.13.1 室内训练馆内可建设服从科目训练区、箱体搜救训练区、血迹搜索训练区。服从科目训练区、箱体搜救训练区、血迹搜索训练区设置在室内训练馆内的，可不单独在室外建设。

7.13.2 室内训练馆建筑面积不宜小于 800 m²,高度不应低于 6 m,可根据需要建设 2 个~4 个临时训练犬舍。

7.13.3 室内训练馆应设有照明、通信、监控、通风等装置,并采取消音减噪装修处理。

————————————

ICS 13.220.10
C 83

# 中华人民共和国公共安全行业标准

GA/T 1190—2014

地下建筑火灾扑救行动指南

Guidelines for fire fighting of underground buildings

2014-09-28 发布

2014-09-28 实施

中华人民共和国公安部　发 布

# 前　言

本标准按照 GB/T 1.1—2009 给出的规则起草。

本标准由公安部消防局提出。

本标准由全国消防标准化技术委员会灭火救援分技术委员会(SAC/TC 113/SC 10)归口。

本标准主要起草单位：中国人民武装警察部队学院。

本标准参加起草单位：公安部消防局、江苏省公安消防总队、内蒙古自治区公安消防总队、甘肃省公安消防总队。

本标准主要起草人：姜连瑞、夏登友、王长江、商靠定、王志平、张庆利、戚文军、张智慧、魏捍东、高宁宇、朱晖、刘洪强、李向欣、范颖娜、武荣、宋淑艳、刘静。

本标准为首次发布。

# 地下建筑火灾扑救行动指南

## 1 范围

本标准规定了地下建筑火灾扑救行动的术语和定义、总则、扑救行动和行动安全等。

本标准适用于公安消防部队的地下建筑火灾扑救行动,专职消防队可参照执行。

## 2 规范性引用文件

下列文件对于本文件的应用是必不可少的。凡是注日期的引用文件,仅注日期的版本适用于本文件。凡是不注日期的引用文件,其最新版本(包括所有的修改单)适用于本文件。

GB 5907　消防基本术语　第一部分

GB/T 11651　个体防护装备选用规范

GB/T 18664　呼吸防护用品的选择、使用与维护

GA 621　消防员个人防护装备配备标准

## 3 术语和定义

GB 5907 界定的以及下列术语和定义适用于本文件。

3.1

**地下建筑　underground building**

建造在土层或岩层中的低于地平面标高的建筑,包括附建的地下建筑和单建的地下建筑。

3.2

**灭火作战预案　fire fighting plan**

针对作战对象可能发生的火灾事故,对灭火作战预先安排的行动方案。

3.3

**分级响应　graded response**

按火警和应急救援分级规定进行灭火作战编成和力量调派的行动。

3.4

**协同作战　coordinated fire fighting**

根据指挥部的统一部署,各方参战力量分工负责、相互配合的作战行动。

3.5

**运动通信　movement communication**

消防员徒步或借助交通工具传递文书或命令的通信方式。

## 4 总则

4.1 地下建筑火灾扑救行动应坚持"救人第一,科学施救"的指导思想。

4.2 地下建筑火灾扑救行动应遵循"预案支撑,分级响应;科学排烟,保证通信;重点突破,合理内攻"的原则。

4.3 地下建筑火灾扑救应视情成立火场总指挥部,由当地政府统一领导,公安消防部队具体组织和指挥,协同单位按应急预案分级响应、协同作战,单位技术人员和专家提供技术支撑。

4.4 地下建筑火灾扑救行动应加强排烟、照明、通信、供电、充气和排水等作战环节的战勤保障工作。

4.5 公安消防部队应针对辖区不同类型的地下建筑制定相应级别的灭火作战预案,并进行熟悉和演练。

4.6 公安消防部队应熟悉辖区地下建筑的固定消防设施分布;消防员应掌握建筑固定消防设施的操作方法。

## 5 扑救行动

### 5.1 接警出动

5.1.1 消防指挥中心应按照火警受理程序和方法,及时准确受理地下建筑火灾报警。

5.1.2 应根据报警信息做出初步判断,依据地下建筑火警分级和灭火作战预案实施力量调度。

5.1.3 根据火情变化,适时调度增援力量。加强调集灭火、排烟、通信、照明、充气等消防车辆到现场参战。

5.1.4 视情调集建筑、人防、公安、供水、供电、燃气、医疗救护、交通运输等力量到场。

5.1.5 消防指挥中心应与报警人保持联系,了解建筑结构、建筑功能、周边环境、人员被困等火场情况;与出动力量保持通信,传达指挥员的命令和相关信息。

5.1.6 出动力量应实时掌握灾害现场情况,提前进行任务分工,实施途中指挥。

### 5.2 战斗准备

5.2.1 应确定作战人员、装备集结区域,明确位置。

5.2.2 作战车辆占领水源,作战人员携带作战器材装备接近火场,铺设水带干线,做好战斗准备。

5.2.3 根据需要开启固定排烟设施,结合移动排烟装备,控制烟气流向。

5.2.4 供气消防车应停在通风无烟气污染区域,保障作战人员的气源供应。

5.2.5 较大火场应划分为若干战斗区域(段),根据战斗区域(段)将灭火救援力量划分为若干作战队(组),作战队(组)应明确各自任务。

### 5.3 火情侦察

5.3.1 首批力量到场后应成立侦察组,了解地下建筑内部结构及出入口分布,尽快查明着火部位,初步判定燃烧物质、燃烧范围、主要蔓延方向、烟气流动方向;被困人员的数量、位置,可疏散抢救的途径等信息。

5.3.2 应结合火场实际情况选择以下侦察方法:
   a) 外部侦察。观察地下建筑周围环境,出入口和通风口的烟气情况。
   b) 询问知情人。向火灾单位负责人、安保人员、工程技术人员、值班人员、起火后从地下撤出的人员等,询问火场的详细情况。
   c) 通过消防控制室侦察。了解地下建筑固定消防设施运行情况;观察建筑内部的着火部位、火势发展、人员被困以及作战人员行动等情况。
   d) 内部侦察。侦察人员深入地下建筑内部,侦察具体着火部位、火势蔓延方向、人员被困数量和位置、燃烧物质和范围等。
   e) 仪器侦察。利用消防红外热像仪、测温仪、有毒气体探测仪等仪器,确定火点及被困人员的位置、地下的温度及烟气成分等。
   f) 查阅图纸。查阅地下建筑的平面图、剖面图、消防水源图和有关的数据资料,了解地下建筑内部布局、出入口、通道及着火部位的大致方向。

5.3.3 应将现场情况及时报告给消防指挥中心、火场总指挥部或上级指挥员。根据火场情况，按照规定提升火警等级。

5.3.4 增援力量到场后，根据作战需要组成侦察组，分区域、分阶段实施侦察。火场侦察应持续不间断。

## 5.4 火场警戒

5.4.1 火场总指挥部或指挥员应统一组织，由消防、公安民警、武警或其他力量做好火场警戒。

5.4.2 根据火场、周边环境等情况，合理确定警戒范围，划分不同的警戒区域并设置警戒标识和岗哨。

5.4.3 警戒人员应维持火场秩序，疏散周围群众，并在地下建筑的主要出入口实施警戒，防止无关人员进入。

5.4.4 警戒人员应及时进行外部疏导，禁止无关人员及车辆进入现场；根据火场总指挥部或指挥员的命令对火场周围道路实施交通管制。

5.4.5 警戒人员应佩戴标识，做好安全防护、警戒记录。

## 5.5 疏散救人

5.5.1 除确定内部无人的情况外，救援力量应成立疏散救人组，进入地下建筑对被困人员进行疏散和救助。

5.5.2 增援力量到场，应根据现场疏散救人任务增加疏散救人组，分区域实施救人。

5.5.3 疏散救人组应利用建筑内应急广播系统、便携式扩音器等进行语音疏导，通报火情信息，稳定被困人员的情绪，引导被困人员疏散。

5.5.4 疏散救人组应携带移动照明器具进入地下建筑内部，沿疏散通道铺设救生照明线，放置发光导向指示标志；在可能引起迷路的重点部位应派专人值守，指引被困人员沿正确路线撤离。

5.5.5 疏散救人组应根据地下建筑火势蔓延情况，逐层、逐间仔细搜索被困人员，并采用背、抱、抬等救援方法，迅速使其脱离危险区域，搜索救人应贯穿灭火救援全过程，搜索过的地方应做标识。

5.5.6 疏散救人组可利用电动扶梯进行被救人员的运送。

5.5.7 可在相对安全、不易受烟火威胁的适当区域设置救援中转平台。

5.5.8 应将疏散出的人员引导到地上安全区域，救出的人员应安置于地面通风良好，不影响作战，便于急救的安全区域。

5.5.9 侦察组根据任务完成的情况可转换成疏散救人组。

## 5.6 灭火

5.6.1 消防力量到场后，应根据地下建筑火场情况，科学合理使用作战力量，控制火势蔓延，适时扑灭火灾。

5.6.2 应充分利用以下固定消防设施：

a) 启动水喷淋和消火栓等灭火系统；

b) 适时启闭着火区域及周边的防火分隔设施；

c) 利用水泵接合器向室内管网加压供水。

5.6.3 可选择以下战法灭火：

a) 强攻近战。宜选择地下建筑用于进风的出入口，用水枪(炮)强行实施内攻灭火。

b) 封堵窒息。空间较小、出入口少的地下建筑，内攻灭火行动受阻，在确认内部无人、无助燃剂的情况下，可酌情采用全面封堵出入口、进风口和排烟口的战术方法，实施窒息灭火。

c) 灌注。对于不宜采取内攻的小型地下室或地下建筑局部空间等，在确认内部无人的情况下，可利用向地下灌注高(中)倍数泡沫等方法灭火。

5.6.4 采用强攻近战方法扑救地下建筑火灾时,应根据地下建筑的火情、通道风流向、建筑结构特点,正确选择以下进攻路线和水枪阵地:

    a)  宜选择距着火点最近的进风口方向进入;

    b)  宜在火灾蔓延通道口部位设置水枪阵地,阻止火势蔓延;

    c)  可利用门、通道转弯处做掩护,设置水枪阵地堵截火势;

    d)  进入内部强攻时宜有水枪的掩护,实施梯次掩护。

5.6.5 采用封堵窒息方法扑救地下建筑火灾时,应在确定内部无人、无助燃剂的条件下实施。封堵时应先封堵进风口,再封堵出风口和排烟口等通风的部位。封堵完毕可视情向封堵区内施放二氧化碳、水蒸气、氮气等气体。

5.6.6 采用灌注方法扑救地下建筑火灾时,应根据火势情况、现场条件,采取以下处置措施:

    a)  火势不大,可在出入口处直接架设泡沫发生器,往地下通道灌注高(中)倍泡沫;

    b)  当出入口火势猛烈时,可利用水炮或泡沫炮远距离喷射控制火势,控制火势后,在出入口架设泡沫发生器,向地下空间灌注高(中)倍泡沫;当发现有倒溢现象时,可用低倍泡沫先喷射,促进高(中)倍泡沫向纵深推进;

    c)  有条件的情况下,可向地下空间灌注氮气、二氧化碳或水蒸气等气体。

## 5.7 火场供水

5.7.1 应根据作战需要、现场水源和供水车辆情况,科学确定供水编成,合理采用移动装备供水。

5.7.2 应根据火场实际情况和客观条件采取不同的供水方法:

    a)  启动固定消防水泵,向室内消防管网供水;

    b)  当室内消火栓系统供水流量不能满足灭火用水量需求或消防水泵系统发生故障时,可通过水泵接合器向室内管网供水。

## 5.8 火场排烟

5.8.1 根据火场实际情况和排烟设施的具体条件,合理选择排烟方式。

5.8.2 应关闭地下建筑的通风空调系统。对火灾区域,应采取负压方式排烟;对非火灾区域及疏散通道等处,应采取正压送风的方式排烟。

5.8.3 应利用防排烟系统进行火场排烟;根据火场需要,使用排烟车、排烟机等移动装备排烟。

5.8.4 可采用自然排烟口、排烟竖井口、通风口等进行排烟。必要时也可在地下建筑适当位置破拆排烟。

5.8.5 可采取雾状水排烟。

5.8.6 可采取充灌高(中)倍泡沫的方式对地下通道、局部空间等相对狭小的空间进行排烟。

## 5.9 火场照明

5.9.1 火场照明包括地下火场照明和地面夜间照明。

5.9.2 地下火场照明应充分利用地下建筑的固定应急照明系统。

5.9.3 地下火场照明应发挥公安消防部队照明器材装备的作用:

    a)  可使用移动式照明器具,保持一定间隔呈线状布置照明;

    b)  可放置自蓄灯或吸附式发光灯照明;

    c)  可利用照明车、抢险救援车、移动发电机组等供电引入照明灯照明。

5.9.4 消防战斗人员深入地下建筑应携带消防用红外热像仪。

5.9.5 视情由供电部门在现场架设临时照明设施。

5.9.6 地面夜间照明应采取移动照明装备、建筑上的照明设施及市政照明设施等方式实施照明。

## 5.10 火场通信

5.10.1 火场通信应迅速、准确、不间断。

5.10.2 火场无线通信组网方式：
a) 地面火场指挥通信应依靠消防无线专网完成无线通信；
b) 应优先使用地下建筑设置的无线通信设施；在无线通信盲区，可设立通信基（中继）站，实现语音、图像、数据的传输；
c) 可适时应用网络电台，保障火场通信联络。

5.10.3 火场有线通信组网方式：
a) 可利用地下建筑设置的有线通信设施实现火场通信；
b) 无有线通信设施的地下建筑，应铺设通信电缆，实现语音、图像、数据的传输。

5.10.4 移动通信装备与固定通信设施相结合方式：
a) 宜利用地下建筑基站数字传输系统或泄漏同轴电缆，实现火场通信；
b) 应利用便携式消防应急通信系统构建地下与地面之间的语音通信。

5.10.5 可灵活采用绳索、扬声器、哨子等简易通信器材或运动通信方式实施命令和信息传递。

## 5.11 火场破拆

5.11.1 应对影响火场侦察、人员疏散、救人、物资疏散和妨碍烟气流动的非承重建筑构件或其他附属物实施破拆。

5.11.2 为改变烟气流动方向，可在专家的指导下，进行局部破拆。

5.11.3 可利用破拆器材、大型施工机械、特种车辆等器材装备实施破拆。

## 5.12 专家会商

5.12.1 应及时调集建筑专家组，专家组成员应包括建筑、结构专家以及为地下建筑提供供水、供电、燃气的单位工程技术人员。

5.12.2 到达火场的专家应结合自身的行业、专业特点，提出火灾扑救建议。

## 5.13 信息处理

5.13.1 根据有关规定，按要求向上级报告现场处置情况。

5.13.2 灭火救援现场的信息发布、调整和解除由火场总指挥部决定。特别重要的信息发布、调整和解除应经政府相应部门审核批准后，由政府专门机构实施。

5.13.3 信息发布、调整和解除，可通过新闻媒体或组织人员通知等方式进行。

## 5.14 战勤保障

5.14.1 保障内容应包括：
a) 灭火救援现场发挥决定性作用的装备、容易耗损的装备和不能长时间作业的装备；
b) 大型排烟、照明、排水等装备；
c) 空（氧）气呼吸器备用气瓶、充气设备、发电机、通信设备、充电设备和装备的易损零部件等；
d) 油料、灭火剂等。

5.14.2 可采取以下保障手段：
a) 消防总（支）队、地下建筑单位和预案联动单位储备相结合的方式；
b) 消防总（支）队库存储备应满足扑救地下建筑常态火灾的补充需要，地下建筑单位库存储备应满足扑救本单位初期火灾的补充需要,预案联动单位储备应满足地下建筑非常态火灾需要。

### 5.15 清理火场

5.15.1 火灾扑灭后,应全面、细致地清理火场,再次确认没有人员被困和复燃可能。火场面积较大应分区域清理检查。

5.15.2 应留有必要力量实施现场监护。

### 5.16 移交

扑救行动结束后,应与事权单位(人)或物权单位(人)做好移交。

### 5.17 撤离归队

5.17.1 交接结束后,各参战单位应清点人数,收整装备,撤离现场。

5.17.2 归队后应向上级报告,并迅速补充油料、器材和灭火剂,恢复执勤战备状态。

## 6 行动安全

6.1 指挥员应组织做好所属参战人员的作战行动安全工作,坚持行动服从安全,安全贯穿始终。

6.2 个人安全防护应根据地下建筑火灾特点,按 GA 621、GB/T 11651 和 GB/T 18664 等标准选用个人防护装备。

6.3 作战人员应佩戴好个人安全防护装备;进入高温浓烟区域,应有水枪掩护。

6.4 警戒时,应有预防快速行驶车辆伤人的措施,夜间应使用发光和反光的警戒标识。

6.5 应确定地下建筑内无轰燃、爆炸、坍塌等险情存在,人员方可进入,且宜选择进风口进入;进入人员数量应尽量少。

6.6 出入口安全员应检查记录出入人员的数量、气瓶的压力,掌握允许作业时间,并提前通知撤离。

6.7 现场如有多个出入口时,应保持排烟口数量不少于进攻口数量。

6.8 侦察组中应有熟悉建筑内部情况的人员,侦察时应铺设发光导向绳,携带安全绳。

6.9 进入人员佩戴正压式氧气呼吸器有严重不适感时,应立即停止作战返回;使用移动供气源时,应确保供气导管不与尖锐物体接触摩擦,并有专人监测气瓶压力,及时更换气瓶。

6.10 持水枪内攻人员不应仅持一支水枪单独深入,宜有其他水枪配合;进攻时,应用水枪扫除建筑上方的坠物,并注意脚下地沟。

6.11 对火场内带电线路和设备应视情采取切断电源或预防触电的措施。

6.12 移动排烟设施应平稳放置,不宜移动正在运转的排烟机。

6.13 使用移动发电机供电照明时,应保证良好接地,并注意通风。

6.14 火场安全员发现有火情骤变、局部坍塌等危险征兆时,应及时发出撤退信号,并利用长鸣警报、连续急闪强光、通信扩音器材、绳语等方式通知进入地下建筑内的所有人员撤离。

ICS 13.220.10
C 83

# 中华人民共和国公共安全行业标准

GA/T 1191—2014

# 高层建筑火灾扑救行动指南

Guidelines for fire fighting of high-rise buildings

2014-09-28 发布　　　　　　　　　　2014-09-28 实施

中华人民共和国公安部　　发 布

# 前　言

本标准按照 GB/T 1.1—2009 给出的规则起草。

本标准由公安部消防局提出。

本标准由全国消防标准化技术委员会灭火救援分技术委员会(SAC/TC 113/SC 10)归口。

本标准主要起草单位:中国人民武装警察部队学院。

本标准参加起草单位:公安部消防局、上海市公安消防总队、江苏省公安消防总队。

本标准主要起草人:王长江、夏登友、姜连瑞、商靠定、刘皓、薛彩姣、吴立志、马鸿、魏捍东、朱晓利、张庆利、王贺明、马志锋、张友达、周建中、李海。

本标准为首次发布。

# 高层建筑火灾扑救行动指南

## 1 范围

本标准规定了高层建筑火灾扑救行动的术语和定义、总则、扑救行动和行动安全等。

本标准适用于公安消防部队的高层建筑火灾扑救行动,专职消防队可参照执行。

## 2 规范性引用文件

下列文件对于本文件的应用是必不可少的。凡是注日期的引用文件,仅注日期的版本适用于本文件。凡是不注日期的引用文件,其最新版本(包括所有的修改单)适用于本文件。

GB 5907 消防基本术语 第一部分

GB/T 11651 个体防护装备选用规范

GB/T 18664 呼吸防护用品的选择、使用与维护

GA 621 消防员个人防护装备配备标准

## 3 术语和定义

GB 5907 界定的以及下列术语和定义适用于本文件。

### 3.1

**高层建筑** high-rise building

建筑高度大于 27 m 的住宅建筑和建筑高度大于 24 m 的非单层厂房、仓库和其他民用建筑。

### 3.2

**灭火作战预案** fire fighting plan

针对作战对象可能发生的火灾事故,对灭火作战预先安排的行动方案。

### 3.3

**分级响应** graded response

按火警和应急救援分级规定进行灭火作战编成和力量调派的行动。

### 3.4

**协同作战** coordinated fire fighting

根据指挥部的统一部署,各方参战力量分工负责、相互配合的作战行动。

## 4 总则

4.1 高层建筑火灾扑救行动坚持"救人第一,科学施救"的指导思想。

4.2 高层建筑火灾扑救行动应遵循"预案支撑,分级响应;以固为主,固移结合;内攻为主,攻防并举"的原则。

4.3 高层建筑火灾扑救行动应视情成立火场总指挥部,由当地政府统一领导,公安消防部队具体组织和指挥,其他单位协同作战,单位技术人员和专家提供技术支撑。

4.4 高层建筑火灾扑救行动应加强针对登高、供水等作战环节的战勤保障工作。

4.5 公安消防部队应针对辖区不同类型的高层建筑制定相应类别的灭火作战预案,并进行熟悉和演练。

4.6 公安消防部队应熟悉辖区内高层建筑的固定消防设施的分布、安全出口位置、安全疏散路线等,消防员应掌握建筑固定消防设施的操作方法。

## 5 扑救行动

### 5.1 接警出动

5.1.1 消防指挥中心应按照火警受理程序和方法,及时准确受理火灾报警。

5.1.2 应根据报警信息作出初步判断,结合高层建筑灭火作战预案实施力量调集,加强举高消防车、大功率水罐消防车、压缩空气泡沫消防车和供气消防车等车辆的调集。

5.1.3 根据火情变化,适时调度增援力量。

5.1.4 视情调集公安、供水、供电、供气、医疗救护、建筑、工程、航空等力量到场。

5.1.5 消防指挥中心应与报警人保持联系,了解火场情况;与出动力量保持通信,传达指挥员的命令和相关信息。

### 5.2 战斗准备

5.2.1 首批力量应根据火场情况,采取下列适当的战斗展开形式:

    a) 准备展开。从建筑外部看不到燃烧部位和火焰时,指挥员应在组织火情侦察的同时,命令参战人员占领水源,将主要作战器材装备摆放在消防车前,做好战斗展开的准备。

    b) 预先展开。从建筑外部能够看到火焰和烟雾时,指挥员应在组织火情侦察的同时,命令参战人员携带作战器材装备接近起火部位,铺设水带干线,确定水枪阵地。

    c) 全面展开。基本掌握火场的情况后,指挥员应确定作战意图,果断命令参战人员立即实施火灾扑救行动。

5.2.2 增援力量到场后,应主动请领任务,按照任务分工迅速开展扑救行动。

### 5.3 火情侦察

5.3.1 首批力量出动途中,应通过火灾方位的烟雾、火光等判断燃烧状态和火灾发展阶段;到场后,应成立侦察组,了解建筑内部结构、功能情况,尽快查明着火部位,初步判定燃烧物质、燃烧范围、主要蔓延方向、烟气流动方向;被困人员的数量、位置,可疏散抢救的途径等信息。

5.3.2 宜组成若干个侦察小组,分区域、分阶段实施侦察。

5.3.3 应结合火场实际情况选择以下侦察方法:

    a) 外部侦察。观察高层建筑周围环境,建筑外部火势燃烧蔓延状态、毗邻建筑受威胁情况。

    b) 询问知情人。向火灾单位负责人、安保人员、工程技术人员、值班人员、目击者等询问火场详细情况。

    c) 通过消防控制室侦察。了解高层建筑固定消防设施运行情况,观察建筑内部的着火部位、火势发展、人员被困以及作战人员行动等情况。

    d) 内部侦察。侦察人员深入高层建筑内部,侦察具体着火部位、火势蔓延方向、人员被困数量和位置、燃烧物质和范围等。

    e) 仪器侦察。利用红外热像仪、测温仪、有毒气体探测仪、遥控飞机等仪器,确定火点及被困人员的位置、建筑内的温度及烟气成分等。

    f) 查阅图纸。查阅高层建筑的平面图、剖面图、消防水源图和有关的数据资料,了解高层建筑内部布局,出入口、通道及火势蔓延的主要方向。

5.3.4 应将现场情况及时报告给消防指挥中心、火场总指挥部或上级指挥员。

## 5.4 火场警戒

5.4.1 火场总指挥部或指挥员应统一组织,由消防、公安民警、武警或其他力量做好火场警戒。

5.4.2 根据风力,着火建筑的火情、周边环境,确定警戒范围,划分不同的警戒区域;在风力较大的情况下,应加强飞火监护。

5.4.3 警戒人员应维护火场秩序,疏导围观群众,控制着火建筑的主要出入口,防止无关人员进入火场。

5.4.4 警戒人员应及时进行外部疏导,禁止无关人员及车辆进入火场;根据火场总指挥部或指挥员的命令对火场周围道路实施交通管制。

5.4.5 警戒人员应佩戴标识,做好安全防护、警戒记录。

## 5.5 疏散救人

5.5.1 除确定内部无人的情况外,救援力量应成立疏散救人组,进入高层建筑对被困人员进行疏散和救助。

5.5.2 增援力量到场,应根据现场疏散救人任务增加疏散救人组,分楼层、区域实施救人。

5.5.3 疏散救人组应利用建筑内应急广播系统、便携式扩音器等进行语音疏导,通报火情信息,稳定被困人员的情绪,引导被困人员疏散。

5.5.4 疏散救人组应携带移动照明器具进入建筑内部,沿疏散通道铺设救生照明线,放置发光导向指示标志;在可能引起迷路的重点部位应派专人值守,指引被困人员沿正确路线撤离。

5.5.5 疏散救人组应根据高层建筑火势蔓延情况,逐层、逐间仔细搜索被困人员,并采用背、抱、抬等救援方法,迅速使其脱离危险区域,搜索救人应贯穿灭火救援全过程,搜索过的地方应做标识。

5.5.6 疏散救人组可利用消防电梯、疏散楼梯和阳台等疏散救人。

5.5.7 疏散救人组可利用举高消防车、绳索、缓降器、救生滑道、救生机器人、软梯和消防梯等救人;也可使用直升机实施救人。

5.5.8 紧急情况下,可将人员引导、疏散至高层建筑的避难场所或其他安全区域;也可在相对安全、不易受烟火威胁的适当区域设置救援中转平台。

5.5.9 应将疏散出的人员引导到地面安全区域,救出的人员应安置于地面通风良好,不影响作战,便于急救的安全区域。

5.5.10 侦察组根据任务完成的情况可转换成疏散救人组。

## 5.6 灭火

5.6.1 消防力量到场后,应根据高层建筑火场情况,科学合理使用作战力量,控制火势蔓延,适时扑灭火灾。

5.6.2 应充分利用以下固定消防设施:

    a) 启动水喷淋和消火栓等灭火系统;

    b) 适时启闭着火区域及周边的防火分隔设施;

    c) 利用水泵接合器向室内管网加压供水。

5.6.3 应采用消防装备控制火势和灭火:

    a) 利用消防电梯、举高消防车、消防梯、疏散楼梯、室外楼梯、疏散阳台等迅速进入相应楼层;

    b) 利用室内消火栓或垂直铺设水带设立水枪阵地,阻止火势水平蔓延;依托防烟楼梯间设置水枪阵地,阻止火势垂直蔓延;

    c) 高层建筑外部可用举高车、车载炮等阻止火势向上层蔓延;

　　d)　利用毗邻建(构)筑物设置射水阵地。

5.6.4　可选择着火层下一层或着火层下二层作为进攻起点层,着火层以上适当楼层作为控制层。

5.6.5　在有效控制火势的前提下,迅速扑灭火灾。

## 5.7　火场供水

5.7.1　应根据作战需要、现场水源和供水车辆情况,科学确定供水编成,合理采用移动装备供水。

5.7.2　应根据火场实际情况和客观条件采取不同的供水方法:

　　a)　启动固定消防水泵,向室内消防管网供水;

　　b)　当室内水喷淋系统、消火栓系统供水流量不能满足灭火用水量需求或消防水泵系统发生故障时,可通过水泵接合器向室内管网供水;

　　c)　根据作战需要和现场条件垂直铺设水带或利用举高消防车实施供水;

　　d)　建有消防竖管的高层建筑,可利用消防竖管供水。

## 5.8　火场排烟

5.8.1　应关闭高层建筑的通风空调系统。

5.8.2　应启用高层建筑内的固定防排烟设施,利用高层建筑内部专用的排烟口、排烟竖井实施排烟。

5.8.3　利用高层建筑内的窗户、中庭的天窗等进行自然通风排烟。可通过破拆开辟排烟口,加快排烟速度。

5.8.4　可采取雾状水排烟。

5.8.5　根据火场需要,使用排烟车、排烟机等移动装备排烟。

## 5.9　火场破拆

5.9.1　应对影响火场侦察、人员疏散、救人、物资疏散和妨碍烟气流动的非承重建筑构件或其他附属物实施破拆。

5.9.2　对影响火灾扑救行动的广告牌、封堵窗口等,可在专家的指导下,利用破拆车、挖掘机等施工机械实施外部破拆。

5.9.3　利用无齿锯、多功能液压剪、撬棍等器材实施内部破拆。

## 5.10　火场通信

5.10.1　应按照无线通信三级组网方案进行火场无线通信联络,实现语音、图像、数据的实时传输。

5.10.2　应充分利用高层建筑内的消防通信系统或临时构设通信系统,实施高层建筑内部火场信息的传递。

5.10.3　可灵活采用灯光、手势、旗语、绳索、扬声器等简易通信方式实施火场信息的传递。

5.10.4　宜利用消防控制室的消防广播系统,向消防官兵和被困人员及时传递火场信息。

## 5.11　专家会商

5.11.1　应及时调集建筑技术专家组,专家组成员应包括建筑、结构专家以及为高层建筑提供供水、供电、燃气的单位工程技术人员。

5.11.2　到达火场的技术专家应结合自身的行业、专业特点和经验,提出火灾扑救的建议。

## 5.12　信息处理

5.12.1　根据有关规定,按要求向上级报告现场处置情况。

5.12.2　灭火救援现场的信息发布、调整和解除由火场总指挥部决定。特别重要的信息发布、调整和解除应经政府相应部门审核批准后,由政府专门机构实施。

5.12.3 信息发布、调整和解除,可通过新闻媒体或组织人员通知等方式进行。

## 5.13 战勤保障

5.13.1 保障内容应包括:
a) 灭火救援现场发挥决定性作用的装备、容易耗损的装备和不能长时间作业的装备;
b) 挖掘机、起重机、送风机和专业测量装备;
c) 空(氧)气呼吸器充气设备、发电机、充电设备和装备的易损零部件等;
d) 油料、灭火剂等。

5.13.2 可采取以下保障手段:
a) 消防总(支)队、高层建筑单位和预案联动单位储备相结合的方式;
b) 消防总(支)队库存储备应满足扑救高层建筑常态火灾的补充需要,高层建筑单位库存储备应满足扑救本单位初期火灾的补充需要,预案联动单位储备应满足高层建筑非常态火灾需要。

## 5.14 清理火场

5.14.1 火灾扑灭后,应全面、细致地清理火场,确认没有被困、遇难人员和复燃可能。火场面积较大时,应分区域清理检查。

5.14.2 视情留有必要力量实施现场监护。

## 5.15 移交

扑救行动结束后,应与事权单位(人)或物权单位(人)做好移交。

## 5.16 撤离归队

5.16.1 交接结束后,各参战单位应清点人数,收整装备,撤离现场。

5.16.2 归队后应向上级报告,并及时补充油料、器材和灭火剂,恢复执勤战备状态。

## 6 行动安全

6.1 指挥员应组织做好参战人员的作战行动安全工作,坚持行动服从安全,安全贯穿始终。

6.2 个人安全防护应根据高层建筑火灾特点,按 GA 621、GB/T 11651 和 GB/T 18664 等标准选用个人防护装备。

6.3 作战人员应佩戴好个人安全防护装备,进入高温浓烟区域应有水枪掩护。

6.4 警戒时,应有预防快速行驶车辆伤人的措施,夜间应使用发光和反光的警戒标识。

6.5 应确定建筑内无轰燃、爆炸、坍塌等险情存在,人员方可进入;进入人员数量应尽量少。

6.6 出入口安全员应检查记录出入人员的数量、气瓶的压力,掌握允许作业时间,并提前通知撤离。

6.7 侦察组中应有熟悉建筑内部情况的人员,侦察时应铺设发光导向绳,携带安全绳。

6.8 进入人员佩戴正压式氧气呼吸器有严重不适感时,应立即停止作战返回;使用移动供气源时,应确保供气导管不与尖锐物体接触摩擦,并有专人监测气瓶压力,及时更换气瓶。

6.9 内攻人员不应仅持一支水枪单独深入,宜有其他水枪配合;进攻时,应用水枪扫除建筑上方的坠物和两侧货架或易倒物品等,并注意防止脚下踏空。

6.10 对火场内带电线路和设备应视情采取切断电源或预防触电的措施。

6.11 移动排烟设施应平稳放置,不宜移动正在运转的排烟机。

6.12 使用移动发电机供电照明时,应保证良好接地,并注意通风。

6.13 火场安全员发现有火情骤变、局部坍塌等危险征兆时,应及时发出撤退信号,并利用长鸣警报、连续急闪强光、通信扩音器材、绳语等方式通知进入建筑内的所有人员撤离。

6.14 垂直铺设的水带应予以固定,水带90°弯处应采取防磨损的保护措施,受高空坠落物威胁的水带干线上应有覆盖物保护。

6.15 登高施放水带时地面人员应在水带接口或牵引绳落地后方可接应,设在高楼层的分水器应进行固定。

6.16 驾驶员供水时应缓缓升压,停水泄压时,应先开启分水器放水泄压,再开启泵浦出水口。

6.17 加压供水时,消防员不应位于水泵出水口处、分水器出水口处、地面水带接口处和垂直铺设水带的底部。

6.18 使用消防梯、举高消防车通过窗户、阳台等实施外部进攻时,应正确操作;携带的水枪、水带、破拆、照明等器材,应有防坠落措施。

6.19 举高车作业位置应满足支腿伸展点的承载能力,避开化粪池、井盖和地沟上方;满足梯臂伸展的净空要求,超过规定风速时不应使用。

6.20 利用直臂云梯车靠墙疏散救人时,每人间隔 3 m 为宜,并做好相应的保护。

————————

ICS 13.220.01
C 80

# 中华人民共和国公共安全行业标准

GA/T 1192—2014

火灾信息报告规定

Rules for reporting fire information

2014-09-28 发布

2014-09-28 实施

中华人民共和国公安部　　发　布

# 前　言

本标准按照 GB/T 1.1—2009 给出的规则起草。

本标准由公安部消防局提出。

本标准由全国消防标准化技术委员会灭火救援分技术委员会(SAC/TC 113/SC 10)归口。

本标准主要起草单位:公安部消防局。

本标准主要起草人:曹忙根、梁新国、刘云、刘建国、尹燕福、蒋铸、王刚、胡锐、姜孝国。

# 火灾信息报告规定

## 1 范围

本标准规定了火灾信息报告的范围、内容、时限、方式及主体。

本标准适用于公安消防部队对火灾信息的报告,专职消防队可参照执行。

## 2 规范性引用文件

下列文件对于本文件的应用是必不可少的。凡是注日期的引用文件,仅注日期的版本适用于本文件。凡是不注日期的引用文件,其最新版本(包括所有的修改单)适用于本文件。

GB 5907 消防基本术语 第一部分

## 3 术语和定义

GB 5907 界定的以及下列术语和定义适用于本文件。

3.1

**接警 receipt of fire alarm**

消防队接收火灾报警信息的活动。

3.2

**接警时间 time of receiving fire alarm**

消防队首次接到火灾报警信息的时刻。

3.3

**灭火战斗 fire fighting**

消防员在灭火过程中各个环节的行动,包括接警出动、火场侦察、战斗展开、战斗进行、战斗结束等。

3.4

**控制火势 fire confinement**

经采取有效的扑救措施,火势蔓延的途径已被切断,火势强度开始减弱,燃烧面积不再扩大,火场情况无突变可能的状态。

3.5

**扑灭 fire extinguishment**

火势被控制后,现场已看不见明火或已进入清理残火阶段。

3.6

**信息直报点支队 fire brigade responsible for directly reporting fire information**

各省会市、自治区首府市、计划单列市消防支队。

## 4 报告范围

4.1 消防总队、信息直报点支队向公安部消防局报告火灾信息的范围:

a) 死亡1人(含)以上或重伤10人(含)以上或直接财产损失达1 000万元(含)以上的火灾;

    b)　过火面积达 2 000 m²（含）以上的火灾；

    c)　正在扑救的且扑救时间已超过 3 h 火势未控制的火灾；

    d)　高层建筑、地下建筑、易燃易爆危险品生产储存单位、人员密集场所以及其他有可能造成次生
　　　　　灾害、较大人员伤亡或较大社会影响的火灾；

    e)　灭火战斗行动中，造成消防官兵、专职消防队员 1 人（含）以上重伤或牺牲的火灾；

    f)　消防总队向公安厅（局）报告的火灾；

    g)　发生在北京或举办全国性、国际性重要活动所在城市的重点区域的火灾；

    h)　公安部消防局指挥中心要求核实上报的火灾。

4.2　消防支队向消防总队报告火灾信息的范围除 4.1 规定的之外，还应包括：

    a)　消防支队值班首长或全勤指挥部到达现场的火灾；

    b)　请求调派其他消防支队增援的火灾；

    c)　消防支队向公安局报告的火灾；

    d)　地（市、州、盟）领导到场组成灭火与应急救援总指挥部的火灾；

    e)　灭火战斗行动中，造成消防官兵、专职消防队员 1 人（含）以上受伤的火灾；

    f)　消防总队作战指挥中心要求核实上报的火灾。

4.3　消防大（中）队向消防支队报告火灾信息的范围，由消防总队或支队参照 4.1 和 4.2 规定的范围
确定。

## 5　报告内容

### 5.1　接警情况

    接警情况应包括：

    a)　报警时间（年、月、日、时、分）；

    b)　着火单位名称、详细地址；

    c)　燃烧物质；

    d)　接警单位；

    e)　其他情况。

### 5.2　调派力量情况

    调派力量情况应包括：

    a)　公安（专职）消防中队、消防车、消防官兵（专职消防队员）数量；

    b)　辖区消防中队和首批到场灭火力量及增援灭火力量到场时间；

    c)　总队、支队值班首长或全勤指挥部到场情况；

    d)　应急联动单位和社会灭火力量调集情况。

### 5.3　火灾现场情况

    火灾现场情况应包括：

    a)　火灾现场人员被困情况；

    b)　着火建筑面积、高度、层数、结构、使用性质；

    c)　火势发展态势；

    d)　毗连（邻）建筑及内部人员是否受到火势威胁情况；

    e)　危险化学品情况，是否有发生倒塌、泄漏、爆炸等次生灾害的危险及其他可能造成严重后果等
　　　　　情况。

## 5.4 灭火战斗情况

灭火战斗情况应包括：
a) 灭火战斗行动采取的措施；
b) 消防水源使用情况；
c) 控制火势时间(日、时、分)；
d) 扑灭时间(日、时、分)；
e) 过火面积；
f) 消防官兵疏散、搜救人员数量，保护财产价值。

## 5.5 政府和公安机关处置情况

应包括政府和公安机关以及相关部门领导到场情况，下达的命令和作出的指示，具体实施情况等。

## 5.6 人员伤亡和财产损失情况

### 5.6.1 人员伤亡情况应包括：
a) 死亡人员的姓名、性别、年龄、身份等；
b) 受伤人员的伤势和救治情况等。

### 5.6.2 消防官兵、专职消防队员伤亡情况应包括：
a) 牺牲消防官兵的姓名、性别、年龄、籍贯、入伍时间、政治面貌、部职别、职务、警衔等；
b) 牺牲专职消防队员的姓名、性别、年龄、籍贯、政治面貌等；
c) 受伤消防官兵、专职消防队员的伤势和救治情况。

### 5.6.3 财产损失情况应包括：
被烧毁的建筑及重要物资(设备、设施、车辆、物品等)的名称、数量、直接财产损失等。

## 5.7 火灾调查情况

应包括着火单位隶属关系、经济类型、生产经营性质、消防监督管理、火灾原因等基本情况。

## 5.8 火灾信息报告格式

重要火灾信息报告表式样见附录A中图A.1。

## 6 报告时限

6.1 消防总队、信息直报点支队向公安部消防局报告火灾信息的时限：
a) 过火面积在2 000 m²(含)以上，或超过3 h火势未得到控制的火灾，消防总队、信息直报点支队作战指挥中心接报后，应立即向公安部消防局指挥中心报告，填报《重要火灾信息报告表》，并每小时电话续报一次；火灾得到控制、已被扑灭时，电话报告相关信息，并在1 h内上报《值班信息快报》(式样见附录A中图A.2)；
b) 死亡3人(含)以上的火灾，消防总队、信息直报点支队作战指挥中心接报后，应立即向公安部消防局指挥中心报告，填报《重要火灾信息报告表》，并在1 h内上报《值班信息快报》；
c) 死亡3人以下的亡人火灾，消防总队、信息直报点支队作战指挥中心应在灭火救援结束6 h内向公安部消防局指挥中心上报《值班信息快报》；
d) 高层建筑、地下建筑、易燃易爆危险品单位、人员密集场所以及其他有可能造成次生灾害、较多人员伤亡或较大社会影响的火灾，消防总队、信息直报点支队作战指挥中心接报后，应立即向

公安部消防局指挥中心报告,填报《重要火灾信息报告表》,并在 1 h 内上报《值班信息快报》;

e) 灭火战斗行动中造成消防官兵、专职消防队员牺牲 1 人(含)以上的火灾,消防总队、信息直报点支队作战指挥中心接报后,应立即向公安部消防局指挥中心报告,并在 1 h 内上报《值班信息快报》;

f) 党和国家领导人、公安部领导作出指示、批示及发生在北京或举办全国性、国际性重要活动期间所在城市的重点区域的火灾,消防总队、信息直报点支队作战指挥中心接报后,应立即向公安部消防局指挥中心报告,并在 1 h 内上报《值班信息快报》;

g) 消防总队作战指挥中心向公安厅(局)报告的火灾,应同时向公安部消防局指挥中心报告,需书面报告的要立即上报《值班信息快报》;

h) 公安部消防局指挥中心要求核实上报的火灾信息,消防总队、信息直报点支队作战指挥中心接报后,应在 30 min 内电话报告相关情况,需书面报告的在 1 h 内上报《值班信息快报》。

6.2 消防支队向消防总队报告火灾信息的时限:

a) 过火面积在 1 000 m²(含)以上,或超过 2 h 火势未得到控制的;消防支队值班首长和全勤指挥部到达现场,参战灭火力量较多,市(地、州、盟)领导到场处置的火灾,消防支队作战指挥中心接报后,应立即向消防总队作战指挥中心报告,并每 30 min 电话续报一次;火灾得到控制、已被扑灭时,电话报告相关信息,并立即上报《值班信息快报》;

b) 死亡 3 人(含)以上的火灾,消防支队作战指挥中心接报后,应立即向消防总队作战指挥中心报告,并上报《值班信息快报》;

c) 死亡 3 人以下的亡人火灾,消防支队作战指挥中心应在灭火救援结束 2 h 内向消防总队作战指挥中心上报《值班信息快报》;

d) 高层建筑、地下建筑、易燃易爆危险品生产储存单位、人员密集场所,以及其他有可能造成次生灾害、较大人员伤亡或较大社会影响的火灾,消防支队作战指挥中心接报后,应立即向消防总队作战指挥中心报告,并上报《值班信息快报》;

e) 灭火战斗行动中造成消防官兵、专职消防队员 1 人(含)以上受伤或牺牲的火灾,消防支队作战指挥中心接报后,应立即向消防总队作战指挥中心报告,并上报《值班信息快报》;

f) 请求调派其他消防支队增援的火灾,消防支队作战指挥中心应立即向消防总队作战指挥中心报告,并上报《值班信息快报》;

g) 消防总队作战指挥中心要求核实上报的火灾信息,消防支队作战指挥中心应立即电话报告相关情况,需书面报告的应立即上报《值班信息快报》。

6.3 消防大(中)队向消防支队报告火灾信息的时限由消防总队或支队参照 6.1 和 6.2 规定的范围,结合当地实际确定。

## 7 报告方式

火灾信息的报告方式应包括:

a) 电话报告。情况紧急或获得最新情况,需立即向上级首长或作战指挥中心报告时,可采用边处置、边电话报告的方式。

b) 短信报告。当现场通话不畅或需要使用简单文字材料表述时,可通过发送短信向上级首长或作战指挥中心报告。

c) 无线电台报告。利用无线电台向上级首长或作战指挥中心报告。

d) 书面报告。在规定时间内了解灭火救援基本情况后,应以书面方式报告。

e) 音视频报告。通过卫星、图传等设备传输现场音视频图像。

f) 网络系统报告。通过互联网和公安网及信息直报系统等网络系统报告。

## 8 报告主体

火灾信息的报告由各级作战指挥中心具体负责,消防总队、支队、大(中)队到达火灾现场的最高指挥员为报告现场情况的责任人。《重要火灾信息报告表》和《值班信息快报》由总(支)队带班领导或主要领导签发。

## 附　录　A

（规范性附录）

### 火灾信息报告表式样

A.1　重要火灾信息报告表式样见图 A.1。

### 重要火灾信息报告表[a]

填报单位:×××公安消防总(支)队　　　　　　　　年　月　日　时　分

| 时间[b] | 1. 接警时间:____月____日____时____分。<br><br>2. 出动时间:____时____分。<br><br>3. 到场时间:____时____分。 |
|---|---|
| 灾情[b] | 1. 火灾发生地点:_____省(自治区、直辖市)<br>_____市(地、州、盟)_____县(市、区、旗)<br>_____乡(镇)_____街(道、路、巷)_____号。<br><br>2. 着火建筑结构:_____;<br>高度:_____米;层数:_____层;<br>使用性质:_____。<br><br>3. 死亡____人、重伤____人、轻伤____人。<br><br>4. 火势发展态势:_____。<br><br>5. 现场主要负责人(职务、姓名):_____。 |
| 参战力量[b] | 1. 公安消防:消防车____辆,消防员____人。<br><br>2. 社会力量调集情况:_____<br>_____。 |

填报人:　　　　　　　　　　　　　　签发人:

《重要火灾信息报告表》字体应采用宋体四号字。

[a] 此处字体应采用宋体二号字。

[b] 此处字体应采用黑体三号字。

### 图 A.1　重要火灾信息报告表式样

A.2 值班信息快报式样见图 A.2。

**值班信息快报**[a]

**（第×期）**[b]

填报：×××公安消防总（支）队                    年 月 日 时 分

标题[c]

正文[d]

报：公安部消防局（×××公安消防总队）。

编辑人：             审核人：             签发人：

《值班信息快报》字体应采用宋体四号字。

[a] 此处字体应采用宋体小初号字。

[b] 此处字体应采用仿宋体四号字。

[c] 此处字体应采用宋体二号字。

[d] 此处字体应采用仿宋体三号字。

**图 A.2　值班信息快报式样**

ICS 13.220.10
C 83

# 中华人民共和国公共安全行业标准

GA/T 1275—2015

# 石油储罐火灾扑救行动指南

Guidelines for oil storage tanks firefighting

2015-10-21 发布

2015-10-21 实施

中华人民共和国公安部　　发 布

# 前　言

本标准按照 GB/T 1.1—2009 给出的规则起草。

本标准由公安部消防局提出。

本标准由全国消防标准化技术委员会灭火救援分技术委员会(SAC/TC 113/SC 10)归口。

本标准起草单位:中国人民武装警察部队学院。

本标准参加起草单位:公安部消防局、安徽省公安消防总队、山东省公安消防总队、兰州石化消防支队。

本标准主要起草人:夏登友、姜连瑞、王长江、商靠定、吴立志、侯祎、辛晶、胡晔、姜自清、王其堪、郝伟、刘洪强。

# 石油储罐火灾扑救行动指南

## 1 范围

本标准规定了石油储罐火灾扑救行动的术语和定义、总则、扑救行动和行动安全等内容。

本标准适用于公安消防部队扑救石油储罐火灾行动,专职消防队可参照执行。

## 2 规范性引用文件

下列文件对于本文件的应用是必不可少的。凡是注日期的引用文件,仅注日期的版本适用于本文件。凡是不注日期的引用文件,其最新版本(包括所有的修改单)适用于本文件。

GB/T 5907.1 消防词汇 第1部分:通用术语

GB/T 18664 呼吸防护用品的选择、使用与维护

GB 50074—2002 石油库设计规范

GB 50160—2008 石油化工企业设计防火规范

GA 621 消防员个人防护装备配备标准

## 3 术语及定义

GB/T 5907.1界定的以及下列术语和定义适用于本文件。

### 3.1

**石油储罐** oil storage tank

收发和储存原油、汽油、煤油、柴油、溶剂油、润滑油等常温下呈液态的油品的储罐。

### 3.2

**拱顶罐** vault tank

罐顶为球冠状,罐体为圆柱形的金属储罐。

### 3.3

**浮顶罐** floating roof tank

在液面上设置浮船的储罐。

#### 3.3.1

**内浮顶罐** inner floating roof tank

在罐顶部有拱顶的浮顶罐。

#### 3.3.2

**外浮顶罐** outer floating roof tank

在罐顶部没有拱顶的浮顶罐。

### 3.4

**火炬型燃烧** torch fire

油蒸气通过油罐裂缝、呼吸阀、量油孔等处喷出,形成火炬状的一种燃烧形式。

### 3.5

**敞开式燃烧** non-roof tank fire

拱顶罐油罐爆炸后罐顶被掀掉、炸破或塌落,或外浮顶油罐的浮船沉到油面下,形成的一种全液面

燃烧的形式。

3.6

**密封圈火灾　sealing ring fire**

在浮顶油罐的浮船与油罐罐壁连接的密封装置处形成的火灾。

3.7

**登顶作战　summit battle**

火灾扑救人员登上油罐顶部实施灭火的行为。

## 4　总则

4.1　石油储罐火灾扑救行动应坚持"集中优势兵力打歼灭战"的指导思想。

4.2　石油储罐火灾扑救行动应遵循"先控制，后消灭""固定灭火设施与移动灭火装备相结合""工艺措施与灭火技战术相结合"的原则；采取"先上风、后下风，先外围、后中间，先地面、后油罐"的战术措施。

4.3　石油储罐火灾扑救行动应视情成立现场作战指挥部，在当地政府领导下，由公安消防部队统一指挥，协同单位按应急预案分级响应、协同作战，专家和单位技术人员提供技术支撑；不便于实施统一指挥的石油储罐火灾现场，应划分若干战斗区域实施扑救行动。

4.4　石油储罐火灾扑救行动应针对灭火救援物资加强战勤保障工作。

4.5　石油储罐火灾扑救行动应结合石油储罐区灭火作战预案（以下简称"预案"）实施。

## 5　扑救行动

### 5.1　接警出动

5.1.1　应根据报警信息和预案，分析判断现场情况，确定火警等级和出动力量。

5.1.2　应按作战力量编成，优先调集大功率水罐消防车、泡沫消防车、举高喷射消防车、泡沫-干粉联用消防车等装备器材。

5.1.3　应根据作战需要，同时调集泡沫灭火剂、远程供水系统、通信指挥消防车、照明消防车、油料供给消防车、泡沫供液车、自摆水炮等战勤保障力量。

5.1.4　应视情调集公安、供水、供电、医疗救护、安监、环保、气象等力量到场。

5.1.5　119调度指挥中心应与报警人及出动力量保持联系，了解罐区基本情况、油罐结构、周边环境及火势发展等情况，传达指挥员的命令和相关信息，并根据火灾现场情况和作战需要及时请求调派增援力量。

5.1.6　出动力量应实时掌握火灾现场情况，提前进行任务分工，实施途中指挥。

### 5.2　火情侦察

5.2.1　消防力量出动途中及到场后，应迅速查明以下情况：

    a)　有无被困人员；

    b)　着火油罐和邻近油罐的位号、类型、规格（容量、直径、高度）、存储介质、液位、水垫层厚度及油罐本身的破坏情况等；

    c)　油罐区的固定灭火系统及其供电情况；

    d)　着火部位、燃烧形式、地面流淌火情况及对周围的威胁程度；

    e)　依据火焰及烟气颜色变化等信息，判断有无爆炸、沸溢喷溅的可能性；

    f)　油罐区平面布局，火场周围的地下暗渠、沉降池、道路、水源等，可供进攻的路线；

    g)　当日风力、风向等气象情况。

**5.2.2** 应结合火场实际情况采取多种侦察方法：

　　a) 外部侦察。观察油罐火焰的高度、亮度，烟雾的颜色、飘移方向和油罐区周围情况，判断燃烧油品的特性、燃烧范围、火势蔓延方向、对邻近油罐的威胁程度等。

　　b) 询问知情人。向火灾单位负责人、安保人员、工程技术人员、值班人员等，询问火场的详细情况。

　　c) 通过消防控制室、中央控制室、油泵房显示设备侦察。观察了解油罐固定消防设施运行、油罐液位、油温、油罐火势及人员被困等情况。

　　d) 仪器侦察。利用测温仪确定油罐罐体温度、油品温度，利用热视仪侦察隐蔽火点位置，利用望远镜观察油罐火势、作战人员行动等情况。

　　e) 查阅资料。查阅油罐区及油罐的图纸及相关数据资料，了解油罐区平面布局、油罐的类型和规格等情况。

**5.2.3** 根据作战需要，宜组成若干侦察组，分区域、分阶段实施全程不间断侦察。

## 5.3　火场警戒

**5.3.1** 由现场作战指挥部或指挥员统一组织，消防、公安、武警或其他力量具体实施。

**5.3.2** 根据火情及周边环境确定警戒范围，划分警戒区域，并设置警戒标识和安排警戒人员。

**5.3.3** 警戒人员应维持火场秩序，引导疏散警戒区内及围观的群众，禁止无关人员及车辆进入火灾现场。

**5.3.4** 视情对火场周围道路实施交通管制。

## 5.4　油罐冷却

**5.4.1** 应及时启动着火油罐以及邻近油罐的固定水喷淋系统。

**5.4.2** 快速估算冷却力量，并合理部署，利用水枪或储罐区设置的固定水炮、移动水炮等对着火油罐和受辐射热威胁的邻近油罐及附属设施实施冷却。

**5.4.3** 冷却重点。对可能发生爆炸或沸溢喷溅的油罐，应部署充足的冷却力量；对液位低的着火油罐及其邻近油罐应加强冷却。

**5.4.4** 冷却顺序。应按照油罐受火势威胁程度的大小确定冷却顺序。宜先着火油罐，后邻近油罐；先低液位油罐，后高液位油罐。

**5.4.5** 冷却范围和强度。油罐的冷却范围和冷却强度按GB 50160—2008的8.4.4～8.4.7以及GB 50074—2002的12.2.7、12.2.8规定执行，按实际冷却效果进行调整。

**5.4.6** 冷却方法：

　　a) 采用固定水喷淋系统冷却时，宜根据需要分层、分段实施冷却；

　　b) 采用移动装备冷却时，冷却水应射到罐壁上沿或油罐顶部，使水从上往下流，且冷却水应均匀，不能留有空白区域；对浮顶罐应重点冷却密封圈处及以上部位的罐壁；

　　c) 油罐火焰扑灭后，应继续冷却，直至罐壁及油品的温度降到低于油品的自燃点。

## 5.5　灭流淌火

**5.5.1** 根据火场地形地势、周围情况、已经流散或可能流散的油品数量以及油品的流淌方向，部署灭火力量，将地面流淌火控制在一定范围内稳定燃烧，适时将其扑灭。

**5.5.2** 防火堤内的流淌火，应采取"定向驱赶、适时围歼"的方法，向整个流散范围内的油品喷射泡沫或泡沫干粉联用，控制火势，适时扑灭火灾。

**5.5.3** 没有防火堤或流散油品已突破防火堤的流淌火，宜利用"筑堤围堰"的方法，在适当方向和距离上，修筑堤坝，形成包围，控制流散范围。在筑堤围堰的同时，根据燃烧面积，部署足够数量灭火力量，扑灭流淌火。

5.5.4 流散范围附近有安全地带或有能收集流散油品的池、坑等时,宜开沟挖渠,采用"定向导流"的方法,将流散着火的油品导向安全地带燃烧,再设法将其扑灭。

5.5.5 油品流散到水面上时,宜设围油栏将流散油品控制在一定范围内。

5.5.6 少量已流散燃烧的油品(特别是原油、渣油、沥青或闪点较高的油品),可利用直流水枪定向驱赶,阻挡燃烧油品的流散或直接加以扑灭。

## 5.6 灭油罐火

5.6.1 在着火油罐的固定、半固定泡沫灭火系统完好的情况下,应及时启动固定灭火系统,视情利用半固定泡沫灭火系统。

5.6.2 根据火场的具体情况和条件,应快速制定灭火作战方案,估算灭火力量。

5.6.3 应合理部署力量,消灭燃烧油罐外围的火点,为扑救油罐火灾创造条件。

5.6.4 应按照灭火剂供给强度的要求,备足消防车辆、喷射器具和灭火剂,为扑灭火灾做好物质准备。

5.6.5 根据火场不同情况,确定灭火小组,在着火油罐的上风或侧风方向,设置一个或几个进攻阵地。

5.6.6 同一品种油类,宜采用同一种泡沫灭火剂灭火。

5.6.7 应根据油罐火灾的实际情况采取不同的扑救方法:

    a) 覆盖窒息。对于火炬型燃烧,宜采用灭火毯、石棉毡、浸湿的棉被等覆盖物盖住火焰,致使火焰熄灭的方法灭火。

    b) 水流切封。对于火炬型燃烧,可采用两支以上直流水枪或水炮从不同的方向交叉射向火焰的根部,并逐渐抬升水流,直至火焰熄灭的方法灭火。

    c) 炮攻灭火。对于敞开式燃烧,应利用举高喷射消防车、车载泡沫炮、移动泡沫炮等向油罐内喷注泡沫灭火剂的方法灭火。采用炮攻灭火之前,应调整泡沫炮喷射距离和喷射角度,使其符合进攻要求,在现场指挥部或火场指挥员的统一指挥下,各个阵地同时发起进攻灭火。

    d) 登顶灭火。对于密封圈火灾或罐顶沟槽存在隐蔽火时,可适情利用罐梯或消防梯,在水枪掩护下,实施登顶作战,向着火部位喷射泡沫或干粉灭火。

    e) 提升液位。油罐内油品液位较低,或罐盖(罐壁)塌陷到油罐内形成死角火时,宜向油罐内注入同质冷油或水,提升液位,使液位高出塌陷罐盖(罐壁)部位,形成水平液面,然后利用泡沫扑灭火灾。

    f) 降低液位。油罐内油品液位高,泡沫不能形成覆盖层时,宜降低液位,形成容纳泡沫的空间。

    g) 钻洞内注。油罐内油品液位较低,或罐盖(罐壁)塌陷到油罐内形成死角火时,可在距油品液面上方 50 cm～80 cm 处的罐壁上,开挖 40 cm×60 cm 的泡沫喷射孔,然后利用挖开的孔洞,向油罐内喷射泡沫灭火。

    h) 工艺灭火。对油罐火可采取注冷油、搅拌、氮气封闭、蒸气等工艺措施灭火;对管道、阀门、法兰等处的火灾,可采取关阀、加盲板等措施断料灭火。

5.6.8 油罐火灾扑灭后,应继续喷射一定数量的泡沫,并对油罐罐壁进行冷却。

5.6.9 应彻底清除管线、沟渠等处隐蔽的残火、暗火,同时指派专人监护火灾现场。

5.6.10 应观察并根据灭火用水及泄漏油品流向及污水回收池水位情况,及时采取措施防止污水流入邻近水域。

## 5.7 火场供水

5.7.1 油罐火灾扑救可采取固定灭火设施、移动灭火装备供水。

5.7.2 罐区内固定灭火设施完好时,应及时启动固定消防水泵,使用固定灭火设施供水。

5.7.3 罐区内配有半固定灭火设施且完好时,可利用消防车铺设水带与油罐半固定装置接口连接,使用半固定灭火设施供水。

5.7.4 采用移动灭火装备供水时,应根据火场与水源地的距离及消防车辆性能,选用不同的供水方式:

a) 水源地与火场之间的距离在单辆消防车供水能力范围内时,宜采用直接供水的方式供水;

b) 水源地距离火场超过单辆消防车供水能力时,宜采用消防车接力供水的方式供水;

c) 水源地距离火场较远时,宜采用运水供水的方式供水;

d) 条件允许时,应优先采用远程供水系统。

5.7.5 当火场供水不足时,应优先保障重点战斗段用水。

## 5.8 火场通信

5.8.1 应以消防专网为主,公网为辅。优先依靠消防无线专网完成无线通信,实现火灾现场图像、语音、数据实时传输,保证信息通信畅通。必要的情况下,设置中继转接设备。

5.8.2 宜使用灯光、手势、旗语、LED 显示屏等手段,保证举高喷射消防车操作、火场供水等作战行动过程中的联系。

5.8.3 可灵活采用扩音器、哨子等简易通信器材或运动通信方式实施命令和信息传递。

## 5.9 战斗结束

### 5.9.1 清理火场

火灾扑救行动结束后,应清理火场,确认没有复燃可能。火场面积较大时,应分区域清理检查,并留有必要力量实施现场监护。

### 5.9.2 移交火场

清理火场结束后,应与事权单位或物权单位做好移交。

### 5.9.3 撤离归队

移交火场结束后,各参战单位应清点人数,收整装备,撤离现场;归队后应向上级报告,并迅速补充油料、器材和灭火剂,恢复执勤战备状态。

## 6 行动安全

## 6.1 防护安全

6.1.1 参战人员应做好安全防护工作。个人安全防护应根据石油储罐火灾特点及灭火救援需要按 GB/T 18664 和 GA 621 的相关规定选用个人防护装备。

6.1.2 一线作战人员应佩戴空气呼吸器,穿着消防员隔热防护服或避火防护服。

6.1.3 登顶作战时应注意防滑、防踏空,采取必要的保护措施。

## 6.2 侦察安全

6.2.1 侦察小组一般不少于3人,并由组长带领,情况复杂罐区应由单位知情人引导。

6.2.2 接近燃烧区域侦察时,应使用水枪进行保护;侦察人员应正确选择侦察和撤退路线,明确联络信号。

6.2.3 进入油罐区侦察时,应使用防爆型侦检、照明、通信器材。

6.2.4 局部开口的拱顶罐火势扑灭后,不得随意进行登顶侦察。

## 6.3 停车安全

6.3.1 消防车辆应靠道路一侧有序停放,停在便于进攻、便于撤离的安全位置,车头应朝向便于撤离的方向,车辆之间应保持一定的距离。

6.3.2 消防车辆应选择从上风、侧风方向进入阵地,与着火罐保持安全距离。

6.3.3 消防车辆应停在地势较高、地面平坦坚实的地段,不应停在低洼、松软、路基薄弱的地带,以及管道井口等地下空间上方;停在坡道上时,应采取措施防止溜车。

6.3.4 消防车应停在空中无障碍物的地段。

## 6.4 灭火安全

6.4.1 不应在着火或受火势威胁严重的立式油罐上部、卧式油罐的两端、地下及半地下油罐的邻近油罐顶部设置水枪阵地,转移阵地或调整作战力量时应及时检查清点人员。

6.4.2 应尽量减少前方火灾扑救人员,可选择使用遥控炮、遥控消防车、消防坦克等装备灭火。

6.4.3 对近距离火灾扑救人员或登顶作战人员,应实施水枪掩护,并适时组织人员替换。

6.4.4 作战行动过程中,看不清地沟、管线等情况时,火灾扑救人员应探测、探步前进。

6.4.5 对沸溢性油品火灾,应利用油罐的放水阀,及时将罐内水垫层的水放出。

## 6.5 紧急避险

6.5.1 应预先约定联络方式和撤离信号(如长鸣警报、连续急闪强光)、信号传递方式、撤离路线、集结区域;确定防爆掩蔽体、选定快速撤离方法。

6.5.2 指挥员和安全员应密切观察火场情况,遇到下列情况时,应立即发出撤离命令,通知危险区域的所有人员撤离:

    a) 扑救重质油罐火灾时,当出现火焰变高、发亮、变白,烟色由浓变淡,罐壁或其上部发生颤动,产生激烈的"嘶嘶"声时;

    b) 当拱顶罐长时间受火焰烘烤,大量油品蒸气集聚,压力不断升高,罐体发生明显膨胀;呼吸阀发出尖啸、罐体出现剧烈抖动时;

    c) 供水中断,短时间无法恢复且油罐有爆炸危险时。

6.5.3 特别紧急情况下,应放弃车辆和器材快速撤离。

6.5.4 安全撤离后,应立即在安全区域清点人员。

ICS 13.220.99
C 80

# 中华人民共和国公共安全行业标准

GA/T 1276—2015

# 道路交通事故被困人员解救行动指南

Guidelines for extricating trapped persons in road traffic accidents

2015-10-22 发布

2015-10-22 实施

中华人民共和国公安部　　发　布

# 前　言

本标准按照 GB/T 1.1—2009 给出的规则起草。

本标准由公安部消防局提出。

本标准由全国消防标准化技术委员会灭火救援分技术委员会(SAC/TC 113/SC 10)归口。

本标准起草单位:中国人民武装警察部队学院。

本标准主要起草人:黄金印、刘立文、胡晔、李向欣、李伟、王振雄、杨洪瑞、赵洋。

# 道路交通事故被困人员解救行动指南

## 1 范围

本标准规定了道路交通事故被困人员解救行动的术语及定义、接警出动、侦察检测、区域控制、安全防护、车体稳固、险情排除、开辟救援通道、拓展救援空间、营救被困人员以及移交归队等内容。

本标准适用于公安消防部队组织实施的道路交通事故(不包括危险化学品泄漏情况)被困人员解救行动。政府专职消防队、志愿消防队等其他专业救援队伍进行道路交通事故被困人员解救行动可参照执行。

## 2 规范性引用文件

下列文件对于本文件的应用是必不可少的。凡是注日期的引用文件,仅注日期的版本适用于本文件。凡是不注日期的引用文件,其最新版本(包括所有的修改单)适用于本文件。

GA/T 968—2011 消防员现场紧急救护指南

GA/T 1044.1—2012 道路交通事故现场安全防护规范 第1部分:高速公路

## 3 术语和定义

下列术语和定义适用于本文件。

### 3.1

**道路交通事故** road traffic accident

车辆在道路上因过错或者意外造成的人身伤亡及财产损失事件。

### 3.2

**道路交通事故救援** road traffic accident rescue

为解救被困人员,对道路交通事故车辆实施固定、支撑、顶升、牵引、吊升、破拆等作业而采取的行动。

### 3.3

**车体稳固** stabilizing vehicle

为防止道路交通事故车辆在救援过程中发生晃动、溜车、侧滑、倾覆、翻滚等险情,保证救援人员和被困人员的安全,利用各种支撑器材构建可靠支撑系统而采取的措施。

### 3.4

**救援通道** rescue access

为营救被困人员而开辟的供人员出入或救援器材运输的通道。

### 3.5

**救援空间** rescue space

通过破拆、顶升、牵引、吊升等措施创建的便于救援人员施救的工作空间。

### 3.6

**区域控制** zone control

为有序地开展救援行动,提高救援效率,对事故现场划定警戒区、准备区和救援区,并实施管理的措施。

3.7

**警戒标志　warning band**

用于划定救援现场的绳、带、桩等标志物。

3.8

**警示标志　warning mark**

用于标示救援现场应特别注意的场所位置和各种潜在危险的图形符号、警示标牌等标志。

## 4　接警出动

### 4.1　接警

4.1.1　119调度指挥中心接到报警后,接警员应询问并记录以下信息:

　　a)　事故发生的时间、地点;

　　b)　事故车辆的类型、数量;

　　c)　人员被困及伤亡情况;

　　d)　运载货物情况;

　　e)　是否发生泄漏、燃烧、爆炸;

　　f)　周围单位、居民分布等情况;

　　g)　现场交通状况;

　　h)　报警人姓名、联系电话。

4.1.2　保持与报警人的联系,掌握事态发展变化状况。

4.1.3　119调度指挥中心应将警情立即报告值班领导,按要求报告当地政府、公安机关和上级消防部门。

### 4.2　力量调集

#### 4.2.1　公安消防力量

按出动计划、预案调派辖区消防中队、特勤消防中队和邻近消防中队等处置力量,并根据火警和应急救援分级、现场实际情况或上级消防部门指示调派增援力量。

#### 4.2.2　社会联动力量

视情报请地方政府启动应急预案,调派公安、交通、安监、卫生、环保等单位协同处置。

#### 4.2.3　车辆装备

调集抢险救援消防车、水罐消防车、泡沫消防车等车辆,视情调集干粉消防车、照明消防车、化学事故抢险救援消防车、防化洗消消防车、救护车、起吊车、清障车等车辆。

### 4.3　赶赴现场

4.3.1　核实事故地点,优选行车路线。

4.3.2　请求交警部门做好事故路段的交通疏导和接应工作。

4.3.3　与119调度指挥中心保持联系,初步制定救援实施方案。

4.3.4　救援力量到场后,应根据现场情况选择合适的停车位置,且车辆宜与道路中心线呈约45°停放。

## 5 侦察检测

5.1 查明事故现场风向、风速、气温等气象条件。

5.2 查明事故车辆数量、类型、运载物资等情况。

5.3 确认被困人员的位置、数量及伤情。

5.4 查明现场潜在的各种险情,主要包括以下内容:

    a) 车辆稳定情况;

    b) 油箱是否泄漏;

    c) 是否有运载的危险化学品泄漏;

    d) 车辆电气电路系统情况;

    e) 安全气囊是否打开;

    f) 周围环境中的潜在险情。

5.5 查明实施破拆、救生、堵漏、输转、灭火、抑爆等相关情况。

5.6 查明道路辅助设施损毁情况。

5.7 掌握现场及周边消防水源的位置、储量和给水方式。

## 6 区域控制

### 6.1 警戒区

6.1.1 在事故现场周围使用警戒带或反光锥形交通路标,按照 GA/T 1044.1—2012 中 4.3 的规定设置隔离警戒区域。

6.1.2 与相关部门协调,安排警戒人员,设置事故预警区域,及时发布事故信息,必要时进行交通管制。

6.1.3 疏散围观群众,禁止无关人员、车辆进入现场。

### 6.2 准备区

6.2.1 事故车辆外围 5 m～10 m 为准备区,严格控制进入准备区救援人员数量。

6.2.2 各类救援车辆应依次停放在准备区外,开启警示灯,夜间还应开启小光灯和示廓灯。

### 6.3 救援区

6.3.1 事故车辆外围 3 m～5 m 为救援区,无救援任务人员不应入内。

6.3.2 根据受损车辆及被困人员情况,将专用救援器材摆放至相应地点,必要时在救援区内设置破拆构件放置区。

## 7 安全防护

7.1 根据侦察检测情况,采取相应的安全防护措施,选择佩戴个人防护装备:

    a) 道路交通事故现场,救援人员应佩戴抢险救援头盔、抢险救援服、抢险救援手套、抢险救援靴等个人安全防护装备;

    b) 伴有次生火灾的道路交通事故现场,灭火人员应佩戴灭火防护服、消防靴、消防头盔等个人安全防护装备;

    c) 有可能接触到血液与体液的救援人员,应在救援手套内穿着医疗检查用橡胶手套。

7.2 事故现场至少设置一名安全员,其主要职责是:

a)  对进入救援区的人员进行安全检查;

b)  将观测到的险情及时向指挥员报告,情况紧急时,可以直接向受威胁区域的救援人员发出警报,督促其立即撤离,并向指挥员报告。

7.3  视情对进出事故现场的道路进行封闭或实行交通管制。

## 8  车体稳固

### 8.1  正立车辆稳固

8.1.1  利用垫块固定事故车辆车轮。

8.1.2  在车体下方至少选择四处结构坚固部位,利用垫块构筑稳定支撑系统。

8.1.3  视情对轮胎放气。

### 8.2  侧翻车辆稳固

8.2.1  利用垫块对事故车辆与地面接触一侧车轮进行固定。

8.2.2  利用垫块在事故车辆与地面接触一侧两端支柱处进行支撑,并根据车体长度,视情增加支撑点数量。

8.2.3  利用救援顶杆构建三角支撑系统固定事故车辆底盘。并注意:

a)  选择坚实可靠的支撑点;

b)  根据支撑点位置,选择合适支撑顶头;

c)  利用钢钎或紧固带等固定支撑底座;

d)  紧固带的固定位置尽量贴近地面。

8.2.4  根据事故车辆倾斜情况,固定车辆顶部,具体措施见8.2.3。

### 8.3  仰翻车辆稳固

8.3.1  选择车顶结构坚固部位,利用垫块在车辆与地面间隙处进行支撑。

8.3.2  选择合适位置,利用救援顶杆固定事故车辆,具体措施见8.2.3。

### 8.4  欲坠落车辆稳固

8.4.1  可利用安全绳、钢丝缆等将车辆稳固在可靠的固定物上。

8.4.2  可利用起重车辆拉拽车体,稳固车辆。

## 9  险情排除

9.1  对有燃油外泄的事故车辆,应及时采取禁绝火源、冷却油箱、喷雾稀释、泡沫覆盖等措施。

9.2  对于已经起火燃烧的事故车辆,应迅速控制或扑灭火灾;若无法控制,视情将车头与车身分离。

9.3  关闭事故车辆发动机,断开蓄电池负极;不能切断蓄电池连接线时,应设置警示标志。

9.4  对未弹出的安全气囊采用捆绑、剪切或拆除等方法进行处理。

9.5  对事故现场潜在的山体滑坡、路面塌陷等情况,应及时采取安全措施。

## 10  开辟救援通道

### 10.1  玻璃移除

10.1.1  使用玻璃升降器降下车窗玻璃,或对挡风玻璃及车窗玻璃实施破拆。

10.1.2 破拆前应利用遮挡物对被困人员进行保护。

10.1.3 车窗玻璃为钢化玻璃,破拆点应选择在车窗玻璃的任一角。

10.1.4 车窗玻璃为夹层玻璃,破拆点应选择在车窗玻璃中部,且操作人员应佩戴口罩。

10.1.5 破拆过程中,应及时收集清理玻璃碎片。

## 10.2 车门移除

10.2.1 尝试正常开启车门,否则对其实施破拆;车门轻微变形,利用铁铤、撬棍等简易破拆工具撬开车门;车门变形严重,利用扩张器、剪切钳等破拆工具移除车门。

10.2.2 对于正立车辆,可采取以下方法开辟扩张器插入空间:
a) 利用扩张器挤压前轮挡泥板,使铰链处产生缝隙,再使用扩张器移去前挡泥板;
b) 利用扩张器对车窗进行扩张,使铰链或门锁处产生缝隙;
c) 利用铁铤、撬棍等工具拓宽门锁处缝隙;
d) 利用扩张器挤压车门,拓宽门锁处缝隙。

10.2.3 对仰翻车辆,可采取以下方法开辟扩张器插入空间:
a) 利用扩张器挤压导轨板,在导轨板和车门之间产生缝隙;
b) 利用扩张器挤压车轮舱,在车轮舱与车门之间产生缝隙;
c) 利用铁铤、撬棍等工具拓宽门锁处缝隙。

10.2.4 破拆铰链或车锁应注意:
a) 将扩张器插入铰链或车锁处适当位置进行扩张,并及时调整扩张部位,实施递进式扩张;
b) 若扩张部位破损,应停止操作并重新调整位置;
c) 破拆过程中,应有专人扶持车门;
d) 破拆操作时,操作人员不应位于破拆器材和事故车辆之间。

10.2.5 将移除的车门放至指定区域。

## 10.3 支柱破拆

10.3.1 拆除支柱处的内装饰,确定破拆位置并标识。破拆时应注意:
a) 破拆位置应避开安全带延伸器等构件;
b) 破拆位置宜尽量靠近支柱两端;
c) 视救援需要,在B柱根部保留适当的长度。

10.3.2 利用剪切钳剪切支柱。

10.3.3 将移除的支柱放至指定区域。

10.3.4 在剪切断面处套上保护套。

## 10.4 车顶移除

10.4.1 正立车辆车顶完全移除方法:
a) 按照10.1移除挡风玻璃及车窗玻璃;
b) 按照10.3依次切割所有支柱,并对车顶进行扶持;
c) 将车顶放至指定区域;
d) 在剪切断面处套上保护套。

10.4.2 正立车辆车顶向前移除方法:
a) 按照10.1移除车窗玻璃;
b) 按照10.3依次切割除A柱外的所有支柱,并对车顶进行扶持;
c) 剪切靠近A柱处两侧车顶,创建缺口;

    d) 两侧同时用力向前折叠车顶;

    e) 使用绳索固定车顶;

    f) 在剪切断面处套上保护套。

**10.4.3** 侧翻车辆车顶移除方法:

    a) 按照 10.1 移除挡风玻璃、离地侧车窗玻璃及后窗玻璃;

    b) 按照 10.3 依次切割离地侧所有支柱;

    c) 剪切贴地侧两端车顶,创建缺口;

    d) 向下平稳翻转车顶;

    e) 使用垫块支撑车顶,形成水平工作平台;

    f) 在剪切断面处套上保护套。

**10.4.4** 仰翻车辆车顶移除方法:

    a) 按照 10.1 移除侧窗玻璃和后窗玻璃;

    b) 按照 10.2 移除车门;

    c) 切割两侧后部支柱,平稳下压车顶;

    d) 在剪切断面处套上保护套。

## 11 拓展救援空间

### 11.1 牵引车辆

**11.1.1** 被困人员肢体被车辆构件挤压,可以利用扩张器、牵引器、卷扬机等对车辆或局部构件实施牵引操作。

**11.1.2** 实施牵引操作前,应做好以下准备工作:

    a) 对牵引对象及周边环境进行安全评估;

    b) 确认锚固体能够承受牵引力,保证牵引力不大于绞盘或钢丝绳的额定负荷;

    c) 观察牵引设备与车辆或局部构件连接情况;

    d) 告知缓慢牵引,避免事故车辆失控移动;

    e) 及时对拓展空间进行支撑;

    f) 观察牵引部位、安全挂钩、钢丝绳及锚固体的状况,如有异样,不应作业。

**11.1.3** 实施牵引操作时,应注意以下事项:

    a) 牵引绳索不应直接接触尖锐物体,否则应使用垫布等进行保护;

    b) 确保安全挂钩咬合到位;

    c) 牵引作业应缓慢进行,避免事故车辆失控移动;

    d) 实时观察车辆的变形情况和伤员的反应,避免牵引作业对伤员造成二次伤害;

    e) 牵引绳两侧不应站人。

### 11.2 顶升车体

**11.2.1** 人员被车辆碾压或车辆叠压,可以利用起重气垫、千斤顶等实施顶升操作,拓展救援空间。

**11.2.2** 顶升车体的操作步骤:

    a) 评估车辆的结构及稳定性;

    b) 选择坚硬平整的顶升基面;

    c) 选取可靠的支点,确定支点数量;

    d) 根据顶升高度和荷载选用顶升器材;

    e) 实时观察顶升过程中车辆的稳定状态,发现异常情况,应及时采取措施或停止作业;

f) 顶升过程中应实时对车辆进行稳固、支撑。

## 11.3 顶升仪表盘

11.3.1 被困人员肢体被车辆仪表盘挤压,可以利用救援顶杆、扩张器、千斤顶等进行顶升。

11.3.2 顶升仪表盘的操作步骤:
a) 剪切两侧 A 柱底部,创建缺口;
b) 在 B 柱根部放置顶杆支架;
c) 在仪表盘和 B 柱底部之间两侧同时放置顶杆,并进行预顶升;
d) 两侧同步进行顶升操作,并实时观察顶升部位的变化,调整顶杆,保持稳定;
e) 使用楔形垫块实时塞紧缺口。

## 11.4 吊升车辆

11.4.1 吊升操作人员须取得专业资质。

11.4.2 人员被车辆碾压或车辆叠压,且上部车辆无被困人员,可以利用起重机对车辆实施吊升操作,拓展救援空间。

11.4.3 吊升车辆的操作步骤:
a) 根据车辆结构,初步确定重心位置;
b) 评估吊升操作对稳定性的影响,确定起吊点位置及其数量,确保安全挂钩咬合到位;
c) 使用牵引绳控制车辆平衡;
d) 实时观察吊升过程中车辆的稳定状态,发现异常情况,应及时采取措施或停止作业;
e) 吊臂下不应站人。

## 12 营救被困人员

### 12.1 现场评估

12.1.1 评估现场潜在危险,确保营救行动在安全环境中实施。

12.1.2 现场有迫近的危险且不能及时排除,应将伤员紧急搬运至安全区域。

### 12.2 伤情处置

12.2.1 尽早进行伤情检查,并对伤员进行心理安抚。

12.2.2 在可能的条件下,制止严重出血,进行骨折固定,并按 GA/T 968—2011 附录 C 中表填写《伤情检查及处置记录单》。

### 12.3 移出伤员

#### 12.3.1 正立车辆被困人员的移出

12.3.1.1 移出被安全带固定于座椅中的伤员时,操作方法如下:
a) 尽早解除安全带束缚,使用躯干固定夹板固定疑似脊柱损伤伤员;
b) 打开或破拆伤员身侧车门或车体,清理伤员足部区域;
c) 移除后车窗玻璃,必要时拆除后排座椅,对边缘锋利部位做好防护,在后车窗底部铺设毯子;
d) 使伤员保持坐姿,向后翻转座椅靠背;无法向后翻转时,应破拆座椅靠背支撑物;
e) 从后车窗将脊柱板插入座椅底部;
f) 保持脊柱板稳定,沿脊柱板向上平稳拖动伤员,保证伤员腿部与躯干呈轴线,直至伤员肩部到

达脊柱板肩部线位置;

g) 向上抬升脊柱板底部,使之保持水平;

h) 将伤员移出车外,固定于脊柱板上。

**12.3.1.2** 若座椅无法向后翻转,宜由车顶实施移出。操作方法如下:

a) 尽早解除安全带束缚,使用躯干固定夹板固定疑似脊柱损伤伤员;

b) 打开或破拆伤员身侧车门或车体,清理足部区域;

c) 向前折叠车顶,必要时完全移除车顶;

d) 使伤员保持坐姿,身体稍前倾,从背后插入脊柱板,缓慢将伤员背部靠在脊柱板上;

e) 将伤员沿脊柱板平稳上移至约3/4处,向上抬升脊柱板底部,使其保持水平;

f) 继续移动伤员,直至伤员肩部到达肩部线位置;

g) 将伤员移出车外,固定于脊柱板上。

**12.3.1.3** 当12.3.1.1～12.3.1.2所列移出方法无法实施时,可由对侧车门进行移出。操作方法如下:

a) 尽早解除安全带束缚,使用躯干固定夹板固定疑似脊柱损伤伤员;

b) 打开或破拆伤员身侧车门或车体,清理伤员足部区域;

c) 如果座椅靠背不能向后翻转,应破拆座椅靠背支撑物,为插入脊柱板提供更大的空间;

d) 使伤员保持坐姿,从对侧车门将脊柱板插入,抵住伤员腿部,轴向转动伤员,将其放置于脊柱板上;

e) 保持脊柱板稳定,沿脊柱板向上拖动伤员,直至伤员肩部到达脊柱板的肩部线位置;

f) 向上抬升脊柱板底部,使其保持水平;

g) 将伤员移出车外,固定于脊柱板上。

**12.3.1.4** 当12.3.1.1～12.3.1.3所列移出方法无法实施时,可由身侧车门移出伤员。操作方法如下:

a) 尽早解除安全带束缚,使用躯干固定夹板固定疑似脊柱损伤伤员;

b) 打开或完全破拆伤员身侧车门,清理伤员足部区域,必要时降低座椅高度、顶升车顶侧缘、提升仪表盘或破拆相应构件;

c) 使伤员保持坐姿,身体稍前倾;从身侧车门将脊柱板插入,抵住伤员腿部,缓慢轴向转动伤员,使伤员仰卧于脊柱板上;

d) 向上拖动伤员,直至伤员的肩部到达脊柱板肩部线的位置;抬升脊柱板底部,使其保持水平;

e) 将伤员移出车外,固定于脊柱板上。

### 12.3.2 侧翻车辆被困人员的移出

**12.3.2.1** 移出侧翻车辆内的伤员,宜移除车顶实施伤员移出。

**12.3.2.2** 移除车顶实施伤员移出的操作方法:

a) 侧向移除车顶,铺设毯子,对边缘锋利部位做好防护;

b) 稍抬高伤员,将脊柱板插入伤员身下,保持脊柱板平稳;

c) 保持伤员头部稳定,解除安全带束缚,缓慢将伤员移至脊柱板上;

d) 沿脊柱板拖动伤员,直至伤员的肩部到达肩部线的位置;

e) 将伤员移出车外,抬至安全区域,使其呈仰卧位,固定至脊柱板上。

### 12.3.3 仰翻车辆被困人员的移出

**12.3.3.1** 移出被安全带固定于座椅中的伤员时的操作方法:

a) 破拆伤员身侧车门或车体,移除车窗玻璃,破拆支柱,对边缘锋利部位做好防护,在车顶内表面铺设毯子;

b) 将伤员背后的座椅尽可能向后翻转,同时保持伤员平稳;

    c)  将脊柱板插入伤员身下,使伤员的双腿分别置于脊柱板两侧,解除安全带束缚,缓慢将伤员放置于脊柱板上;

    d)  保持脊柱板平稳,沿脊柱板拖动伤员,直至伤员的肩部到达肩部线的位置;

    e)  将伤员移出车外,抬至安全区域,使其呈仰卧位,固定至脊柱板上。

**12.3.3.2**  移出从安全带中脱出的伤员时,可由车窗或身侧车门移出伤员。操作方法如下:

    a)  破拆伤员身侧车门或车体,移除车窗玻璃,破拆支柱,对边缘锋利部位做好防护,在车顶内表面铺设毯子;

    b)  保持伤员头部稳定,稍抬高伤员,将脊柱板插入伤员身下;

    c)  保持脊柱板平稳,将伤员置于脊柱板上,沿脊柱板拖动伤员,直至伤员肩部到达肩部线的位置;

    d)  将伤员移出车外,抬至安全区域,将俯卧位或侧卧位伤员翻转至仰卧位,固定于脊柱板上。

## 13　移交归队

**13.1**　会同公安、交通、卫生等部门,再次对伤亡人员、遗落物品进行搜索确认。

**13.2**　留有必要的力量监护事故现场潜在的危险因素。

**13.3**　协助相关部门做好后续处理工作,并向主管部门移交现场。

**13.4**　清点人员、收集整理器材装备,安全归队。

ICS 13.220.10
C 83

# 中华人民共和国公共安全行业标准

GA 1282—2015

# 灭火救援装备储备管理通则

General rules for management of reserved firefighting and rescue equipment

2015-12-22 发布

2016-03-22 实施

中华人民共和国公安部    发布

# 前　言

本标准第 10 章为强制性的，其余为推荐性的。

本标准按照 GB/T 1.1—2009 给出的规则起草。

本标准由公安部消防局提出。

本标准由全国消防标准化技术委员会灭火救援分技术委员会（SAC/TC 113/SC 10)归口。

本标准负责起草单位：中国人民武装警察部队学院。

本标准参与起草单位：公安部消防局、广东省公安消防总队、江苏省公安消防总队、北京市公安消防总队。

本标准主要起草人：陈智慧、罗永强、张晓青、毕赢、王丽敏、杨素芳、张芳、黄珂、朱五八、张保国、吴体令、李向欣、李本利、王忠波、王其磊。

# 灭火救援装备储备管理通则

## 1 范围

本标准规定了灭火救援装备储备管理的术语和定义、管理要求、储备要求、入库验收、入库放置、检查与维护保养、出库供应、档案与账目管理等。

本标准适用于公安消防部队战勤保障单位灭火救援装备储备库的管理。

## 2 规范性引用文件

下列文件对于本文件的应用是必不可少的。凡是注日期的引用文件,仅注日期的版本适用于本文件。凡是不注日期的引用文件,其最新版本(包括所有的修改单)适用于本文件。

GB 50016　建筑设计防火规范

GA 1131　仓储场所消防安全管理通则

建标 121　救灾物资储备库建设标准

## 3 术语和定义

下列术语和定义适用于本文件。

3.1

**灭火救援装备　firefighting and rescue equipment**

公安消防部队用于完成执勤训练、灭火救援、战勤保障等任务的消防车辆、消防船艇、消防飞行器、消防员个人防护装备、灭火救援器材、灭火剂及其他专用装备。

3.2

**装备储备　equipment reserve**

为保障公安消防部队战备和作战需要,对装备预先进行的有计划储存。

3.3

**装备储备管理人员　equipment reserve manager**

从事装备储备管理工作、具有所需的操作使用和维护保养知识和技能的专业人员。

3.4

**新品　new equipment**

经检验合格出厂的新产品,未经携行使用,储存年限符合规定,且配套齐全,能用于作战、训练、执勤或其他任务的新装备。

3.5

**堪用品　used equipment with good quality**

使用过且使用年限符合规定,全部战术技术性能或基本战术技术性能符合规定的要求,质量状况良好,能用于作战、训练、执勤或其他任务的装备。

3.6

**待修品　to-be-repaired equipment**

存在技术故障,无法正常使用,但具有维修价值,尚未达到退役报废标准的装备。

3.7

**报废品　non-repairable equipment**

已达到报废年限,或无法使用,不具备维修价值的装备。

3.8

**在储装备　reserved equipment**

储存备用的装备,通常包括新品和堪用品。

## 4　管理要求

4.1　灭火救援装备(以下简称装备)储备管理应遵循以下原则:

    a)　分类储存,标识清楚;

    b)　用养结合,配套齐全;

    c)　推陈储新,用零存整;

    d)　供应及时,数量准确。

4.2　装备储备单位应建立健全《库区安全管理制度》《库房设备管理制度》《装备验收制度》《装备交接制度》《查库制度》等规章制度。

4.3　装备储备单位应建立装备入库验收、查库、出库、库房设备、库房温度和湿度、外来人员进出库房等登记制度。

4.4　装备储备管理人员(以下简称管理员)应履行以下职责:

    a)　应按照装备管理制度,开展装备出入库、储存、检查、维护保养、报废等日常管理工作;

    b)　根据公安消防部队需求和装备的生产日期、保质期、储存期、退役年限等,提出装备维修、退役、报废和调整装备储备品种、数量的意见;

    c)　建立、管理装备技术档案,及时更新和维护装备管理信息系统。

## 5　储备要求

### 5.1　储备场地及设备

5.1.1　储备场地及设备应符合 GB 50016 和建标 121 的相关要求。

5.1.2　储备场地应保持阴凉、干燥、通风,避免阳光长时间直射。

5.1.3　储备库还应配备以下设备:

    a)　稳固的架、柜、箱、垫和座等设施,货架或挂架等与地面、墙、柱保持 0.2 m 以上间距,与供暖设备保持 1 m 以上间距,货架之间应保持一定间距;

    b)　发电设备,其容量应满足库区用电量要求,并留有 15% 的充裕量;

    c)　包装设备和叉车、推车等运输设备。

### 5.2　环境

#### 5.2.1　防霉

库房地面、天棚、墙面应做防潮处理,门应设有防潮隔离材料。码垛与集装箱存放的装备应有垫架。库房内应配湿度计,根据地域气候特点,选择放置干燥剂,必要时设置排风设施、除湿机。

#### 5.2.2　防尘

库房门窗应做防尘密闭处理,必要时设双道密闭门窗。

### 5.2.3 防火

库房防火应符合 GA 1131 的要求。

### 5.2.4 防盗

库区相对封闭,应设有安全通道;库房门设双锁,设置防盗报警装置;宜安装由值班室集中监控的电子防卫监控系统。

### 5.2.5 防鼠(蛀)

设置防鼠器、灭鼠(虫)药(具)等。

### 5.2.6 防静电

地面不应铺设橡胶等绝缘材料,应保证有静电导出设施。

### 5.2.7 防雷击

库区应设避雷装置。

### 5.2.8 防盐雾

沿海地区库房应在门上配备防盐雾设备。

### 5.2.9 防寒防高温

库房内应配温度计,寒区库房应有供暖、加温设备,高温地区库房应有降温设备。

## 6 入库验收

### 6.1 新品

#### 6.1.1 验收

新品入库,应由采购方、生产厂家(销售商)和管理员三方共同对装备进行验收。装备验收合格后,方可入库。

#### 6.1.2 数量和外包装检查

6.1.2.1 检查包装是否规范、是否符合运输和储存要求。

6.1.2.2 检查包装标识是否清晰且标识的装备种类、数量是否与到货单相符。

6.1.2.3 大批量装备数量核查时,宜不低于 20% 的比例拆包装抽查,抽查时发现实际数量小于标识数量的,可按最小抽查数计算接收该批装备。

#### 6.1.3 开箱(拆包)检验

6.1.3.1 按每批、每种装备的到货数量确定抽检比例。除另有规定外,装备抽检 5%～10%,一般不少于两件(套)。若发现装备存在质量问题,应加倍抽检,若仍存在质量问题,则该批装备为不合格。

6.1.3.2 检验装备的名称、型号、规格、产品序号、生产厂家和出厂(生产)日期是否与产品清单相符。

6.1.3.3 检验质量保证书、检验合格证、技术资料、装箱清单等是否齐全。

6.1.3.4 检验成套装备的主件、附件、备件和配套部件等是否齐套。

6.1.3.5 检验装备外观是否有明显质量问题,如结构是否完整,安装是否牢固,有无损伤、脱漆、松动、变形,金属件镀层是否良好,有无氧化、锈蚀,塑料、橡胶件有无老化、变质等。

### 6.1.4 性能检验

6.1.4.1 应对装备进行试启动或运行,一般应全检;对于数量较多的装备,可采取抽检,抽检比例不应低于 20%;若发现装备存在质量问题,应加倍抽检;若仍存在质量问题,则该批装备为不合格。

6.1.4.2 应根据产品标准、订货合同所约定的技术指标以及产品说明书规定的技术指标进行相关性能检验。

6.1.4.3 如果对检验结果存在争议,应委托有资质的第三方检测机构进行检验。

### 6.1.5 检验结论

6.1.5.1 装备经检验后,应出具检验结论,填写检验报告并存档。

6.1.5.2 检验合格的装备应及时办理接收入库手续;检验不合格的应拒收,设专门的区域单独存放并做好标识,及时向主管部门汇报。

### 6.2 堪用品

6.2.1 堪用品入库,应由使用方和管理员共同对装备进行验收。装备验收合格后,方可入库。

6.2.2 对装备性能进行检测,性能完好的装备方可入库。对于受损或出现故障的装备应及时登记,采取维修措施,必要时上报处理、送外检修。待修品、报废品一般不应入库存放。

6.2.3 入库前应根据情况对装备逐件进行保养,一般包括:

    a) 对装备进行彻底的清洁处理,除去其表面和内部的灰尘、油渍和污垢;

    b) 装备的传动或摩擦部位须选用润滑油进行润滑,确保各部件运转良好;

    c) 对发生锈蚀的金属部件可利用专用除锈剂、砂纸或其他打磨工具去除装备表面锈蚀;除锈之后擦净除锈部位,待其表面干燥之后喷漆或涂覆油脂;

    d) 在法兰连接处、垫圈、衬板及金属重叠处等容易发生缝隙腐蚀的部位,应涂抹润滑油、凡士林等予以防护;

    e) 对螺栓等易松动部件进行紧固;

    f) 橡胶材质装备应保证表面平整,可在外表面涂抹滑石粉,避免橡胶材料之间直接接触而粘连或老化;冲锋舟应留适量余气;

    g) 带压装备应保持其正常工作压力;

    h) 对于已用液压系统,入库前应检查液压油是否变质、混入水分、出现沉积物或较多杂质,如出现上述情形,应立即更换;液压油量不足时应及时补充,型号应与原液压油型号一致;

    i) 配有电池的装备应拆卸电池。

6.2.4 装备保养后应及时办理接收入库手续。

## 7 入库放置

### 7.1 放置方式

7.1.1 装备应尽量保留原包装,根据装备的体积、包装、储存要求,选择合适的放置方式。

7.1.2 货架放置适用于包装不规整、无包装、体积较小重量较轻或需要使用容器(包装箱)盛装的装备;上架的装备应分类定位编号。

7.1.3 码垛放置适用于包装形状规整、可靠、不怕挤压的装备存放,装备码放应按类别和规格顺序排列编号;装备码放应整齐稳固,不应过高,防止失稳、重压造成装备损坏。

7.1.4 方舱放置适用于按功能模块存放的装备,便于供给,方便运输。

7.1.5 单个放置适用于重量和体形较大的装备,如消防车、发电机等。

## 7.2 放置要求

7.2.1 装备放置应以配套、清点和存取方便为原则,按装备属性、特点和用途,规划设置存储库室和区域。

7.2.2 装备应按编成序列定位,再根据类别、功能、规格型号或生产时间先后等情况分区、分层、分批次入库存放。

7.2.3 对温度、湿度有相同要求的装备应集中放置。

7.2.4 新品应与堪用品分开存放,同类装备存放时间久的在外,新入库的在内。

7.2.5 放置的装备应有明显标识,标识应朝向便于识别的方向。

7.2.6 货架放置时,较重装备应放在货架靠下的位置,较轻的装备放在货架靠上的位置。

7.2.7 码垛放置时,应将装备码放在离地面有一定高度的垫材上;码垛大小以存取方便为宜,注意重心位置,保持码垛稳定;高度不宜超过 4.5 m,距离墙壁宜在 1 m 以上,码垛与码垛之间应留有通风道、工作道、检查道,以便于清点和作业。

7.2.8 消防员化学防护服装等应采用倒置悬挂、平铺等方式放置。

7.2.9 同种类型、不同生产企业或不同规格的泡沫灭火剂,以及不同类型的泡沫灭火剂不应混合存放。

7.2.10 干粉灭火剂应按出厂原包装储存,堆垛不应过高。

7.2.11 消防车宜放置在车库内,如室外放置时,应用蓬布覆盖车辆,不应使用密封塑料防雨布。

## 8 检查与维护保养

### 8.1 检查

8.1.1 定期检查装备数量、质量、储存条件和防护情况,必要时进行性能测试,检查周期最长不应超过一年,做好记录并归档。装备主要技术性能不满足产品说明书规定的技术指标时,应及时向主管部门报告,作出库维修或报废处理。

8.1.2 雨季前,应检查库房设备和装备防雨、防潮、防雷、防锈、防霉、防虫等防护和保养措施的有效性。

8.1.3 冬季前,应检查库房设备和装备防寒防冻等防护和保养措施的有效性,重点检查库房的供暖、供水、消防等设施。

### 8.2 维护保养

#### 8.2.1 发动机维护保养

##### 8.2.1.1 汽油机维护保养

8.2.1.1.1 放净发动机内燃油,用浸机油的软布擦净发动机的外表面。

8.2.1.1.2 应每半个月至少启动一次,启动前注意观察机油油量和清洁度,及时进行补充或更换;汽油机中等速度运行 10 min～20 min,运行结束后放净发动机内燃油,关闭燃油开关。

8.2.1.1.3 应在室外空旷地带启动,不应在密闭库房内启动。启动前,应平稳放置,不应倾斜。使用混合油作为燃油的汽油机,启动前应按规定的汽油和机油混合比配比混合油。

8.2.1.1.4 每 6 个月对发动机缸体进行润滑,防止内部锈蚀。拔下火花塞,从火花塞孔向气缸内注入适量机油,并轻拉启动器 2～3 次(转动曲轴 3～5 周),使活塞处在上止点位置(压缩位置)并装上火花塞。

汽油机应经常检查清洗火花塞。

8.2.1.1.5 四季温差变化较大的地区应按季节变化,更换不同黏度级别的机油,机油更换周期不应超过一年。当接到战勤保障任务时,根据保障目标区域的气候条件更换相应黏度级别的润滑油。

### 8.2.1.2 柴油机维护保养

8.2.1.2.1 放净发动机内燃油,用浸机油的软布擦净发动机的外表面。

8.2.1.2.2 应每半个月至少启动一次,启动前注意观察机油油量和清洁度,及时进行补充或更换;柴油机空转 10 min,运行结束后放净发动机内燃油,关闭燃油开关。应在室外空旷地带启动,不应在密闭库房内启动。启动前,应平稳放置,不应倾斜。

8.2.1.2.3 每 6 个月对发动机缸体进行润滑,防止内部锈蚀。旋出喷油器,向气缸内注入适量机油,然后转动曲轴 10～15 周,再重新装上喷油器;加注机油时,活塞应离开上止点一定距离,防止机油粘连进、排气门。

8.2.1.2.4 四季温差变化较大的地区应按季节变化,更换不同黏度级别的机油。当接到战勤保障任务时,根据保障目标区域的气候条件更换相应黏度级别的润滑油。

### 8.2.2 液压系统维护保养

8.2.2.1 保持系统的密闭性,防止空气、水分、杂质混入液压系统。

8.2.2.2 每月至少启动运行一次,使液压油在系统中充分流动和均匀分布,同时提高各零部件之间的润滑性能。

### 8.2.3 电路维护保养

8.2.3.1 定期对电路上的灰尘进行清理。

8.2.3.2 利用自带或外接电源对装备进行通电,检查电路部分工作是否正常,同时可以对电路进行干燥,防止线路受潮。

### 8.2.4 电池维护保养

#### 8.2.4.1 铅酸蓄电池维护保养

8.2.4.1.1 清洁蓄电池;极柱等部件外露金属表面涂凡士林或黄油,以防锈蚀;断开正负极,以减小自放电速率。

8.2.4.1.2 冬季蓄电池放电量超过额定流量 25%,夏季蓄电池放电量超过额定流量 50% 时,应及时充电;夏季每月、冬季每 2 个月应对蓄电池进行一次充电维护。应按使用说明书的充电时间要求进行充电,避免过充电和欠充电;充电时电解液温度不应超过 45 ℃,如果超过该温度,应停止充电或降低充电电流,待冷却后再继续充电。

8.2.4.1.3 对于需要维护的蓄电池,应每月检查电解液的液面高度是否达到规定液面高度;若液面过低,应检查是否因渗漏引起,如因渗漏引起,则补充与原电解液同密度的电解液;否则,应补加蒸馏水。免维护型不需加电解液。

#### 8.2.4.2 锂电池维护保养

8.2.4.2.1 将锂电池取出后使用防潮包装,并远离热源储存。

8.2.4.2.2 应每 3 个月充电一次,并使用配套充电器充电;在标准充电时间基础上,适当减少充电时间,将锂电池电量充到 40%～70%。

#### 8.2.4.3 镍氢（镉）电池维护保养

8.2.4.3.1 将镍氢（镉）电池取出后使用防潮包装，并远离热源储存。

8.2.4.3.2 不应过放电或过充电，当镍氢（镉）电池电量不足而自动关机时开始充电，直至充电器指示灯发出充满电的指示为止。

8.2.4.3.3 充电时应有专人看守，防止发生自燃、爆炸等意外事故。

#### 8.2.4.4 一次电池维护保养

8.2.4.4.1 碱性干电池和扣式电池应使用防潮包装储存。碱性干电池宜存放在温度为−10 ℃～10 ℃的环境中。

8.2.4.4.2 使用时，碱性干电池在温度回升至室温过程中，仍应保留防潮包装，以保护电池免受冷凝水影响。碱性干电池冷藏后恢复至室温的电池应尽快使用。

8.2.4.4.3 未拆封的扣式电池，使用时应用干净的软纸擦净电池外表面的防锈油，以保证电池工作时的良好接触和正常供电。

#### 8.2.5 气敏传感器维护保养

8.2.5.1 带有气敏传感器组件的装备，应密封存放。每半个月应至少开机一次，在新鲜空气环境下进行自检。

8.2.5.2 按使用说明书要求，定期更换传感器。当过滤膜出现变色或表面吸附水分、灰尘及其他固体颗粒物等情况时应及时进行更换。

#### 8.2.6 其他部件维护保养

8.2.6.1 装备的传动或摩擦部位应进行润滑，定期运转。

8.2.6.2 高压气瓶内应留适量余气，外部应有防止物理损伤的包装。高压气瓶应每3年进行一次水压测试。

8.2.6.3 对于裸露的橡胶件，应涂滑石粉予以保护，每半年检查橡胶件及密封材料是否老化。

8.2.6.4 对冲锋舟、堵漏气袋等充气类装备，应每半年进行一次全面的气密性检查，按使用说明书的规定定期进行耐压强度检查。

8.2.6.5 需要低温储存的部件，如正压式氧气呼吸器的蓝冰和降温背心的蓄冷袋，应配制冷、保冷设备。

8.2.6.6 其他未提及的部件，按使用说明书的要求进行维护保养。

#### 8.2.7 消防车维护保养

消防车维护保养按以下规定：
a) 消防车长期储存时，主要部件维护保养应执行8.2.1～8.2.3及8.2.4.1的规定；
b) 存放前，应放尽冷却系统中的全部冷却水，关闭全车电路，调整胎压至上限，保证汽油箱封闭严密；
c) 定期检查补充润滑油，防止缺油磨损；
d) 每月应进行短距离行驶一次，发现故障及时维修；
e) 当储存期超过3个月，应每隔3个月进行一次驻车怠速运转，每次运转不少于1 h，并进行清洁保养；
f) 储存期超过一年半以上，使用前除进行清洁保养外，应更换老化的密封件；
g) 其他按使用说明书的规定进行维护保养。

## 9 出库供应

### 9.1 出库供应要求

9.1.1 装备出库供应应遵循供应及时、保障重点、兼顾一般的原则。

9.1.2 装备出库一律凭主管部门的出库凭证和具体要求进行；紧急情况下，可按主管部门的临时通知办理，事后应及时补办正式手续。

9.1.3 出库的装备应根据作战训练和运输的不同要求，适时适量充电、充气和补液，保证性能完好，达不到使用性能的装备不应出库。

9.1.4 出库装备应由交接双方共同派人进行清点检查并确认。

### 9.2 出库包装处理

9.2.1 装备应尽量保留原包装，也可根据供应要求重新包装。

9.2.2 重新包装应充分考虑装备的储运方式、携行方式及用途等因素，其要求如下：

    a) 适合规定的运输和装卸方式；

    b) 与分配供应方式相适应；

    c) 满足携行及其他特殊要求。

### 9.3 出库供应方法

#### 9.3.1 自提

被供单位根据上级下达的装备调拨通知单到储备库提取装备，交接双方对装备检查合格后，双方签署交接文书，管理员按交接文书做好登记。装备按规定移交被供单位后，运输等事宜均由被供单位负责。

#### 9.3.2 送货

由储备库指定专人直接送达，交接双方在装备送达目的地验收、检查合格后，双方签署交接文书。管理员按交接文书做好登记。

#### 9.3.3 代运

委托地方交通部门运送装备到被供单位，管理员按被供单位的回执做好登记。

## 10 档案与账目管理

### 10.1 档案管理

10.1.1 应及时将装备的基本数据信息录入公安消防部队消防技术装备管理系统，包括装备名称、生产厂家(销售商)、型号、编码、数量、性能参数、生产日期、出入库时间、保质期、退役年限等。

10.1.2 应随装备留存原始技术资料并适当备份，包括附件表、使用说明书和配套语音视频、技术培训和售后服务信息等。

10.1.3 做好装备使用、维修保养、校准、损耗、更新等档案信息的采集、存储和管理。

10.1.4 装备的档案应编目并长期保存。装备的隶属关系变更时，装备的移交与接收单位应办理相关审批、登记和档案交接手续。

**10.1.5** 灭火救援装备储备管理鼓励采用射频识别等先进的信息管理技术。

## 10.2 账目管理

**10.2.1** 库存装备应账、卡、物相符。检查相符,在账、卡结存数上加盖核对印章,若检查不符,应及时查明原因并上报,按规定更改。

**10.2.2** 管理员依据上级下达的装备调拨通知单,对入库的装备进行数量核对,经核对无误后,对入库装备按要求签署交接书,办理入库手续,并登记在账、卡上。

**10.2.3** 应每半年至少对在储装备点验对账一次,达到(或即将达到)仓储时间的装备应及时将情况上报。消耗装备、达到使用寿命或未达到使用寿命但已丧失使用功能的装备,应及时上报,办理装备损耗、报废和退役手续,并做好出账登记和统计报表。

**10.2.4** 装备出入库记录、统计报表和业务凭证的存档时间不应少于 5 年。

———————

ICS 13.220.10
C 83

# 中华人民共和国公共安全行业标准

GA/T 1289—2016

# 燃烧训练室技术要求

Technical requirements for burn room for fire fighting training

2016-04-08 发布
2016-04-08 实施

中华人民共和国公安部　　发 布

# 前　言

本标准按照 GB/T 1.1—2009 给出的规则起草。

本标准由公安部消防局提出。

本标准由全国消防标准化技术委员会灭火救援分技术委员会(SAC/TC 113/SC 10)归口。

本标准负责起草单位:中国人民武装警察部队学院。

本标准参加起草单位:海南省公安消防总队、天津市杰联科技发展有限公司。

本标准主要起草人:刘建民、王建英、葛晓霞、靳红雨、张福东、李向欣、孙楠楠、吴义娟、张学魁、苏联营、李俊东。

# 引　言

　　燃烧训练室是公安消防部队及其他各种形式的消防队伍所使用的重要训练设施。利用燃烧训练室,消防员可开展火场适应性训练、心理素质训练以及灭火救援技战术训练。为规范该类设施的设计、生产、施工、验收与维护等技术要求,确保训练效果以及训练和操作人员的人身安全,依据 GA/T 623《消防培训基地训练设施建设标准》的相关规定,结合我国消防队伍建设实际,制定本标准。

# 燃烧训练室技术要求

## 1 范围

本标准规定了燃烧训练室的术语与定义、分类与型号、设施构成、技术要求、安全要求、验收、维护与保养等。

本标准适用于新建、扩建和改建燃烧训练室的设计、建设、验收与维护。

## 2 规范性引用文件

下列文件对于本文件的应用是必不可少的。凡是注日期的引用文件,仅注日期的版本适用于本文件。凡是不注日期的引用文件,其最新版本(包括所有的修改单)适用于本文件。

GB/T 8163　输送流体用无缝钢管

GB 11174　液化石油气

GB 15322.1　可燃气体探测器　第1部分:测量范围为0～100%LEL的点型可燃气体探测器

GB 17820　天然气

GB 50016　建筑设计防火规范

GB 50028　城镇燃气设计规范

GB 50057　建筑物防雷设计规范

GB 50058　爆炸危险环境电力装置设计规范

GB 50140　建筑灭火器配置设计规范

GB 50316　工业金属管道设计规范

GB 50974　消防给水及消火栓系统技术规范

GA/T 623　消防培训基地训练设施建设标准

SH 3038　石油化工企业生产装置电力设计技术规范

## 3 术语与定义

下列术语与定义适用于本文件。

3.1

**燃烧训练室**　burn room for fire fighting training

利用液化石油气、天然气等可燃气体的可控燃烧来模拟室内火灾燃烧、轰燃现象,用于开展灭火、救援训练的室内专用设施。

3.2

**燃烧室**　burn room for live fire simulation

燃烧训练室中用于模拟室内火灾燃烧效果的装置。

3.3

**轰燃室**　burn room for flashover simulation

燃烧训练室中用于模拟室内火灾轰燃效果的装置。

## 4 燃烧床分类

燃烧训练室的燃烧床按尺寸大小分为小型、中型和大型。燃烧床尺寸代号见表1。

表 1　燃烧床尺寸代号

| 燃烧床尺寸 | 代号 | 燃烧床参数 | |
| --- | --- | --- | --- |
| | | 面积(A) | 单边长(L) |
| 小型 | S | ≤5 m² | L≥1 m |
| 中型 | M | 5 m²<A≤10 m² | L≥1.5 m |
| 大型 | L | >10 m² | L≥2 m |

## 5 设施组成

### 5.1 组成

燃烧训练室应由燃烧室、轰燃室、控制室、燃料供给装置、通风排烟散热装置以及安全监控装置等组成。

### 5.2 组件

#### 5.2.1 燃烧室

由燃烧床、燃烧装置、点火装置、发烟装置以及能见度检测(烟雾探测)装置等组成。

#### 5.2.2 轰燃室

由轰燃模拟装置、点火装置等组成。

#### 5.2.3 控制室

主要由控制柜、控制阀和电气控制设备等控制装置组成。

#### 5.2.4 燃料供给装置

由燃料储存装置、输送管道和调压阀等组成。

#### 5.2.5 通风排烟散热装置

由排烟机、送风机、通风阀等组成。

#### 5.2.6 安全防护装置

主要由熄火保护装置、视频监控系统、可燃气体探测装置(含一氧化碳浓度探测装置)、温度探测装置和电气安全控制设备等组成。

## 6　技术要求

### 6.1　一般要求

6.1.1　燃烧训练室应符合本标准规定,并按经协商确定的图样和技术文件建造、安装。

6.1.2　燃烧训练室各组件应符合下列要求:

　　a)　原材料性能应符合国家相关标准的规定,并应有合格证书或质量保证书。原材料的代用须经
　　　　设计部门同意并签批;

　　b)　外购件、自主件均应有合格证书,并附有验收标记。如技术上有变动,需经设计部门同意并
　　　　签批。

6.1.3　燃烧训练室室内设施的布置应有利于开展训练,并便于安装和检修。

### 6.2　建设要求

6.2.1　燃烧训练室的设置要求如下:

　　a)　宜设置在首层;

　　b)　不宜设置在地下;

　　c)　当只能设置在二层及二层以上时,应至少设置两个及两个以上具有不同朝向的安全出口,安全
　　　　出口宽度应符合 GB 50016 的相关规定。

6.2.2　燃烧训练室占地面积、建筑面积、建筑高度应符合 GA/T 623 的规定。

6.2.3　室内训练区面积不宜小于 30 m²。

6.2.4　燃烧训练室内地面应平整。

6.2.5　燃烧训练室训练场地内应设置室外消火栓,消火栓的设置应符合 GB 50974 的相关规定,消火栓
上宜安装流量计量装置。

6.2.6　燃烧训练室内应设排水设施,应将废水导入废料、废液降解回收装置以及污水处理设施处理后,
再排入公共排污管道。

6.2.7　燃烧训练室应具有良好的建筑密封性能。

6.2.8　燃烧训练室所用建筑材料应坚固耐用,墙壁、地面、顶棚应具有足够的耐高温性能,墙壁、顶棚应
采用经过时效处理的钢板制作。

6.2.9　燃烧训练室的墙壁可设置隔热层。隔热层材料应经久耐用,并具有良好的抗热缩性。

### 6.3　燃烧室

6.3.1　燃烧床的要求如下:

　　a)　燃烧床高度不宜小于 300 mm,且不宜大于 1 000 mm;

　　b)　燃烧床与室内墙壁之间的距离应不小于 300 mm;

　　c)　燃烧床应具有良好的耐热性能,并具有足够的强度和刚度,宜采用经过时效处理的钢板制作。

6.3.2　燃烧装置的要求如下:

　　a)　燃烧装置应能单独点燃火点,又能实现各火点之间的联动功能;

　　b)　燃气喷嘴应能耐高温,连续工作 2 h 不应有明显变形;

　　c)　可采用水下喷射,形成连续火焰;

　　d)　可采用气孔代替燃气喷嘴,气孔直径宜为 2 mm～6 mm,孔间距宜为 50 mm～100 mm;

　　e)　气体燃料工作压力宜在 0.3 MPa～0.6 MPa 之间。

6.3.3　点火装置的要求如下:

a) 点火装置应采用电子自动点火装置；

b) 每次点火前或每次点火不成功后，应对训练室进行彻底换气；

c) 电子点火装置应能反复使用，并具有抗水、抗结焦、耐高温以及自净化等功能。

6.3.4 发烟装置的要求如下：

a) 发烟装置产生的烟雾浓度应小于相同温度、相同压力下空气的浓度；

b) 发烟装置的发烟量及配置数量应满足训练要求，达到能见度 2 m 的发烟时间不宜超过 5 min；

c) 发烟装置采用的发烟剂应为非腐蚀性、无毒材料，无残留，符合环保要求。

6.3.5 能见度检测（烟雾探测）装置的要求如下：

a) 能见度检测装置应可靠耐用，连续工作时间应不小于 3 h；

b) 能见度检测装置应具有较高的灵敏度，防水、耐高温；

c) 能见度检测装置应具有污染自动校准功能。

## 6.4 轰燃室

6.4.1 轰燃模拟装置的要求如下：

a) 应设有良好的燃料控制设施；

b) 应确保轰燃火焰的可控性和安全性；

c) 轰燃模拟装置宜设置在轰燃室顶棚处或设置在远离轰燃室安全出口的位置。

6.4.2 点火装置应符合 6.3.3 的规定。

## 6.5 燃料供给装置

6.5.1 燃料储存装置的要求如下：

a) 燃料储存装置与燃烧训练室之间的安全距离应符合 GB 50016 的规定；

b) 液化石油气燃料储存装置应符合 GB 11174 的相关规定；

c) 燃料储存区灭火器的配置应符合 GB 50140 的规定。

6.5.2 管道的要求如下：

a) 燃气输送管道应采用无缝钢管。无缝钢管应符合 GB/T 8163 的规定，壁厚不应小于 3 mm。管道焊接部位不得有砂眼、气孔、裂纹、夹渣等缺陷；

b) 当采用管道天然气作为燃料时，应从城市中压供气管上铺设专用管道供给，并应经过滤、调压后使用；

c) 设置在燃烧床上的燃气管道宜采用环形布置或平行布置；

d) 燃气管道设计、铺设应符合 GB 50028 和 GB 50316 的规定；

e) 燃气输送管道及其附件不应使用铸铁件，也不应采用能被燃气腐蚀的材料，以保证所有管道连接严密紧固、无泄漏；

f) 在进入燃烧训练室之前，燃气管道宜设置于地下，不应穿越其他建筑物。地下燃气管道应埋设于当地冻土层以下，且覆土厚度不应小于以下规定：

   1) 埋设在车行道下时，不小于 0.8 m；

   2) 埋设在非车行道下时，不小于 0.6 m。

## 6.6 通风排烟散热装置

6.6.1 燃烧训练室应设置通风排烟系统，应具有良好的通风换气、排烟和散热功能。通风排烟系统应保证燃烧训练室内换气次数不小于 1 次/min。

6.6.2 通风排烟系统应保证燃烧训练室内能见度 2 m～10 m 条件下的排烟时间不超过 3 min。

6.6.3 应在燃烧训练室墙壁的上部、下部以及容易积聚可燃气体的部位设置通风风机。

6.6.4 燃烧训练室内应具有足够的空气保证燃料完全燃烧。

## 6.7 控制装置及控制室

6.7.1 燃烧训练室应设控制室。控制室应设置在首层,且应有直通室外的安全出口,安全出口的设置应符合 GB 50016 的相关规定。

6.7.2 控制室内应设控制柜、控制阀、电气控制设备等控制装置。

6.7.3 控制装置应具有较高的安全性。

6.7.4 控制装置应具有较高的灵敏性和可操作性。

6.7.5 控制装置应具有储存和打印功能。

6.7.6 控制系统采用二级控制,在控制室及现场均应可实现安全、应急控制;现场除设有固定应急控制装置外,还应设置手持应急遥控装置,且其发射频率不应受其他频率的干扰。

6.7.7 燃烧室的燃烧应能实现分级控制。

6.7.8 控制装置应具有燃料超量、超压报警和故障报警等功能。

6.7.9 控制装置应具有超温报警及超温熄火保护功能,同时启动应急照明、排烟等功能。

6.7.10 控制系统应具有故障报警位置显示、追踪和引导功能。

6.7.11 控制系统应具有自检功能,出现任意故障时均不能启动点火功能。

6.7.12 控制室内宜设燃料流量、压力、室温、一氧化碳浓度以及能见度(烟雾浓度)显示装置。

6.7.13 控制装置应能显示每人/次的用水量及有效用水量。

6.7.14 控制装置应根据火点温度的变化(或有效用水量的大小),实现对火焰大小的控制,并具有水量是否充足、是否复燃的判别功能。

6.7.15 控制装置应具有对燃烧室内能见度(烟雾浓度)控制和选择的功能。

6.7.16 控制室应设在当地常年主导风向的上风向。

6.7.17 控制室内灭火器的配置应符合 GB 50140 的规定。

## 6.8 安全防护装置

6.8.1 熄火保护装置的要求如下:
    a) 应具有较高的安全可靠性;
    b) 应具有较高的灵敏度,响应速度快;
    c) 应保证熄火后,训练室内的燃料浓度控制在爆炸下限以下;
    d) 应具有较高的耐高温性能。

6.8.2 可燃气体探测装置的要求如下:
    a) 应符合 GB 15322.1 的相关要求;
    b) 应具有防水、耐高温性能;
    c) 应具有防爆性能。

## 7 安全要求

7.1 燃烧训练室应能在−15 ℃～50 ℃的环境温度下安全运行。

7.2 燃烧室、轰燃室均应设有熄火保护装置和可燃气体探测装置(含一氧化碳浓度探测装置)。

7.3 在距燃烧室地面 1.5 m、2.4 m 的位置均应设置温度探测装置。

7.4 控制柜及遥控装置上均应设置一键熄火保护功能。

7.5 燃料输送管道上应同时设置自动和手动控制阀。

7.6 视频监控系统摄像头的设置应能保证全面观察到燃烧和训练情况。

7.7 燃烧床上方应安装钢板,防止火焰直接接触顶棚。

7.8 使用气体燃料时,气体燃料应符合 GB 11174 或 GB 17820 的规定。

7.9 燃烧训练室所用电机、电磁阀、电气元件等设备处于爆炸危险区域内时,应符合 GB 50058 的相关规定。爆炸危险区域的划分应符合 SH 3038 的规定。

7.10 燃烧室、轰燃室应设置泄压门、窗等泄压设施,泄压设施的材质、泄压面积等应符合 GB 50016 的相关规定。

7.11 燃料储存区应安装可燃气体探测报警装置,发生燃料泄漏及其他故障时应能自动切断燃料供应。

7.12 燃气压力低于 0.2 MPa 时,控制系统应能自动切断燃气供应。

7.13 训练场地应设有清晰、醒目的危险区域警示标识。

7.14 燃料储存装置应设有可靠的防雷接地设施,防雷接地设施的设计应符合 GB 50057 的相关规定。

7.15 燃烧训练室内应设置消防应急照明和疏散指示标志,便于参训人员的应急疏散。

## 8 验收

### 8.1 竣工验收

燃烧训练室的竣工验收应由建设单位组织,邀请使用单位、设计单位、施工单位、监理单位、供货单位及业内专家组成验收组,共同进行。验收组组长应由建设单位负责人担任,副组长中应至少有一名具有高级职称的相关专业工程技术人员。

### 8.2 验收资料

燃烧训练室竣工验收时,设计、施工单位应提交下列资料:

a) 经批准的竣工验收申请报告;

b) 设计说明书;

c) 施工记录和工程中间验收记录;

d) 原材料的质量检验合格证明;

e) 竣工图和设计变更记录;

f) 竣工报告与调试记录;

g) 设施整体及其主要设备的使用维护说明书;

h) 主要设备的检验报告、试验报告和出厂合格证。

### 8.3 验收规则

#### 8.3.1 验收项目

竣工验收应包括第 5 章～第 7 章规定的全部内容。验收项目按表 2 进行。

表 2 验收项目

| 序号 | 条款 | 验收项目 |
|------|------|----------|
| 1 | 5 | √ |
| 2 | 6.1 | √ |
| 3 | 6.2 | √ |
| 4 | 6.3 | √ |

表 2（续）

| 序号 | 条款 | 验收项目 |
|------|------|----------|
| 5 | 6.4 | √ |
| 6 | 6.5 | √ |
| 7 | 6.6 | √ |
| 8 | 6.7 | √ |
| 9 | 6.8 | √ |
| 10 | 7 | √ |
| 注："√"表示进行该项试验。 | | |

#### 8.3.2 合格判定

验收项目应全部符合标准要求才能判定为合格。

### 8.4 验收报告

8.4.1 竣工验收合格后,应按附录 A 的规定提供竣工验收报告。竣工验收报告的表格形式可按燃烧训练室的结构形式和功能组成的具体情况进行调整。

8.4.2 竣工验收不合格的,应限期整改,经再次验收合格后方可投入使用。

8.4.3 竣工验收合格后,应将燃烧训练室及各组件恢复到正常工作状态。

## 9 维护与保养

9.1 燃烧训练室使用单位应建立岗位责任制,制定安全操作规程和定期检查维护规章制度。

9.2 每次使用燃烧训练室前应进行点火安全测试,并检查各部件是否完好,控制设备、安全装置是否有效,操作是否灵活可靠,禁止设施带故障运行。

9.3 燃烧训练室正在运行时,禁止向燃料储存装置内添加燃料。

9.4 使用单位至少每半年应对设施进行一次全面检查和养护,对燃料储存装置、燃料输送管道等重要设备进行密闭性和耐压试验,检查情况、养护措施、检修项目及处理结果应登记存档。

9.5 使用单位对设施操作和维护人员应定期进行安全操作培训。

附　录　A
（规范性附录）
燃烧训练室竣工验收报告式样

燃烧训练室竣工验收报告式样见表 A.1。

表 A.1　燃烧训练室竣工验收报告式样

| 工程名称 | | 设计单位 | | 建设单位 | |
|---|---|---|---|---|---|
| 制造单位 | | 施工单位 | | 项目经理 | |
| 验收单位 | | 验收日期 | | 验收负责人 | |

| 项目分类 | 项目 | 结果 |
|---|---|---|
| 验收资料审查 | 1.设计说明书 | |
| | 2.原材料的质量检验合格证明 | |
| | 3.设施整体及其主要设备的使用维护说明书 | |
| | 4.主要设备的检验报告、试验报告和出厂合格证 | |
| | 5.施工记录和工程中间验收记录 | |
| | 6.竣工图和设计变更记录 | |
| | 7.调试记录 | |
| | 8.竣工报告 | |
| | 9.竣工验收申请报告 | |
| 验收项目 | 1.设施组成 | |
| | 2.一般要求 | |
| | 3.建设要求 | |
| | 4.燃烧室 | |
| | 5.轰燃室 | |
| | 6.燃料供给装置 | |
| | 7.通风排烟散热装置 | |
| | 8.控制装置及控制室 | |
| | 9.安全防护装置 | |
| | 10.安全要求 | |

| 验收组人员姓名 | 工作单位 | 职务、职称 | 签名 |
|---|---|---|---|
| | | | |
| | | | |

| 验收结论 | （验收组组长签名）　　　年　月　日 | | |
|---|---|---|---|
| 建设单位<br><br>　　　年　月　日 | 设计单位<br><br>　　　年　月　日 | 施工单位<br><br>　　　年　月　日 | |

ICS 13.220.10
C 80

中华人民共和国公共安全行业标准

GA/T 1339—2017

# 119接警调度工作规程

Procedures of receiving and dispatching 119 fire alarms

2017-03-08 发布 2017-03-08 实施

中华人民共和国公安部　发布

# 前　言

本标准按照 GB/T 1.1—2009 给出的规则起草。

本标准由公安部消防局提出。

本标准由全国消防标准化技术委员会灭火救援分技术委员会(SAC/TC 113/SC 10)归口。

本标准负责起草单位:公安部消防局。

本标准参加起草单位:江苏省公安消防总队、天津市公安消防总队、安徽省公安消防总队。

本标准主要起草人:杨国宏、王治安、刘洪强、杨千红、姜孝国、熊伟、姚磊、钱峻、王士军。

本标准为首次发布。

# 119 接警调度工作规程

## 1 范围

本标准规定了 119 接警调度工作的警情范围、警情要素和接警调度程序。

本标准适用于公安消防总队、支队、大(中)队的 119 接警调度工作,专职消防队、志愿消防队和其他专业救援队可参考执行。

## 2 规范性引用文件

下列文件对于本文件的应用是必不可少的。凡是注日期的引用文件,仅注日期的版本适用于本文件。凡是不注日期的引用文件,其最新版本(包括所有的修改单)适用于本文件。

GB/T 5907(所有部分) 消防词汇

## 3 术语和定义

GB/T 5907 界定的以及下列术语和定义适用于本文件。

### 3.1

**119 警情** **119 fire alarm situation**

按国家法律规定,由各级公安消防队承担处置的火灾、重大灾害事故和其他以抢救人员生命为主的应急救援事件,以下简称为"警情"。

### 3.2

**119 接警调度** **119 fire alarm receiving and dispatching**

各级作战指挥中心(含消防大、中队通信室)通过各种形式受理群众或单位对火灾和其他灾害报警,或者根据上级消防部门、当地政府、公安机关的调集指令,及时、科学调派力量赶赴现场处置,全面、准确收集警情信息,实时、有效地辅助决策指挥的过程。

### 3.3

**接警调度员** **fire alarm dispatcher**

经培训合格,在作战指挥中心从事 119 接警调度工作的人员。

## 4 警情范围

### 4.1 火灾

按国家法律规定,由各级公安消防队承担处置的,除矿井地下部分、核电厂、海上石油天然气设施及森林、草原等场所以外,各类场所发生的火灾。

### 4.2 其他灾害事故

按国家法律规定,由各级公安消防队承担处置的重大灾害事故和其他以抢救人员生命为主的应急救援事件,如危险化学品泄漏事故、道路交通事故、地震及其次生灾害、建筑坍塌事故、重大安全生产事故、空难事故、爆炸及恐怖事件和群众遇险事件等。

## 5 警情要素

### 5.1 地点

包括行政区域名称,路名、门牌号码,单位名称或参照物,经纬度坐标等。

### 5.2 类别

分为火警和应急救援。

### 5.3 灾情

包括遇险人员的数量、伤亡情况、危害程度以及其他现场灾情等。

## 6 119接警调度程序

### 6.1 询问

接警调度员应使用规范用语,按照警情要素进行询问,及时获取相关信息,并做好记录。

### 6.2 判定

接警调度员应根据警情受理各个环节中获取的信息,快速、准确判定警情的类别和等级。

### 6.3 调度

#### 6.3.1 调度原则

6.3.1.1 就近调度原则。应按照属地管理权限,调派最近的灭火救援力量到场处置。

6.3.1.2 等级调度原则。应根据确定的警情等级调派力量到场处置。

6.3.1.3 预案优先原则。对已制定灭火救援作战预案的单位或场所,应优先按照预案调派力量到场处置。

#### 6.3.2 调度方式

6.3.2.1 接警后应由接警调度员按照调度原则第一时间调派力量。

6.3.2.2 调度等级变化应根据灾情的变化、现场指挥员的要求或上级指令确定。

6.3.2.3 遇有下列情况之一时,应考虑增加出动消防车数量,加强第一出动力量:
    a) 缺水地区的火警;
    b) 地点距离消防队(站)较远的火警和应急救援;
    c) 对周边建筑有较大影响,容易蔓延发展的火警;
    d) 城市交通拥堵地区(时段)的火警和应急救援;
    e) 辖区中队缺少应对此类火警和应急救援有效装备的警情;
    f) 其他情况需要加强第一出动力量的火警和应急救援。

#### 6.3.3 社会力量联动

根据现场的需要,应及时调动或通知供水、供电、供气、通信、医疗救护、交通运输、环境保护等有关单位参与灭火与应急救援工作。

#### 6.3.4 特殊情况调度

接到本辖区以外的报警或增援请求时,应及时向上级报告,按照命令出动。情况紧急时,可以边出动边报告。接到邻国(地区)、使(领)馆、外籍船舶、军事管理区等特殊区域报警或者救援请求时,应立即向上级报告,并做好出动准备,待批准后,按照相关规定、协议处理。

### 6.4 跟踪与反馈

6.4.1 作战指挥中心应全程保持与现场的联系,及时了解和掌握出动、处置、灾情变化等情况,做好汇报与记录。

6.4.2 作战指挥中心当了解到有人员被困信息或现场存在威胁人员生命安全的因素时,应立即告知现场指挥员。

6.4.3 作战指挥中心应做好接警、调度、增援、到场、控制、结束(扑灭)、归队等环节以及重要警情时间节点的记录。

### 6.5 建档

作战指挥中心应建立119接警调度资料档案,包括接警调度记录、作战环节和重要警情时间节点记录表、重要警情信息收集、警情统计分析等资料和文书。

ICS 13.220.10
C 80

# 中华人民共和国公共安全行业标准

GA/T 1340—2016

# 火警和应急救援分级

Classification of fire alarms and emergency rescue operations

2016-10-21 发布
2016-12-01 实施

中华人民共和国公安部  发 布

# 前　言

本标准按照 GB/T 1.1—2009 给出的规则起草。

本标准由公安部消防局提出。

本标准由全国消防标准化技术委员会灭火救援分技术委员会(SAC/TC 113/SC 10)归口。

本标准负责起草单位:公安部消防局。

本标准参加起草单位:江苏省公安消防总队、陕西省公安消防总队、上海市公安消防总队、湖南省公安消防总队、四川省公安消防总队、中国人民武装警察部队学院。

本标准主要起草人:杨国宏、王治安、杨千红、刘洪强、王士军、周蓉蓉、辛晶、郑群安、刘红军、李勇、陈灏。

本标准为首次发布。

# 火警和应急救援分级

## 1 范围

本标准规定了火警和应急救援分级。

本标准适用于公安消防总队、支队、大(中)队的灭火与应急救援工作,专职消防队、志愿消防队和其他专业救援队可参照本标准执行。

## 2 规范性引用文件

下列文件对于本文件的应用是必不可少的。凡是注日期的引用文件,仅注日期的版本适用于本文件。凡是不注日期的引用文件,其最新版本(包括所有的修改单)适用于本文件。

GB/T 5907 消防词汇(所有部分)

## 3 术语和定义

GB/T 5907(所有部分)界定的以及下列术语和定义适用于本文件。

### 3.1

**火警和应急救援分级 classification of fire alarm and emergency rescue operation**

根据灾害事故的严重程度及影响性对火警和应急救援进行的分级。火警从低到高分为一至五级,分别用绿、蓝、黄、橙、红五种颜色代表其危险程度;应急救援从低到高分为一至四级,分别用蓝、黄、橙、红四种颜色代表其危险程度。

## 4 火警

### 4.1 火警分级

#### 4.1.1 一级火警(绿)

一级火警主要包括无人员伤亡或被困且燃烧面积小的普通建筑火警、带电设备/线路或其他类火警。

#### 4.1.2 二级火警(蓝)

二级火警主要包括:

——有较少人员伤亡或被困的火警;

——燃烧面积大的普通建筑火警;

——燃烧面积较小的高层建筑、地下建筑、人员密集场所、易燃易爆危险品场所、重要场所、特殊场所火警等;

——到场后现场指挥员认为一级火警到场灭火力量不能控制的火警。

#### 4.1.3 三级火警(黄)

三级火警主要包括:

——有少量人员伤亡或被困的火警;

——燃烧面积小的高层建筑、地下建筑、人员密集场所、易燃易爆危险品场所、重要场所、特殊场所
火警等;

——到场后现场指挥员认为二级火警到场灭火力量不能控制的火警。

### 4.1.4 四级火警(橙)

四级火警主要包括:

——有较多人员伤亡或被困的火警;

——燃烧面积较大的高层建筑、地下建筑、人员密集场所、易燃易爆危险品场所、重要场所、特殊场
所火警等;

——到场后现场指挥员认为三级火警到场灭火力量不能控制的火警。

### 4.1.5 五级火警(红)

五级火警主要包括:

——有大量人员伤亡或被困的火警;

——燃烧面积大的高层建筑、地下建筑、人员密集场所、易燃易爆危险品场所、重要场所、特殊场所
火警等;

——到场后现场指挥员认为四级火警到场灭火力量不能控制的火警。

## 4.2 火警升级

遇有下列情况之一时,火警等级应自动升高一级:

——重大节日、重要政治活动时期或发生在政治敏感区域、重要地区的火警;

——风力6级以上或者阵风7级以上、冰冻严寒等恶劣气候条件下发生的火警;

——当日22时至次日凌晨6时发生的火警;

——报告同一地点火警的电话持续增多,成灾迹象明显的火警;

——其他情况认为需要升级的火警。

## 5 应急救援

### 5.1 应急救援分级

#### 5.1.1 一级应急救援(蓝)

一级应急救援主要包括:

——无人员伤亡或被困的应急救援;

——灾情危害程度不大,在短时间内能及时排除的小型建筑物倒塌事故、损害较轻的交通事故、一
般性自然灾害、一般性群众遇险、群众求助、其他救助等。

#### 5.1.2 二级应急救援(黄)

二级应急救援主要包括:

——有较少人员伤亡或被困的应急救援;

——灾情危害程度较大,发生事故情况特殊,在短时间内难以排除的少量危险化学品泄漏、较严重
的交通事故、较大型建筑物倒塌事故、小面积爆炸事故、小规模公共突发事件、自然灾害和群众
遇险等;

——到场后现场指挥员认为一级应急救援到场力量不能控制的灾情。

### 5.1.3　三级应急救援(橙)

三级应急救援主要包括：

——有少量人员伤亡或被困的应急救援；

——灾情危害程度较严重,处置难度较大,在短时间内难以排除的重大交通事故、大型建筑物倒塌、较大规模公共突发事件和自然灾害、群众遇险以及大量危险化学品泄漏,对人员、财产威胁严重或可能出现二次污染等情况特殊、灾情严重的灾害事故；

——到场后现场指挥员认为二级应急救援到场力量不能控制的灾情。

### 5.1.4　四级应急救援(红)

四级应急救援主要包括：

——有较多人员伤亡或被困的应急救援；

——灾情危害程度特别严重,处置难度特别大的危险化学品泄漏、毒气扩散,大量建构筑物发生倒塌,特大爆炸事故,恐怖事件,严重自然灾害等；

——到场后现场指挥员认为三级应急救援到场力量不能控制的灾情。

## 5.2　应急救援升级

遇有下列情况之一时,应急救援等级一般自动升高一级：

——重大节日、重要政治活动时期或发生在政治敏感区域、重要地区的应急救援；

——当日22时至次日凌晨6时发生的应急救援；

——报告同一地点灾情的电话持续增多,成灾迹象明显的应急救援；

——其他情况认为需要升级的灾害事故。

## 6　火警和应急救援定级

6.1　火警和应急救援定级由接警调度员根据灾害危险情况,在充分考虑火警和应急救援升级因素的基础上,对照火警和应急救援分级标准,准确做出判断,确定火警和应急救援等级。

6.2　各级指挥员到场后,根据现场侦察和灾情发展情况,确定是否需要提高火警和应急救援等级。

6.3　当需要提升等级时,经现场消防最高指挥员批准,并通知指挥中心提升火警或应急救援等级。

## 7　其他

本标准中涉及的人员伤亡或被困、燃烧面积等具体指标由各直辖市消防总队或消防支队结合本地灾情实际制定。

参 考 文 献

[1]　中华人民共和国消防法.
[2]　中华人民共和国突发事件应对法.